普通高等教育"十三五"规划教材

材料成形技术基础

▶ 周志明 涂 坚 盛旭敏 主编
▶ 赵龙志 李又兵 黄 灿 副主编

CAILIAO CHENGXING JISHU JICHU

化学工业出版社

·北京·

本书理论与实践相结合，突出实践能力和创新意识的培养。全书共分6章，着重讲述金属材料铸造成形、固态金属材料塑性成形过程、金属材料连接成形、非金属材料成形、材料先进成形技术等。本书内容深入浅出，图文并茂，并有大量典型案例。为便于学习，本书配套了电子课件等资源。

本书可作为普通高等院校相关专业的教材，也可供与本专业有关的生产和技术人员参考。

图书在版编目（CIP）数据

材料成形技术基础/周志明，涂坚，盛旭敏主编.
—北京：化学工业出版社，2019.12
普通高等教育"十三五"规划教材
ISBN 978-7-122-35428-0

Ⅰ.①材… Ⅱ.①周… ②涂… ③盛… Ⅲ.①工程
材料-成型-高等学校-教材 Ⅳ.①TB3

中国版本图书馆 CIP 数据核字（2019）第 234853 号

责任编辑：韩庆利　　　　　　　　　　文字编辑：张绪瑞
责任校对：盛　琦　　　　　　　　　　装帧设计：史利平

出版发行：化学工业出版社（北京市东城区青年湖南街 13 号　邮政编码 100011）
印　　刷：三河市航远印刷有限公司
装　　订：三河市宇新装订厂
787mm×1092mm　1/16　印张 15½　字数 396 千字　2020 年 4 月北京第 1 版第 1 次印刷

购书咨询：010-64518888　　　　　　　　售后服务：010-64518899
网　　址：http://www.cip.com.cn

凡购买本书，如有缺损质量问题，本社销售中心负责调换。

定　　价：48.00 元

前言

从石器时代、铁器时代到信息新纪元，人类前行的每一个脚印无不印证着材料科学技术的发展，人类文明史就是材料及材料成形的发展史。材料只有经过各种不同的成形方法加工，使其成为毛坯或制品后，才具有使用价值。合理的成形工艺、先进的成形技术才能使材料成为所得的毛坯或制品。随着人类社会的进步，生产力的发展，材料的成形技术也经历了从简单的手工操作到如今复杂的、大型化的、智能化和机械化生产的发展过程。材料成形制造是先进制造技术的重要组成部分，是衡量一个国家制造技术水平和能力的重要标志，在我国的许多关键制造业中发挥着不可替代的作用，是国民经济的支柱产业，它是汽车、航天航空、电力、石化、造船、机械等支柱产业的基础技术。

"材料成形技术基础"是高等院校机械类专业必修的一门综合性的技术基础课。本课程主要涉及工程材料的成形技术，其内容包括：金属材料的铸造、锻压、焊接，非金属高分子材料的成形，陶瓷的成形，复合材料的成形等。要求学生在金工实习的基础上，通过本课程的学习能够掌握毛坯或制品的成形方法、成形原理及其成形的工艺特点，具有根据毛坯或制品能正确选择成形方法和制订工艺及参数的初步能力；具有综合运用工艺知识分析零件结构工艺性的初步能力；了解有关新材料、新工艺、新技术及其发展趋势，为学习其他有关课程及以后从事机械设计与制造方面的工作，奠定必要的基础。

"材料成形技术基础"是一门内容广泛，技术性和实践性较强的课程，要尽可能利用多媒体教学、电视录像片和虚拟仿真案例等现代化教学手段以提高学生的感性认识。教学形式应多样化，可通过课堂讨论或实验，加深学生对课程内容的理解。本教材在每一章都将材料成形的最新进展和案例作为导读，并在铸造、锻造和其他材料成形添加了一些最新的模拟仿真案例，以提高学生的兴趣。本书可作为大中专院校学生的科技文化素质教育课程教材，也可作为其他人员的科普读物。

本书第一章由重庆理工大学的周志明编写，第二章由重庆理工大学的周志明和华东交通大学的赵龙志编写，第三章和第六章由重庆理工大学的涂坚编写，第四章由重庆理工大学的周志明和黄灿编写，第五章由重庆理工大学的盛旭敏和李又兵编写。重庆理工大学研究生王豆丰、彭曼绮、吴一若等参加了编写工作。全书由重庆理工大学周志明统稿、定稿。感谢重庆市教育教学改革项目、重庆市研究生教育教学改革项目、重庆理工大学重大教育教学改革培育项目和重庆理工大学教育教学改革项目的支持。

本书配套了电子课件等，用本书作为授课教材的院校和老师，可登录化学工业出版社教学资源网 www.cipedu.com.cn 下载。

因编者水平有限，书中缺点在所难免，欢迎广大师生和读者批评指正。

编　者

目 录

第一章

绪论

第一节 ⊙ 概述

人类从诞生的那天起，就开始了对材料的开发和应用。人类在发展进步的历史长河中，无一日不在利用材料、无一日不在探索创造新材料。人类文明的发展已经有 7000 多年历史，而材料作为每阶段文明发展的标志，对人类的进步起着决定性的作用，是当代文明的三大支柱之一。可以说材料的品种、数量、质量是一个国家现代化程度的衡量标准之一。材料无处不在、无处不有，工农业、国防、日常生活中，随处可见其身影。

材料是用来制造机器零件、构件和其他可供使用物质的总称。按化学组成分，材料可分为金属材料、无机非金属材料、有机非金属材料和复合材料。

人类历史发展的过程，本身就是一部材料及材料成形发展的历史。材料是人类生产和生活的物质基础。材料的发展推动人类社会的进步，人类从最早使用的石器材料发展到如今文明社会大量使用的各类合金钢、非金属材料及复合材料便能充分说明这一点。人类社会的进步促进材料的发展。人类物质生活水平的提高和生产技术的发展是人类社会进步的重要标志，同时，人类进一步认识自然世界和改造自然世界的欲望更加强烈，发展生产、改善生活成为人类最基本的实践活动。在认识世界和改造世界的漫长岁月里，人类凭借自己的聪明才智，相继研制和开发了各种新材料、新工艺，促进了材料的发展。为了满足现代尖端技术的苛刻要求，必须不断地开发新材料，例如在航空航天、能源和海洋开发等领域，需要超轻质、耐高温、耐腐蚀、超高强度、耐超高压、超电导以及超低温等极限材料。可以说，每一种重要的新材料的发现和应用，都把人类支配自然的能力提高到一个新的水平，给社会生产和人类生活面貌带来巨大改观，把物质文明程度推向前进，所以新材料的研制与开发应用和一个国家的工业活力及军事力量的增长密切相关。

材料只有经过各种不同的成形方法加工，使其成为毛坯或制品后，才具有使用价值。材料成形过程可概括地定义为将材料加工到符合一定要求的工件性能的变化，包括几何形状、硬度、状态、信息（形状数据）等的变化。材料成形加工技术不仅赋予零部件以形状，而且给予零部件以最终性能及使用特性。由于加工的主要目的不同，材料成形过程可能是加工工件材料加工过程、能量转化过程、信息变化过程的某种组合。合理的成形工艺，先进的成形技术才能使材料成为所得的毛坯或制品。随着人类社会的进步，生产力的发展，材料的成形技术也经历了从简单的手工操作到如今复杂的、大型化的、智能化和机械化生产的发展过程。我国古代劳动人民对材料及其成形技术的研究远远超过同时代的欧洲，直到 17 世纪，我国还一直处于世界领先地位，为世界文明和人类进步作出了巨大贡献。

金属材料的制造和使用，标志着人类文明的一个重大进步，从开始的青铜器时代，到铁器时代，再到后来的钢时代。目前人们对金属材料的使用逐步由单金属向高性能的铝、镁、钛等金属合金转变。我国祖先最早用火烧制陶器和瓷器，五代时期我国的陶瓷技术已登峰造极，这时生产的陶器被誉为"青如天、明如镜、薄如纸、声如磬"。我国的铸造技术和锻造技术闻名于世，焊接技术也有着悠久的历史，在河南辉县战国墓中，殉葬铜器的耳和足是用钎焊方法与本体连接的，这比欧洲国家应用钎焊技术还早 2000 多年。我国还是最早使用胶黏剂的国家之一，在陕西临潼秦始皇陵二号出土的两乘大型彩绘铜车马，每乘各有一车四马，由一名御官俑驾驭，其材料以青铜为主，并配以金银饰品。造型逼真的铜马和装饰华丽的铜车，反映了秦朝时期我国祖先精湛的冶铸技术，而金银饰品之间连接是用无机胶黏剂胶接的，说明早在 2000 多年前，我们的祖先已掌握了无机胶接技术。我国明朝科学家宋应星编著的《天工开物》一书中记载了冶铁、炼钢、铸铁、锻铁、淬火等各种金属的加工方法，它是世界上有关金属加工工艺最早的科学著作之一。

材料成形制造是先进制造技术的重要组成部分，是衡量一个国家制造技术水平和能力的重要标志，在我国的许多关键制造业中发挥着不可替代的作用，是国民经济的支柱产业，它是汽车、航空航天、电力、石化、造船、机械等支柱产业的基础技术。以航空发动机为例，现代飞机要求超声速巡航、非常规机动性、低环境污染、低油耗、低全寿命成本等性能，很大程度上是依靠发动机性能的改进及提高来实现的，发动机性能提高的目标是提高推重比、功率质量比、增压比和涡轮前温度。要实现上述指标，就要不断发展先进涡轮盘材料，与此相应发展这些材料的精密成形与加工技术。材料的精密成形与加工技术就成为关系国防安全的一种关键技术。

从经济效益的角度考虑，在零部件的生产制造中，原材料的成本仅占很小的比例，附加值主要来自成形加工环节。若以 M 表示金属原材料价值与该金属制品的价值之比，对于汽车零部件，$M=2\%\sim5\%$；飞机的一般铝合金结构件，$M=5\%\sim20\%$，飞机发动机普通叶片，$M=50\%$左右。从可持续发展的角度考虑，金属材料的制备、成形与加工，历来是能源、原材料消耗巨大、环境污染严重的工业领域，且至今这一状况还没有彻底改善。有关专家指出，当前主要金属材料的性能仅实现了 $40\%\sim70\%$，若使其余性能潜力得到充分发挥，则可减轻构件质量，节省材料 $25\%\sim60\%$。同时在节能、降低成本、控制污染等方面带来巨大效益。因此，该领域的技术进步是可持续发展战略和净化环境的迫切需求。

人类社会进步与材料科学发展之间的关系历来是辩证的：材料的进步必将促进科学技术的进步和人民生活水平的提高，反过来，人们对新生活的向往、科学技术的继续发展，又必然会对新材料发出更强烈的呼唤。人们总是不断地要求利用性能更好的新材料，去淘汰那些已不能适应社会发展要求的传统旧材料。所以，制备新材料的成形技术又是社会发展提高的"催化剂"！目前，中国已成为全球第一制造业大国，但是，我国的材料成形加工技术与工业发达国家相比仍有很大差距，如重大工程的关键铸锻件仍从国外进口，航空工业发动机及其他重要的动力机械核心的材料成形制造技术尚有待突破。

第二节 ➲ 材料成形在人类文明进步中的作用

人类的历史是一部材料不断进步发展的历史。正是在历史发展过程中及与此相联系的人类知识和经验的增长过程中，材料的使用才得以发展。材料成形技术的发展与社会的发展以及人类文明之间贯穿着一条辩证式线索。人类在对自然界寻觅到的原始材料加工不断提高，材料成形在推动人类文明进步的同时也在不断完善。

中华民族具有 5000 多年的历史。历史学家根据当时的标志性材料而将人类社会划分为石器时代、青铜器时代、铁器时代、钢铁时代等。材料成形发展的历史从生产力的侧面反映了人类社会发展的文明史。

大约两三百万年前，石器的出现标志着人类脱离动物界，开始进入石器时代。起初人类并没有对石头这种质地粗糙的材料进行精加工，而是直接打制成砍砸器、尖状器、刮削器和石核等器物。虽然当时材料的加工方法比较简单，但能够补充手掌、手指、指甲和牙齿的功能，满足人们对于采集与狩猎的需要。这个时期人类还掌握了对组合材料的使用，如将木头和石头捆绑得到的手斧。修理石核技术也在这一时期得到应用，如精致的刮削器和尖状器。目前，世界上现存最完整、最早的石器时代遗址是非洲东部坦桑尼亚的奥杜韦文化（距今175 万年）和肯尼亚的阿舍利文化（距今 176 万年）。

新石器时代的初期，人类活动由狩猎和采集转向了农牧业。在该时期，人类掌握了磨制石器的技术。磨制的石斧、石锛、石凿和石铲，琢制的磨盘和打制的石锤、石片开始大量出现。这些磨制石器的出现有着重要的意义，因为它们作为农用工具促进了农业的发展，从而形成了早期的农业。此间产生了人类历史上第一次产业革命——农业革命，进而导致了原始社会的解体。人的能力提高了，他们可以把材料加工得更加精细，而且富有艺术性。

约公元前 7000 年，最早的社会分工开始出现，游牧部落和农耕业开始出现。同时，材料成形技术有了进一步的发展。公元前 6000 年，人类掌握了钻木取火的技术。有了火，不仅可以熟食、取暖、照明和驱兽，而且可以烧制陶器。陶器的发明和应用，创造了新石器时代的仰韶文化，后来在制陶技术的基础上又发明了瓷器（英译名 china），实现了陶瓷材料发展的第一次飞跃。瓷器的出现成为中华民族文化的象征之一，对世界文化产生过深远的影响。黏土烧陶技术也为后来的冶铜技术的发明做了技术上的铺垫。6000 多年前的西安半坡遗址的鱼纹彩陶盆十分精美。

人们在大量烧制陶瓷的实践中，熟练地掌握了高温加工技术，并利用这种技术来烧炼矿石，人们炼出了红铜，但是其质地软，不适合制造工具。这是人类社会中最早出现的金属材料，它使人类社会从新石器时代转入青铜器时代。由于生产力的发展，我们的祖先们发现铜相比石器具有可塑性和延展性等优点，能够根据不同的需要冶炼和加热锻打成不同形状的工具如镰刀、锄头等，且具有更好的耐用性、更高的生产效率。

由于这种铜强度不高，因此不能满足大部分铜器对使用的要求。对于含其他金属量较高的青铜，虽然强度提高了，但韧性却下降了，锻造并不是最佳的途径。金属浇注这一重要工艺的出现，本质上改变了材料的成分对于青铜器制作的限制，它使得人类能够获得合金含量大于 10% 的青铜器。在青铜铸造技术刚开始出现时，青铜器还是铸锻并存的，一部分是锻造一部分是铸造。生产力的发展，促进了青铜铸造技术的提高。当青铜器加工技术发展到成熟阶段时，铸造成为青铜器制作的主要手段。我国的青铜冶炼始于夏朝（约公元前 2070～前 1600 年）。进入奴隶社会以后，炼铜技术发展很快。当时人们所使用的劳动工具、武器、食具、货币、日用品和车马装饰，都是用青铜制造的。商晚期和西周早期，青铜冶铸业达到高峰。在 3000～3500 年前的商代遗址中，河南安阳出土的商代晚期后母戊鼎［见图 1-1 (a)］重达 875kg，是我国目前发现最重的青铜器。据估计，铸造这样的大型青铜器，需 300 多人同时工作。春秋时期，吴越等地出现了复合剑制作技术［见图 1-1 (b)］，在其后相当普遍。剑的不同部位分别制造，然后用铸接技术连接，剑脊的铅含量较高使其韧性强，而剑刃铅含量低但锡含量高使其硬度高。如出土的东周时期的复合剑，剑脊锡含量 8.13％，铅含量 13.14％，这样的剑身韧性很强，而剑刃锡含量 3.72％，铅含量 1.42％，因此剑刃强度相当高，这种青铜剑具有完美的刚柔结合的特性。这种技术是中国独有的，代表了青铜器制作技术的顶峰。复合剑制作技术说明古人在注重加工工艺的同时有意识地调节青铜剑中的合金如铅锡的含量。

(a) 后母戊鼎　　　　(b) 越王勾践宝剑　　　　(c) 永乐大钟

图 1-1　青铜器

青铜冶炼技术的发明和应用，使金属冶炼业得到大力发展，促进了社会大分工，使手工业最终从农业中分离出来。青铜冶炼技术在农业工具制造领域的应用，促进了农业生产技术的革新，提高了社会生产力。用青铜制作武器，青铜武器在战争中的使用，提高了军队的战斗力，也使战争更加残酷和激烈。另外，青铜器在人类生活中的使用，使人们的生活质量也有所提高，并推动了文化的繁荣。明朝的永乐大钟［见图 1-1（c）］，铜钟通高 6.75m，钟壁厚度不等，最厚处 185mm，最薄处 94mm，重约 46t。钟体内外遍铸经文，共 22.7 万字。铜钟合金成分为：铜 80.54％、锡 16.40％、铝 1.12％，为泥范铸造。

青铜的出现无疑使当时人类的生产和生活方式发生了巨大的变化，但其自身也有局限性。由于生产青铜使用的锡十分稀有，所以青铜在当时是十分昂贵的，这点从当时的货币由青铜制作而成可以看出。那时青铜基本上为奴隶主贵族所垄断，成为代表他们身份和权力的象征，而农民们得不到金属工具，不得不依靠石斧等石器和木器从事农业生产。因此，青铜器不是当时人们的主要工具。青铜自身的这种局限性促进了从青铜生产工具向铁制生产工具的过渡。

铁器时代是人类发展史中一个极为重要的时代。由于铁相比于铜具有矿藏分布普遍、价格低廉等优点，且铁器具有坚硬、韧性高、锋利等优势，因此，铁器能够被更广泛地普及到社会各个方面，如日常生活、农业、军事等。铁器的广泛使用，使人类的工具制造进入一个全新的领域，生产力得到极大提高。另外，铁器的使用，导致了世界上一些民族从原始社会进入奴隶社会，也推动了一些民族脱离了奴隶制的枷锁而进入封建社会。最早发现和使用的铁，是从太空中掉下来的陨铁。因为地球上的天然铁很少见，所以铁的冶炼和铁器的制造经历了相当长一段时间，当人们逐步掌握冶炼铁的技术后，铁器时代真正开始到来。世界上最早的铁器诞生于公元前 1400 年的小亚细亚赫梯国。但在当时炼铁炉过小，鼓风力弱，人们只能炼出海绵状的块炼铁，而不能够进行大量生产。由于产量较小，以及赫梯国对于技术的保密，铁器是赫梯国作为外交赠礼的极为宝贵的物品，而最先拥有铁制武器的赫梯国军队则是战无不胜。直到公元前 12 世纪，随着赫梯国的覆灭，炼铁技术才开始传播开来。

我国人民在春秋时代就已经掌握了冶铁技术且掌握了竖式炼铁炉冶炼技术。当时铸铁的生产和应用显著扩大，已经使用铁模铸造农具（见图 1-2）。利用这些农具，人们开凿了大量的水利工程如都江堰，极大地促进了农业生产力的发展。白口铸铁、展性铸铁、麻口铁等产品相继出现，进而由铸铁发展到炼钢，并且发展了三种不同的炼钢方法。铸铁柔化术是中国古

图 1-2　春秋战国铁锄

代钢铁业的一项重大发明，铸铁炼制出来之后，因为性脆、缺乏韧性而不适合锻造优良的铁器。而利用柔化技术可以获得适合锻造铁器的白心可锻铸铁和黑心可锻铸铁。河南洛阳出土的铁铲，湖北大冶铜绿山古矿井出土的六角锄，都是用白心可锻铸铁制造的。炒铁是中国古代钢铁冶炼的另一重大发明，通过炒铁技术可以获得含碳量低的低碳钢甚至熟铁。东汉的《太平经》中就明确记载了炒铁技术，在河南巩义市的古冶铁遗址中也发现了以炒铁技术制作的铁币和炒铁炉。

铁器的大量使用，一方面促进农业和手工业（特别是采矿业和冶炼业）的发展，另一方面也带动了商业的繁荣发展。由于生产力的进一步发展，各地经济文化交流日益扩大，文化方面也出现了空前的盛况，如春秋战国时的"百家齐鸣"、古希腊的"伯利克里时代"。铁的冶炼技术在公元 1 世纪来临时达到了第一个高潮，装备了铁制武器的军队的战斗力得到了极大提升。

在我国，公元前 3 世纪铁器已在农业上推广使用，秦汉时期农业经济相当发达。到了唐宋时代，经济繁荣，科学文化发达，社会安定，国泰民安，处于盛世，形成了我国封建社会的科学文化高峰。正如英国科学家李约瑟博士所说的："在 3 到 13 世纪，中国保持一个让西方人望尘莫及的科学知识水平。"材料科技进入一个新的时代是在公元 1000 年之后。当时原料的开采和加工已经采用水力驱动能代替传统的人和动物的能量。水力驱动能使精炼铁法成为可能，进而能够大批量地生产高质量的铁。该方法直到 18 世纪才逐渐退出历史舞台。

图 1-3　瓦特改良型蒸汽机

18 世纪炼钢业得到了飞速的发展。钢铁工业作为第一次工业革命的重要产业内容的同时也为产业革命提供了必要的物质基础。1785 年，瓦特通过对纽科门的蒸汽机的改进而制成的改良型蒸汽机投入使用（见图 1-3），提供了更加便利的动力，得到迅速推广，大大推动了机器的普及和发展。在蒸汽机、焦炭、铁和钢的推动下，工业革命技术如轮船、铁路等加速发展，而铁路、轮船又促进了钢铁业的发展，人类社会由此进入"蒸汽时代"。

第一次工业革命极大地促进了生产力的发展，人类社会开始由农业文明向工业文明转变。社会结构、阶级结构和人们的思想开始发生根本的转变。在这一时期，西方国家在工业革命技术的支持下，发动了两次鸦片战争，从而"唤醒"了中国这一沉睡的"东方雄狮"。

进入 19 世纪后，钢铁、铜、铅、锌被大量应用于工业生产中，而铝、镁、钴等金属相继问世并得到应用。到 19 世纪中叶，现代平炉和转炉炼钢技术的出现，使人类真正进入"钢铁时代"。但这个时代始终没能达到其顶峰，因为塑料这种新材料在 20 年后问世了。

法拉第电磁理论在工业上的应用标志着"电气时代"的到来。起初，由于电灯等电器还

未被发明，因此电仅仅用于电话等通信业，而未真正成为能源。当1879年爱迪生发明白炽灯后，电开始真正作为能源进入每家每户，电力革命的曙光开始照耀人间。灯泡的发明推动了工业的发展，发电厂像雨后春笋般建立起来。电力工业发展又促进了发电机、电动机、变压器、电线和电缆工业的诞生和发展。同时，还推动了材料与加工工艺技术的发展。例如各种导体、绝缘体、半导体材料等以及电镀、电解、电焊、电火花加工等新工艺的应用。1958年8月28日，基尔比先用硅做出了分立的电阻、电容、二极管和三极管，然后再把它们连成了一个触发电路，发明了集成电路（见图1-4）。

图1-4　基尔比发明的第一个集成电路

单晶硅的研制成功，使电子技术领域由电子管发展到晶体管、集成电路、大规模和超大规模集成电路，从而促进了计算机的微型化及普及。半导体材料的应用和发展，使人类社会进入信息时代。

目前，人类社会在几十年取得的科技成就已经超过了之前几千年的科技发展总和，材料的数量和发展速度已经呈现几何数字增长，材料在各个领域的突破都会对社会生产力起到至关重要的推动作用。新材料为人类的生活提供了最基本的服务，新材料在种类上的扩展和功能上的发掘，为工业经济的持续发展提供了必不可少的支持，从而极大地推动了人类社会的发展和进步。我国已成功地生产出了世界上最大的轧钢机机架铸钢件（重410t）和长江三峡电站巨型水轮机的特大型铸件，长江三峡水轮机叶轮的不锈钢叶片重62t，已由德阳中国二重集团铸造厂于2001年首先一次试制成功，其铸造工艺方案采用了先进的计算机模拟仿真技术，经反复模拟得到了最优化的铸造工艺方案（见图1-5）。巨型转轮直径10.07m、高5.4m，净重416t，其尺寸、质量、技术含量、制造难度均为当今同类产品世界之最。

图1-5　长江三峡水轮机叶轮不锈钢叶片

第三节　材料成形的基本特点

人类科技文明史可以说是人类对物质材料认识、加工、利用、创造的发展过程，每一类新材料及相应成形技术的发现和应用都会引起生产技术的革命，大大加速了社会文明发展的进程。人类社会所谓石器时代、青铜器时代、铁器时代就是按生产活动中起主要作用的工具材料来划分的。人类把自然材料或人工材料采用适当的方式加工成所需要的具有一定形状、尺寸和使用功能的零件或产品的过程，就是材料加工的过程。

1. 产品性能好

材料成形的绝大多数零件具有良好的力学性能。如带有内部缺陷的金属材料在半固态成形过程中，经过金属熔化、在液固双相状态下成形，可以较好地避免在成形件内部产生缺陷；经塑性成形的零件，具有完整的金属流线，且由于在塑性变形过程中有加工硬化现象，使其力学性能比原材料有一定程度的提高。

2. 可以生产复杂形状零件

铸造成形、锻造成形、冲压成形、塑料成形、橡胶成形、粉末成形等许多材料成形方法可以生产形状非常复杂的零件。如铸造成形的发动机缸体零件，锻造成形的汽车前梁、发动机连杆，冲压成形的汽车门板、围板等覆盖件，塑料成形的壳体类零件等。

3. 材料利用率高

机械加工时被切削分离下来的部分材料均成为废料，而材料成形时，只有边缘部分或浇口部分是废料。所以，材料成形过程中产生的废料较少、材料利用率高。如铸造成形、锻造成形、塑料成形的材料利用率一般可达 80% 以上，许多零件成形的材料利用率可达 90% 以上；即使产生废料较多的汽车覆盖件冲压成形的平均材料利用率也可达 70%。

4. 生产效率高

材料成形的生产效率普遍较高，特别是利用模具生产时的生产效率更高。如在压力机上模锻连杆生产时，手工操作的单班产量可达 500 件以上，大型汽车覆盖件冲压生产时，手工操作的单班产量可达 1000 件以上，自动化操作的单班产量可达 2000 件以上；在高速冲床上冲压成形小型零件时，自动化操作的单班产量更是可高达 20000 件以上。

5. 应用范围广

材料成形方法很多，各种成形方法都有自己的特点，甚至有别的成形方法不可替代的特点。由于材料成形的材料利用率高、生产效率高、产品质量高且生产成本低，所以，材料成形在机械、电子、化工、航空航天、日常家用物品等国民经济的各个行业都有极其广泛的应用。

第四节 ⊙ 材料成形的发展趋势

材料成形加工技术既是制造业的重要组成部分，又是材料科学与工程的四要素之一，对国民经济的发展有着重要作用。材料成形技术的发展与科学技术发展紧密相关，产品往往以科学原理为指导。随着科学技术的发展和材料成形技术的进步，从原理到成品的时间越来越短，如表 1-1 所示。

表 1-1 科学原理的发现时间与其产业化时间的对照

产品	原理	成品	发展时间
电机	1821 年	1886 年	65 年
真空管	1882 年	1915 年	33 年
无线电	1887 年	1922 年	35 年
X 光	1895 年	1913 年	18 年
雷达	1935 年	1940 年	5 年
原子堆	1939 年	1942 年	3 年
半导体	1948 年	1951 年	3 年
激光	1958 年	1960 年	2 年

随着计算机技术的发展和3D打印技术的发展，基于知识的材料成形工艺模拟仿真已经成为材料科学与工程的前沿领域及研究热点，而高效率、高性能和高保真是模拟仿真的目标。根据美国科学研究院工程技术委员会的测算，通过模拟仿真可以提高产品质量 $5\sim15$ 倍，增加材料出品率 25%，降低工程成本 $13\%\sim30\%$，降低人工成本 $5\%\sim20\%$，增加投入设备的利用率 $30\%\sim60\%$，缩短产品设计和试制周期 $30\%\sim60\%$，增加分析问题广度和深度的能力 $3\sim3.5$ 倍。虚拟制造是CAD/CAM和CAPP等软件的集成技术，以并行的方式进行产品设计、加工和装配，对各单元采用分布管理，而且不受时间和空间限制。虚拟现实技术利用计算机和外观设备，生成与真实环境一致的三维虚拟环境，使用户通过辅助设备从不同的"角度"和"视点"与环境中的现实交互。与智能制造/虚拟工厂/网络化集成，材料成形加工过程建模与虚拟仿真将成为制造业新产品设计过程的非常有效的工具。

进入21世纪后，材料成形加工技术的发展面临环保、资源、消费观念变革、市场竞争、制造全球化和信息技术等挑战，同时也面临制造业持续增长，这就促使新世纪材料成形加工技术在发展中形成了自己新的特征。高速发展的工业技术要求加工制造的产品精密化、轻量化、集成化；国际竞争更加激烈的市场要求产品性能高、成本低、周期短；日益恶化的环境要求材料加工原料与能源消耗低、污染少。因此，材料正由单一的传统型向复合型、多功能型发展；材料成形加工制造技术逐渐综合化、多样化、柔性化、多学科化。面对市场经济、参与全球竞争，必须十分重视先进制造技术及成形加工技术的技术进步。

美国在"新一代制造计划（next generation manufacturing）"中指出，未来的制造模式特点将是批量小、质量高、成本低、交货期短、生产柔性、环境友好。未来的制造企业要掌握十大关键技术，其中包括快速产品与工艺开发系统、新一代制造工艺及装备、模拟与仿真3项关键技术。其中下一代制造工艺包括精确成形加工制造，或称净成形加工工艺（net shape process）。净成形加工工艺要求材料成形加工制造向更轻、更薄、更精、更强、更韧、成本低、周期短、质量高的方向发展。轻量化、精确化、高效化将是未来材料成形加工技术的重要发展方向。

1. 精密化

目前，精密和超精密制造技术已经跨越了微米级技术，进入了亚微米和纳米技术领域。

精密化已成为材料成形加工技术发展的重要特征，其表现为零件成形的尺寸精度正在从近净成形（near net shape forming）向净成形（net shape forming）发展，即近无余量成形方向发展。"毛坯"与"零件"的接近程度越来越大。当前精密成形技术已在较大程度上实现了近净成形。

发展趋势是实现净成形加工，其工艺要求材料成形向更轻、更薄、更强、更韧及成本低、周期短、质量高的方向发展。精密材料成形技术有多种形式的精铸、精锻、精冲、冷温挤压、精密焊接与切割等。

2. 优质化

净成形技术主要反映了成形加工保证尺寸及形状的精密程度，而反映成形加工优质程度的则是近无缺陷、零缺陷成形加工技术。"缺陷"是指不致造成早期失效的临界缺陷的概念。目前及今后采取的主要方法有：为了获得健全的铸件、锻件奠定基础，可以采用先进工艺、净化熔融的金属、增大合金组织的致密度等。采用模拟技术、优化工艺技术，实现一次成形及试模成功，保证工件质量。加强工艺过程监控及无损检测，及时发现超标零件。通过零件安全可靠性能研究及评估，确定临界缺陷量值等。

3. 快速化

随着全球化市场的激烈竞争，加快产品开发速度已成为竞争的重要手段之一。制造业要满足日益变化的用户需求，必须有较强的灵活性，以最快的速度提供高质量产品。亦即"客户化、小批量、快速交货"的要求不断增加，为此需要材料成形加工技术的快速化。成形加工技术的快速化表现在各种新型高效成形的工艺不断涌现，新型铸造、锻压、焊接方法都从不同角度提高生产效率。

快速原型制造技术（rapid prototyping，RP）以离散/堆积原理为基础和特征，源零件的电子模型（CAD 模型）按一定的方式离散成为可加工的离散面、离散线和离散点，而后采用多种手段，将这些离散的面、线段和点堆积成零件的整体形状。由于工艺过程简单，故制造速度比传统方法快得多。快速原型和快速模具相结合（RP＋RT），又提供了一条从 CAD 模型直接制造模具的新方法，RP 正在向着各种制造工艺集成、形成快速制造系统的方向发展。

计算机模拟仿真技术是信息技术综合应用、发展的结果。数值模拟应用于铸造、锻压、焊接等工艺设计中，并与物理模拟和专家系统相结合，来确定工艺参数、优化工艺方案，预测加工过程中可以产生的缺陷及防止措施，控制和保证加工工件的质量。

模拟仿真技术，它可以使理论和实验做得更深刻、更全面、更细致，可以进行一些理论和实验暂时还做不到的研究，大大缩短了制造周期，加快了制造进程。如铸造凝固过程的三维数值模拟；铸压过程微观组织的演化及本构关系模拟；焊接凝固裂纹的模拟仿真、开裂机制的研究以及焊接氢致裂纹的模拟；金属材料热处理加热冷却过程的模拟仿真及组织-变形、性能预测等。

目前，模拟仿真技术已能用于压力铸造、熔模铸造等特种精确成形工艺。很多研究人员开展了材料成形加工新工艺，如喷射成形的模拟研究等。

多尺度模拟特别是微观组织模拟（从毫米、微米到纳米尺度）是近年来研究的新热点课题。多尺度模拟已经在汽车及航天工业中应用。

4. 复合化

激光、电子束、离子束、等离子体等多种新能源的列入，形成多种新型加工与改性技术，其中以各种形式的激光加工技术发展最为迅速。激光加工技术多种多样，包括电子元件的精密微焊接、航天航空和汽车制造中的焊接、切割与成形等。有不同种类的激光表面改性处理方法，如热处理、表面修整、表面熔覆及合金化等。使用的激光器主要为大功率 CO_2 激光器、YAG 激光器。

近年来，激光加工自由成形技术成为重要的研究动向。随着金属间化合物材料、金属基复合材料、多种新型功能材料、超导材料等高新技术材料的应用，传统的加工方式或多或少地遇到了困难。与新的材料制备和合成技术相适应，新的加工方法成为材料加工研发的一个重要领域。一批新型复合工艺应运而生，如超塑成形/扩散连接技术、材料电磁加工等。

此外，"复合化"还表现在冷热加工之间、加工过程、检测过程、物流过程、装配过程之间的界限趋向淡化、消失，而复合、集成于统一的制造系统之中。

5. 绿色化

"绿色化"是指成形加工生产向清洁生产、无废弃物加工方向发展。清洁生产技术是协调工业发展与环境保护的矛盾、需求日益增加与有限资源的矛盾的一种新的生产方式，是 21 世纪制造业发展的重要特征。在成形加工生产过程中可采取如下措施。

① 采用清洁能源。

② 采用绿色材料。绿色材料是指资源和性能消耗小、生态环境影响小、再生循环利用率高或可降解使用的具有优异实用性能的新型材料。

③ 采用和开发新的工艺方法。

④ 采用新结构，减少设备的噪声和振动。美国在展望未来的制造业时，进一步把"材料净成形工艺"发展为"无废弃物成形加工技术（waste-free process）"。所谓"无废弃物加工"的新一代制造技术是指加工过程中不产生废弃物，或产生的废弃物能被整个制造过程中作为原料而利用，并在下一个流程中不再产生废弃物。无废弃物成形加工技术将成为今后推广的重要绿色制造技术。日本铸造工厂提出了 3R 的环境保护新概念，即减少废弃物（reduce）、重用（reuse）及回用（recycle）。

6. 信息化

信息化是 21 世纪社会发展的趋势。信息技术也正在向材料成形加工技术注入和融合，促进着材料加工技术的不断发展。信息技术对材料加工技术发展的作用目前已占第一位。

以纳米机器人为例，纳米机器人又叫可编程分子机器人，它的研制属于分子仿生学范畴，其根据分子水平的生物学原理设计制造，能够在纳米空间内进行控制与操作。作为机器人工程学的一项新科技，纳米机器人概念的提出始于 1959 年，虽然提出时间不晚，但直到20 世纪 90 年代纳米技术的兴起，才带动了其研发与应用的起步。进入 21 世纪以来，纳米机器人的研发成果已有所显现，人们对于其应用表现充满期待。

在军事领域，人们希望借助纳米机器人完成情报侦查、战场救治、武器升级等任务，将现有的战争往技术化、小型化方向引领；在工业领域，人们希望利用纳米机器人制作微型芯片，从而推动未来电子产品的微型化发展；在环保领域，人们希望借助纳米机器人监测和防止污染问题；在医疗领域，人们希望利用纳米机器人解决现有的医疗难题，改变医疗发展局面等。

可以说，纳米机器人在未来不仅能给社会带来重大变化，也给人们带来了无限想象空间。也难怪我国学者早在 1990 年就发出预言："到二十一世纪中叶，纳米机器人将彻底改变人类的劳动和生活方式。"

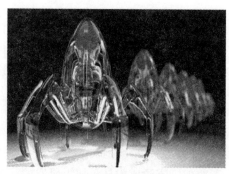

图 1-6　纳米蜘蛛机器人

2010 年以来，美国哥伦比亚大学的王中林教授成功研制出一种 DNA 分子构成的纳米蜘蛛机器人（见图 1-6）；佛罗里达大学研制出一款能够100％杀灭丙肝病毒的纳米机器人；伊利诺伊大学将真菌所产生的孢子和石墨烯量子点结合在一起，制造出了一种微型生物机器人；俄亥俄州立大学研发了运用于 DNA 的 3D 运动纳米机器人。2017年 7 月哈尔滨工业大学就研发出了能在血管中游泳的医疗纳米机器人，并且已经在动物实验中取得了成功。

复习思考题 ▶▶▶

1-1　什么是材料？

1-2　什么是材料成形？

1-3　材料成形的基本特点有哪些？

1-4　材料成形的发展趋势有哪些？

导入案例 ▶▶

生铁放到炼钢炉内按一定工艺熔炼，即得到钢，这是传统的炼钢术。而今，中科院金属研究所（以下简称"金属所"）的科研团队采用计算机模拟仿真，建立热加工过程的数学模型，运用到金属产品生产的工艺方案中。长期以来，我国热加工铸锻件和复杂结构件的生产一直存在成本高、能耗高、附加值低、原材料消耗严重、机加工量大、环境污染严重等问题。很多重大装备的大型铸锻件严重依赖进口，部分特大型铸锻件对我国技术封锁甚至禁运，严重制约了我国能源、冶金机械、船舶动力等重要产业的发展。为了从根本上改善热加工行业制造技术落后这一瓶颈问题，金属所多年来紧紧围绕能源电力、船舶制造、冶金机械、高速铁路等重点产业的发展需求，开发了可视化铸锻技术。可视化铸锻技术作为计算机模拟技术的延伸，是理论、模拟与实测相结合的一项关键技术。该技术直接可视金属充型、凝固和固态成形过程，结合模拟计算，可设计出合理的浇注系统、浇注参数，建立缺陷演化模型，确定合理的铸锻工艺，从而实现铸锻件制备的纯净化、均质化、致密化和终形化共性技术。金属所研发的可视化热加工技术，对金属热加工过程中的组织、应力、缺陷的状态和变化进行模拟计算。换言之，我们的技术可以清晰地看见钢铁是怎样炼成的。金属所研发的可视化热加工技术及部分关键件制造技术获得2012年国家科技进步奖二等奖。

资料来源：孙明月等，让钢铁炼制过程看得见，中国科学报，2017.7.10

第一节 ❯ 概述

铸造（casting）是指熔炼金属，制造铸型，并将熔融金属在重力或者外力作用下浇注到铸型内，待其冷却凝固后，获得具有一定形状、尺寸和性能的金属零件或毛坯的成形方法。

铸造成形的主要优点：①适合复杂形状，特别是复杂内腔铸件成形。例如复杂箱体、机床床身、阀体、缸体、叶轮、螺旋桨等。②材料适应性广。铸件材料可以是铸铁、铸钢、高温合金、铜合金、铝合金、镁合金、锌合金和各种特殊合金材料。③工艺灵活，尺寸、质量几乎不受限。铸件的质量可以小到几克，大到数百吨；壁厚可以从0.5mm到1m；长度可以从几毫米到几十米。④原料广，成本低。铸造用原料大多来源广泛、价格较低、铸件与最终零件的形状相似、尺寸接近、节省金属材料和加工工时。

铸造成形的主要缺点：①铸件内部组织疏松、晶粒粗大，易产生缩孔、缩松、气孔等缺陷。②铸件外部易产生粘砂、夹砂、砂眼等。③与同样材料的锻件相比，铸件的力学性能低，特别是冲击韧性。④由于铸造工序多，难以精确控制，使铸件品质不够稳定。⑤铸造的工作环境较差。⑥由于大多数铸件是毛坯件，需经过切削加工等才能成为零件。

铸造是制造零件毛坯常用的一种生产工艺，被广泛应用于机械制造、矿山冶金、交通运输、石化通用设备、农业机械、能源、轻工纺织、土建工程、电力电子、航天航空、国防军工等领域。

目前铸造成形技术的方法种类繁多。按生产方法分类，可分为砂型铸造和特种铸造。特种铸造包括熔模铸造、金属型铸造、反重力铸造、压力铸造、离心铸造等。

第二节 ➡ 铸造成形技术过程理论基础

一、液态金属的充型能力

液态金属充满铸型型腔，获得形状完整、轮廓清晰的铸件的能力，称为液态金属的充型能力。

实践证明，同一种金属用不同铸造方法，所能铸造成形的铸件最小壁厚不同；同样的铸造方法，不同金属，所能得到的最小壁厚也不同。如表 2-1 所示。

表 2-1　不同金属和不同铸造方法铸造的铸件最小壁厚　　　　　　　　　　mm

金属种类	铸造方法				
	砂型	金属型	熔模	壳型	压铸
灰铸铁	3	>4	0.4～0.8	0.8～1.5	—
铸钢	4	8～10	0.5～1	2.5	—
铝合金	3	3～4	—	—	0.6～0.8

充型能力强的液态金属，易于充满薄而复杂的型腔，有利于金属液中气体、杂质的上浮并排除，有利于对铸件凝固时的收缩进行补缩，铸件不容易产生浇不足、冷隔、气孔、夹杂、缩孔、热裂等缺陷。

影响液态金属充型能力的主要因素如下。

1. 金属的流动性

金属的流动性（fluidity）是指液态金属自身的流动能力，是金属的铸造成形的性能之一。液态金属的流动性用浇注流动性试样的方法来衡量。在生产和科学研究中应用最多的是螺旋形试样，如图 2-1 所示。将金属液浇入螺旋形试样铸型中，显然，在相同的铸型及条件下，浇出的螺旋形试样越长，表示该金属的流动性越好。

金属的流动性与金属的化学成分、温度、杂质含量及其物理性质有关，其中化学成分的

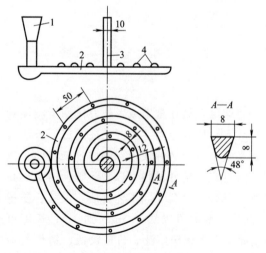

图 2-1　螺旋形试样流动性示意
1—浇口；2—试样铸件；3—冒口；4—试样凸点

影响最为显著。在常用的合金中，灰铸铁和硅黄铜的流动性最好，铝硅合金次之，铸钢最差。图 2-2 为铁碳合金的流动性与碳的质量分数的关系，可以看到，在铸铁中，流动性随碳含量的增加而提高。纯金属和共晶成分的合金，由于是在恒温下进行结晶，固液界面比较光滑，对液态合金的阻力较小，其流动性最好。合金的结晶温度区间越宽，流动性越差，因为合金凝固时存在一个液固两相共存区，增大了金属液的黏度和流动阻力。

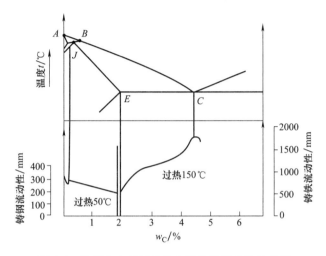

图 2-2　铁碳合金的流动性与碳的质量分数的关系

2. 浇注条件

浇注（pouring）条件主要指浇注温度和充型压力、浇注系统结构。

（1）浇注温度　浇注温度对液态金属的充型能力有决定性的影响。在一定温度范围内，充型能力随浇注温度的提高而直线上升，超过某界限后，由于吸气，氧化严重，充型能力的提高幅度减小。对于薄壁铸件或流动性差的合金，可以适当提高浇注温度，以防出现浇不到和冷隔等缺陷。但是，随着浇注温度的提高，铸件一次结晶组织粗大，容易产生缩孔、缩松、粘砂、裂纹等缺陷。因此，在保证充型能力足够的前提下，浇注温度不宜过高。

（2）充型压力　液态金属在流动方向上所受压力（充型压力）越大，则流动速度越快，充型能力就越好。但金属液的充型压力过大或充型速度过高时，不仅发生喷射和飞溅现象，使金属氧化和产生"铁豆"缺陷，而且型腔中气体来不及排出，反压力增加，造成"浇不足"或"冷隔"缺陷。如图 2-3 所示，在相同的浇注温度下，高度较高的铝合金因充填压力大螺旋线较长。

图 2-3　相同浇注温度下，铝合金在不同高度下的流动性实验

（3）浇注系统结构　浇注系统结构越复杂，流动阻力越大，液态金属充型能力越低。

3. 铸型性质

铸型的阻力影响金属液的充型速度，铸型与金属的热交换强度影响金属液保持流动的时间。所以，铸型性质方面的因素对合金液的充型能力有重要的影响。

（1）铸型蓄热系数　铸型的蓄热系数表示铸型从其中的金属液吸取并储存在本身中热

量的能力。铸型的蓄热系数愈大，铸型的激冷能力就愈强，金属液于其中保持液态的时间就愈短，充型能力下降。如液态金属在金属铸型中的流动性和充型能力比在砂铸型中差。

（2）铸型温度　预热铸型能减少合金与铸型的温差，从而提高其充型能力。如在熔模铸造中，为得到轮廓清晰的铸件，可以将型壳焙烧到800℃以上进行浇注。

（3）铸件结构　衡量铸件结构的因素是铸件的折算厚度 R（R＝铸件体积/铸件散热表面积＝V/S）和复杂程度，它们决定着铸型型腔的结构特点。如果铸件体积相同，在同样的浇注条件下，R 大的铸件，由于与铸型的接触表面积相对较小，热量散失比较缓慢，则充型能力较强。铸件的壁越薄，R 越小，则充型能力较弱。铸件结构复杂，厚薄部分过渡面多，则型腔结构复杂，流动阻力大，充型能力弱。在铸件壁厚相同的情况下，铸型中的垂直壁比水平壁更容易充满。

（4）铸型中的气体　铸型具有一定的发气能力，能在合金液和铸型之间形成气膜，可减少流动的摩擦阻力，有利于充型。但是如果铸型的排气能力小或者浇注速度太快，型腔内的气体压力增大，则阻碍合金的流动。

一般应尽量选用共晶成分合金，或结晶温度范围小的合金。应尽量提高金属液品质。金属液越纯净，含气体、夹杂物越少，流动性越好。在金属确定后，还可采取提高浇注温度和充型压头，合理设置浇注系统和改进铸件结构等方面的措施，提高液态金属的充型能力。

二、铸件的凝固

铸型中的合金从液态转变为固态的过程，称为铸件的凝固，或称结晶。金属的凝固包括晶核的形成及晶体的长大两个过程。当液态金属冷却到熔点温度以下时，就不断从液相中产生固相的核心（晶核），这些核心逐渐长大，同时在剩余的液相中继续出现新的核心并长大，直至液相消耗完毕，结晶终了。整个凝固过程也就是形核和长大过程交叠进行的过程。

铸件的凝固过程中一般存在固相区、凝固区（液固两相区）和液相区三个区域，其中凝固区是液相与固相共存的区域，凝固区的大小对铸件的质量影响较大。按照凝固区的宽窄，铸件的凝固方式可分为逐层凝固、中间凝固和体积凝固（糊状凝固）三种方式，如图2-4所示。

（1）逐层凝固　纯金属和共晶合金在恒温下结晶，凝固过程中铸件截面上固液两相界面分明，没有凝固区域。随着温度的下降，固相区不断增大，液相区不断减少，逐渐到达铸件的中心，如图2-4（a）所示。

（2）中间凝固　金属结晶温度范围较窄，或结晶温度范围虽宽，但铸件截面温度梯度大时，铸件截面上的凝固区域宽度介于逐层凝固与体积凝固之间，如图2-4（b）所示。

（3）体积凝固　当合金的结晶温度范围很宽，或因铸件截面温度梯度很小，铸件凝固时，其液固共存的凝固区域很宽，甚至贯穿整个铸件截面，如图2-4（c）所示。

影响铸件凝固方式的主要因素是合金的结晶温度范围（取决于合金的化学成分）和铸件的温度梯度。合金的结晶温度范围越小，则凝固区域越窄，越趋于逐层凝固。当合金成分一定时，凝固方式取决于铸件截面上的温度梯度，温度梯度越大，对应的凝固区域越窄，越趋向于逐层凝固。

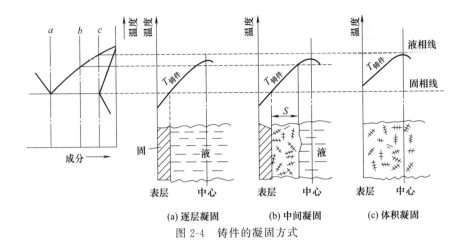

图 2-4 铸件的凝固方式

三、铸件的收缩

1. 收缩的基本概念

合金液体从浇注温度冷却到室温过程中所产生的体积和尺寸减小现象称为收缩（shrinkage）。收缩是铸造合金的物理本性，是铸件产生缩孔、缩松、应力、变形、热裂和冷裂等铸造缺陷的基本原因。

金属由浇注温度冷却到室温经历了液态收缩、凝固收缩和固态收缩三个相互关联的收缩阶段，如图 2-5 所示。

（1）液态收缩阶段 金属从浇注温度（$T_浇$）冷却到液相线温度（T_1）过程中完全处于液态收缩。

（2）凝固收缩阶段 金属自液相线温度（T_1）冷却到固相线温度（T_s）之间（包括状态的改变）凝固阶段的收缩。

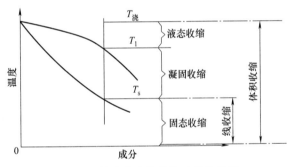

图 2-5 铸造合金的收缩过程示意图

（3）固态收缩阶段 金属自 T_s 冷却至室温（T_0）的收缩。通常表现为铸件外形尺寸的减少，故一般用线收缩率表示。

合金的液态收缩和凝固收缩表现为合金的体积缩小，它是铸件产生缩孔和缩松的基本原因，常用单位体积的收缩量所占比率，即体收缩率来表示。合金的固态收缩虽然也是体积变小，但它只引起铸件外部尺寸的缩减，因此常用单位长度上的收缩量所占比率，即线收缩率来表示，它是铸件产生应力、变形和裂纹等缺陷的基本原因。

金属的总体收缩为上述三个阶段收缩之和。它和金属自身的成分、温度和相变有关。常用铁碳合金的收缩率如表 2-2 所示。

表 2-2 铁碳合金的收缩率

合金种类	体收缩率/%	线收缩率/%
碳素铸钢	10~14.5	1.3~2.0
白口铸铁	12~14	1.5~2.0
灰铸铁	5~8	0.7~1.0

随着浇注温度的提高，金属冷却时的液态收缩会增大，总体积收缩相应增大。

2. 铸件的实际收缩

铸件的实际收缩不仅与合金的收缩率有关，还与铸型条件、浇注温度和铸型结构等有关。铸型材料的导热性差、浇注温度高，铸件的实际收缩就大，反之就小。实际上，铸件在铸型中收缩时受到如下几种阻力。

（1）铸型表面的摩擦阻力　铸件收缩时，其表面与铸型表面之间的摩擦与铸件品质、铸型表面的平滑程度有关。如碳钢铸件在黏土砂型中，这种阻力使收缩率平均减少 0.3%。铸型表面有涂料或覆料时，摩擦阻力可以忽略。

（2）热阻力　铸件各部分收缩时彼此制约产生的阻力。

（3）机械阻力　铸件收缩时，受到铸型和型芯的阻力。

铸件在铸型中的收缩仅受到金属表面与铸型表面之间的摩擦阻力时，为自由收缩。如果铸件在铸型中的收缩受到其他阻碍，则为受阻收缩。一般地，铸件在铸型中并不是自由收缩，而是受阻收缩。对于同一种合金，受阻收缩率小于自由收缩率。因此，生产中采用的收缩率是铸造收缩率，是包括了各种阻力在内的实际收缩率。在设计模型时，必须根据合金种类、铸件的结构情况等因素，采用合适的收缩率。对精度要求较高或结构复杂的铸件，其模样尺寸必须经过多次尺寸定型实验确定。

四、铸件的缩孔和缩松

液态金属在凝固过程中，由于液态收缩和凝固收缩，往往在铸件最后凝固部位出现大而集中的倒锥形孔洞，这种孔洞称为缩孔（shrinkage cavities）；细小而分散的孔洞称为分散性缩孔，简称缩松（porosity）。

1. 缩孔与缩松的形成

（1）缩孔　铸件中产生集中缩孔的基本原因是合金的液态收缩和凝固收缩大于固态收缩，且得不到补偿。产生集中缩孔的基本条件是金属在恒温或很窄的温度范围内结晶，铸件由表及里逐层凝固。缩孔形成过程如图 2-6 所示，金属液充满型腔后，随着温度的下降发生液态收缩，但可从浇注系统得到补偿，如图 2-6（a）所示。由于液态合金的冷却，表面层先凝固结壳，此时内浇口被冻结，如图 2-6（b）所示。继续冷却时，内部液体发生液态收缩和凝固收缩，液面下降。同时外壳进行固态收缩，使铸件外形尺寸缩小。如果两者的减小量相等，则凝固外壳仍和内部液体紧密接触，但由于液态收缩和凝固收缩远超过外壳的固态收缩，金属液将与硬壳顶面脱离，如图 2-6（c）所示。硬壳不断加厚，液面不断下降，当铸件全部凝固后，在上部形成倒锥形缩孔，如图 2-6（d）所示；继续降温至室温，整个铸件发生固态收缩，缩孔的绝对体积略有减少，但相对体积不变，如图 2-6（e）所示。如果在铸件顶部设置冒口，缩孔将移至冒口中，如图 2-6（f）所示。

（2）缩松　缩松形成的基本原因也是金属的液态收缩和凝固收缩大于固态收缩。但形成缩松的基本条件是金属的结晶温度范围较宽，呈体积凝固方式（也称为糊状凝固方式）。缩松常存在铸件壁的中心区域、厚大部位、冒口根部和内浇道附近。

图 2-7 为缩松形成过程示意图。图 2-7（a）为金属液充满型腔，并向周围散热。图 2-7（b）为铸件表面结壳后，内部有一较宽的液相和固相共存凝固区域。图 2-7（c）、（d）为继续凝固，固体不断长大，直至相互接触，此时金属液被分割成许多小的封闭区。图 2-7（e）为封闭区内液体凝固时，得不到补充，形成许多小而分散的空洞。图 2-7（f）为固态收缩。

缩孔和缩松的形成主要受合金成分影响外，浇注温度、铸型条件及铸件结构等也有一定

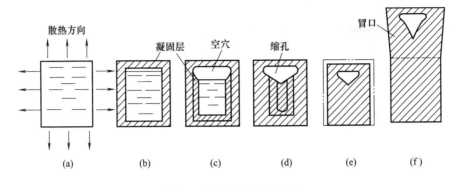

图 2-6 缩孔形成过程示意

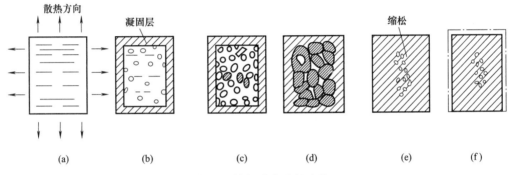

图 2-7 缩松形成过程示意

影响。

① 合金的浇注温度愈高，液态收缩愈大，形成缩孔的倾向大。

② 铸型材料对铸件的冷却速度越大，缩松越少。湿砂型比干砂型的冷却能力大，缩松减少，金属型的冷却能力更大，缩松显著减少。

③ 合金的液态收缩和凝固收缩愈大，愈易形成缩孔。如铸钢、白口铸铁、铝青铜等。

④ 结晶温度范围宽的合金，倾向于体积凝固，易形成缩松；纯金属和共晶成分合金倾向于逐层凝固，易形成缩孔。

2. 缩孔与缩松位置的确定

正确判断铸件中缩孔与缩松可能产生的部位是采取工艺措施予以防止的重要依据。缩孔与缩松都易出现在铸件中冷却凝固缓慢的厚热节处，因此，首先要确定热节的位置。

实际生产中，常用"等温线法"或"内接圆法"确定热节位置，如图 2-8 所示。图中等温线未曾通过的铸件中心部位或内接圆直径最大处，均为热节，这些部分最容易产生缩孔和缩松。

3. 缩孔和缩松的防止

收缩是合金的物理本性，一定化学成分的合金，在一定温度范围内会产生收缩。但并不是说，铸件的缩孔是不可避免的，只要铸件设计合理，工艺措施得当，即使收缩量大的合金，也可以得到没有缩孔的铸件。防止铸件中产生缩孔和缩松的基本原则是针对该合金的收缩和凝固特点制订正确的铸造工艺，使铸件在凝固过程中建立良好的补缩条件，尽可能使缩松转化为缩孔，并使缩孔出现在铸件最后凝固的部位。这样，在铸件最后凝固的部位安置一

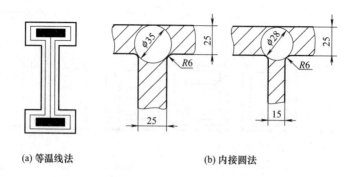

(a) 等温线法   (b) 内接圆法

图 2-8   缩孔、缩松位置的确定

定尺寸的冒口,使缩孔集中于冒口中,或者将浇口开在最后凝固的部位直接进行补缩,就可以获得健全的铸件。要使铸件在凝固过程中建立良好的补缩条件,主要通过控制铸件的凝固方向使之符合顺序凝固原则。

顺序凝固是采用各种措施(如安放冒口等)保证铸件结构上各部分,从远离冒口的部分到冒口之间建立一个逐渐递增的温度梯度,实现由远离冒口的部分最先凝固,再向冒口方向顺序凝固,使缩孔移至冒口中,切除冒口即可获得合格的铸件。

为了实现顺序凝固原则,采用的工艺措施主要有:①合理设计内浇口位置及浇注工艺;②合理应用冒口(riser)和冷铁(chill)等技术措施。

在合理设计内浇口位置及浇注工艺方面,若按顺序凝固方式,内浇口应从铸件厚大处引入,尽可能靠近冒口或由冒口引入,如图 2-9(a)所示。浇注工艺主要指浇注温度和浇注速度,用高的浇注温度缓慢浇注,金属液流经铸型时间愈长,远离浇口处的液体温度愈低,靠近浇口处温度较高,能增加铸件的纵向温度,有利于顺序凝固。

冒口的作用不仅是补缩,同时还为顺序凝固创造条件。冷铁是用铸铁、钢、铜等材料制成的激冷物。放入铸型内,加快铸件某一部分的冷却速度,调节铸件的凝固顺序,与冒口相配合,可扩大冒口的有效补缩距离[图 2-9(b)]。

顺序凝固的优点是冒口补缩作用好,可以防止缩孔与缩松,铸件致密。因此,对凝固收缩大、结晶温度范围较小的合金,如铝青铜、铝硅合金和铸钢件等,常采用这个原则以保证铸件质量。顺序凝固的缺点是铸件各部分有温差,容易产生热裂、应力和变形。顺序凝固原则需加冒口和冷铁,工艺出品率低,且切割冒口费工。

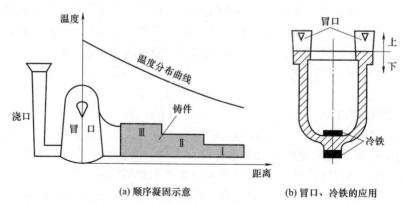

(a) 顺序凝固示意   (b) 冒口、冷铁的应用

图 2-9   顺序凝固示意及冒口、冷铁的应用

五、铸造应力、变形和裂纹

1. 铸造应力

铸件在凝固和随后的冷却过程中，固态收缩受到阻碍而引起的内应力，称为铸造应力（casting stress）。根据阻碍形成的原因不同，铸造应力可分为热应力、相变应力和机械阻碍应力。铸造应力可能是暂时的，当引起应力的原因消除后，应力随之消失，称为临时应力；也可能是长期存在的，当引起应力的原因消除后，仍存在铸件中的应力称为残余应力（residual stress）。

（1）热应力　现以图 2-10 所示的应力框来说明热应力的形成过程。它由一根粗杆 I 和两根细杆 II 组成，图的上部表示杆 I 和杆 II 的冷却曲线，$T_临$ 表示金属弹塑性临界温度。当铸件处于高温阶段时，$T_0 \sim T_1$ 间两杆均处于塑性状态。尽管杆 I 和杆 II 的冷却速度不同，收缩不一致，但两杆都是塑性变形，不产生内应力，如图 2-10（a）所示。继续冷却到 $T_1 \sim T_2$ 间，此时杆 II 温度较低，已进入弹性状态，但杆 I 仍处于塑性状态。杆 II 由于冷却快，收缩大于杆 I，在横杆的作用下将对杆 I 产生压应力，而杆 I 反过来对杆 II 以拉应力，如图 2-10（b）所示。处于塑性状态的杆 I 受压应力作用产生压缩塑性变形，使杆 I、杆 II 的收缩趋于一致，也不产生应力，如图 2-10（c）所示。当进一步冷却至 $T_2 \sim T_3$ 间，杆 I 和杆 II 均进入弹性状态，此时杆 I 温度较高，冷却时还将产生较大收缩，杆 II 温度较低，收缩已趋停止，在最后阶段冷却时，杆 I 的收缩将受到杆 II 强烈阻碍，因此杆 I 受拉应力，杆 II 受压应力，到室温时形成残余应力，如图 2-10（d）所示。整个过程中杆 I、杆 II 应力变化情况如图 2-10（e）所示。

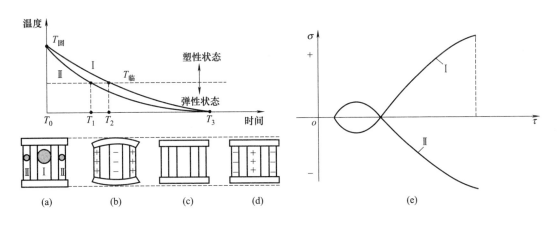

图 2-10　热应力的形成过程（"＋"表示拉应力；"－"表示压应力）

（2）相变应力　铸件冷却过程中，有的合金要经历固态相变和比容变化。假如铸件各部分温度均匀一致，固态相变同时发生，则可能不产生宏观应力，而只有微观应力。如铸件各部分温度不一致，固态相变不同时发生，则会产生相变应力。如相变前后的新旧两相比容差很大，同时产生相变的温度低于塑性向弹性转变的临界温度，就会在铸件中产生很大的相变应力，甚至引起铸件裂纹。钢的各种组成相的比容见表 2-3。马氏体的比容最大，如铸件快速冷却时（如水爆清砂）发生马氏体相变，产生较大的相变应力，可能使铸件开裂，甚至断裂。

表 2-3　钢的各种组成相的比容

钢的组成相	铁素体	渗碳体	奥氏体[$w(C)=0.9\%$]	珠光体	马氏体
比容/$cm^3 \cdot g^{-1}$	0.1271	0.1304	0.1275	0.1286	0.1310

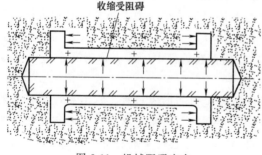

图 2-11　机械阻碍应力

（3）机械阻碍应力　铸件在冷却过程中因收缩受到箱带、铸型、型芯、浇注系统和冒口等的机械阻碍而产生的应力为机械阻碍应力。图 2-11 所示套筒筒身及内孔在固态收缩中，受到砂型凸出部分及型芯的阻碍，将产生拉应力。当形成应力的原因一经消除，如落砂、去除浇冒口后，应力也随之消失。因此，机械阻碍应力是一种临时应力。为防止铸件产生机械阻碍应力，应提高铸型和型芯的退让性，从而减少对铸件的收缩阻力。机械阻碍应力的来源大致有以下几个方面：

① 铸型和型芯的高温强度高，退让性差。

② 砂箱箱带或芯骨形状、尺寸不当。

③ 浇、冒口系统或铸件上的凸出部分形成阻碍。

④ 铸件上的拉肋和产生的披缝形成阻碍。

（4）防止和减小铸造应力的措施

① 合理设计铸件结构。铸件的形状愈复杂，各部分壁厚相差愈大，冷却时温度愈不均匀，铸造应力愈大。因此，在设计铸件时应尽量使铸件形状简单、对称、壁厚均匀。

② 尽量选用线收缩率小、弹性模量小的合金。一些铸造合金的弹性模量见表 2-4。

表 2-4　一些铸造合金的弹性模量

材料	钢	白口铸铁	球铁	灰铸铁	铝合金
弹性模量 E/MPa	196000	166000	135000～182000	73500～108000	65000～83000

③ 合理设置浇冒口，缓慢冷却，以减小铸件各部分温差；采用退让性好的型砂、芯砂。

④ 若铸件已存在残余应力，可采用人工时效、自然时效或振动时效等方法消除。

⑤ 采用同时凝固的工艺。同时凝固原则是采用工艺措施保证铸件结构上各部分之间没有温差或者温差尽量小，使各部分同时凝固，如图 2-12 所示。

同时凝固的优点是凝固期间铸件不容易产生热裂，凝固后也不易产生应力和变形；由于不用冒口或者冒口很小，可节省合金，简化工艺，减少劳动量。缺点是铸件中心区域往往有缩松，铸件不致密。因此，同时凝固主要用于以下情况。

a. 碳、硅含量高的灰铸铁，其体积收缩小，甚至不收缩，合金本身不易产生缩孔与缩松。

b. 结晶温度范围大，容易产生缩松的合金（如锡青铜），对气密性要求不高时，可采用同时凝固原

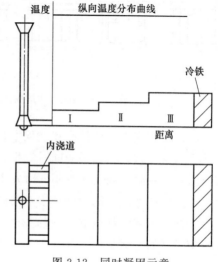

图 2-12　同时凝固示意

则，使工艺简化。事实上，这种合金，即使加冒口也难消除缩松。

c. 壁厚均匀的铸件，尤其是均匀薄壁件，倾向同时凝固；消除缩松有困难，应采用同时凝固原则。

d. 球铁铸件利用石墨化膨胀力实现自身补缩时，则必须采用同时凝固原则。

e. 从合金性质看适合顺序凝固的铸件，但当热裂、变形成为主要矛盾时，也可以采用同时凝固原则。

为实现同时凝固原则，内浇口应从铸件薄壁处引入，增加内浇道数量，采用低温快浇工艺。对铸件局部热节点，也可以采用冷铁或者采用储热吸收比石英砂大的型砂（如镁砂、碳化硅砂等）加速冷却，以达到同时凝固。

2. 铸件的变形（deformation）与防止

当残余铸造应力的总和超过金属的屈服强度极限时，铸件将发生塑性变形。

对于厚薄不均匀、截面不对称及具有细长特征的杆类、板类及轮类等铸件，当残余铸造应力的总和超过金属的屈服强度极限时，往往产生翘曲变形。

图 2-13 所示 T 形梁铸钢件，当板Ⅰ厚、板Ⅱ薄时，浇注后板Ⅰ受拉，板Ⅱ受压。各自都力图从应力状态下解脱出来，板Ⅰ力图缩短一点，板Ⅱ力图伸长一点。若铸钢件刚度不够，将发生板Ⅰ内凹、板Ⅱ外凸的变形（图中虚线所示）。反之，当板Ⅰ薄、板Ⅱ厚时，将发生反向翘曲。

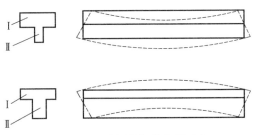

图 2-13　T 形梁铸钢件变形示意

铸件产生翘曲变形后，常造成加工余量不够或因铸件放不进夹具无法加工而报废。所以，必须防止铸件变形。除前述防止铸造应力的根本方法外，对长而易变形的铸件，可以采用反变形工艺。反变形工艺是在统计铸件变形规律的基础上，在模样上预先做出相当于铸件变形量的反变形量以抵消铸件的变形。如图 2-14 所示为消除床身导轨变形的方法。

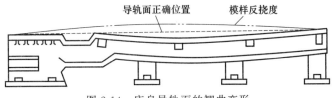

图 2-14　床身导轨面的翘曲变形

实践证明，尽管铸件变形后应力有所减小，但并未彻底去除。铸件经过机械加工后，由于其内部的残留应力失去平衡会产生二次变形，使零件丧失应有的加工精度。因此对于重要的、精密的铸件，如车床床身等，加工前去除应力是必要的。

常用的去除应力方法有自然时效法、人工时效法和共振法。自然时效法是将铸件置于露天场地半年以上，利用天然热胀冷缩使其缓慢发生变形，从而使应力消除。人工时效法是将铸件加热到 550～650℃进行去应力退火，它比自然时效快，应力去除比较彻底，故应用广泛。共振法是将铸件在共振频率下振动 10～15min，从而达到消除残余应力的目的。共振法需要专用设备，但效率高并且节能、污染少。

3. 铸件的裂纹（crack）与防止

当铸造应力的总和超过金属的抗拉强度极限时，铸件便产生裂纹。按裂纹形成的温度范围可分为热裂和冷裂。

（1）热裂 热裂是在高温下形成的裂纹，其形状特征是裂缝短，缝隙宽，形状曲折，缝内呈氧化颜色。热裂是铸钢件、可锻铸铁件和某些轻合金铸件生产中一种常见的铸造缺陷。

合金凝固末期，结晶出来的固体已形成完整的骨架，但晶粒之间还有少量液体，因此合金的强度和塑性很低，当铸件收缩受到机械阻碍应力超过该温度下合金的强度极限就能引起热裂。热裂一般分布在应力集中部位（尖角或断面突变处）或热节处。

防止产生热裂的主要措施如下。

① 合理设计铸件结构，壁厚应尽量均匀，厚壁搭接处应做出过渡壁，直角搭接处有圆角过渡等。

② 提高铸型、型芯的退让性，合理布置芯骨和箱带等。

③ 采用收缩小的合金。

④ 合理地调整合金成分，减少合金中有害元素的含量，严格控制钢和铁中的硫含量（因为硫会增加热脆性，降低合金的高温强度）。

（2）冷裂 冷裂是在低温下形成的裂纹，其形状特征是：裂纹细小，呈连续直线状，缝内有金属光泽或轻微氧化色。

当铸件冷却到低温处于弹性状态时，所受铸造应力总和大于该温度下合金的抗拉强度时产生冷裂。冷裂常出现在铸件受拉应力部位，尤其是应力集中的地方。

防止产生冷裂的主要措施基本上与减少热应力和防止热裂的措施相同。另外，适当的延长铸件在砂型中的停留时间，降低热应力；降低机械阻碍应力；严格控制钢和铸铁中磷的含量（磷会显著降低合金的冲击韧性），都可防止产生冷裂。

六、铸件中的气体

气孔（pore）是铸造生产中的一种常见缺陷。据统计，铸件废品中约三分之一是由于气孔造成的。气孔是气体在铸件内形成的孔洞，表面常常比较光滑、明亮或略带氧化色，一般呈梨形、椭圆形等。按气孔产生的原因和气体来源不同，气孔大致可分为侵入性气孔、析出性气孔和反应性气孔三类。

（1）侵入性气孔 砂型和砂芯等在液态金属高温作用下产生的气体（并无明显的化学反应），侵入金属内部所形成的气孔，称为侵入性气孔。

侵入性气孔的特征是数量较少、体积较大、孔壁光滑、表面有氧化色，常出现在铸件表层或近表层。侵入的气体一般是水蒸气、一氧化碳、二氧化碳、氧气、碳氢化合物等。

防止侵入性气孔产生的主要措施有：减小型（芯）砂的发气量、发气速度，增加铸型、型芯的透气性；或是在铸型表面刷涂料，使型砂与熔融金属隔开，阻止气体侵入等。

（2）析出性气孔 金属液在冷却及凝固过程中，因气体溶解度下降，析出的气体来不及从液面排出而产生的气孔，称为析出性气孔。

析出性气孔在铸件断面上呈大面积分布；在铸件最后凝固部位（如冒口附近、热节中心）最为密集；形状为圆形、多角形和断续裂纹状。

防止析出性气孔的主要措施有：减少合金的吸气量；对金属进行除气处理；提高冷却速度或使铸件在压力下凝固，阻止气体析出等。

（3）反应性气孔 金属液和铸型之间或在金属液内部发生化学反应所产生的气孔，称为反应性气孔。金属-铸型间反应性气孔，通常分布在铸件表面皮下 $1\sim3$mm，表面经过加工或清理后，就暴露出许多小气孔，所以通称皮下气孔，形状有球状、梨状。另一类反应性气孔是金属内部化学成分之间或与非金属夹杂物发生化学反应产生的，呈梨形或团球形，均匀分布。

金属液凝固后，气体可能以不同形式存在于铸件中。它们对铸件的品质会产生不同的影响，见表 2-5。

表 2-5　气体对铸件品质的影响

气体	在液态金属中存在的形态	对铸件品质的影响
氢气	氢的原子半径小，在所有的铸造合金中以原子状态直接溶解，形成含氢的溶液	对铸件极为有害，在铝合金、铜合金、铸钢及铸铁件中均能形成氢气孔，在铜合金和铸钢件中也能产生微小裂纹，如铜铸件的"氢病"，铸钢件的"白点"。在凝固期析出时，形成反压力，阻碍收缩
氧气	在钢铁合金中，以原子状态直接溶解并形成氧化物	各种氧化物在铸件中均能形成氧化夹杂。铸件凝固时，氧化物能在晶界析出，破坏金属基体的连续性和致密性，降低铸件的力学性能、物理性能和化学性能，多数的氧化物能增加铸件的热裂倾向性。钢液脱氧不完全，能使铸钢件产生气孔
氮气	在非铁合金中一般不溶解，在铸钢和铸铁中能以原子状态溶解或形成氮化物如 TiN、VN、BN 等	对非铁合金无不良影响，但使铸铁件产生气孔。AlN 能使合金钢铸件产生裂纹和石状断口；TiN、VN、BN 在合金钢中能细化晶粒，提高铸件的力学性能
水蒸气	在各种合金中不能直接溶解，但能与金属反应生成氧化物，而析出氢气，如： $Fe + H_2O \longrightarrow FeO + H_2 \uparrow$ $2Al + 3H_2O \longrightarrow Al_2O_3 + 3H_2 \uparrow$ $2Cu + H_2O \longrightarrow Cu_2O + H_2 \uparrow$ $Mg + H_2O \longrightarrow MgO + H_2 \uparrow$	反应生成的氧化物能促使铸件形成氧化夹杂、热裂和气孔 析出的氢气能部分溶解于金属液中，产生气孔或皮下气孔
二氧化碳	在各种合金中不能直接溶解，但能促使合金中的 Al、Si、Mn、Zn 等元素氧化，形成氧化物，如： $2Al + 3CO_2 \longrightarrow Al_2O_3 + 3CO$ $Si + 2CO_2 \longrightarrow SiO_2 + 2CO$	在铸件中形成氧化夹杂
一氧化碳	在各种合金中都不溶解	—
二氧化硫	在 Fe-C 合金中不溶解，在铜合金中微量溶解	—

气孔不仅会减少铸件的有效截面积，而且能造成局部应力集中，成为零件断裂的裂纹源，尤其是形状不规则的气孔，如裂纹状气孔和尖角形气孔不仅增加缺口的敏感性，使金属强度下降，而且会降低零件的疲劳强度。对要求承受液压的铸件，若含有气孔，会明显降低它的气密性。

以固溶体形式存在的气体，虽然危害较小，但会降低铸件的韧度。在一定条件下，以固溶体中析出的氢气压力使晶粒间形成须状裂纹。例如：钢中析出氢气，造成"白点"，使钢变脆，即所谓"氢脆"；铸铁中固溶的氢，还会增加白口倾向。

另外，金属液含有气体也会影响到它的铸造性能。铸件凝固时析出气体的反压力，会阻碍金属液的补缩，造成晶间疏松，即缩气孔。金属液含有气体，也降低了它的流动性，如同样成分的铸铁，含［H］为 $0.8cm^3/100g$，流动性为 53cm；含［H］为 $4.1cm^3/100g$ 时，则流动性下降为 39cm。

由于气体对铸件品质的危害性，生产中常针对各种铸造合金的特点，采用真空去气、沸腾去气、通入活性（或惰性）气体去气、氧化去气等方法去除金属液中的气体。

七、铸件的化学成分偏析

液态合金在凝固过程中发生的化学成分不均匀的现象称为偏析（segreation）。根据偏析范围的不同，可将偏析分为微观偏析（microsegregation）和宏观偏析（macrosegregation）两大类。微观偏析是指微小范围（约一个晶粒范围）内的化学成分不均匀现象，按其位置不同又分为晶内偏析和晶界偏析。宏观偏析也称为区域偏析，是指凝固断面上各部分的化学成分不均匀现象，按其表现形式可分为正偏析和逆偏析等。

微观偏析和宏观偏析主要是由于合金在凝固过程中溶质再分配和扩散不充分引起的。微观偏析导致晶粒范围内的化学成分偏差，会引起物理及化学性能的不同，从而影响铸件的力学性能。而晶界偏析使低熔点共晶集中在晶粒边界，增加热裂倾向，降低铸件的塑性。宏观偏析的产生，使铸件力学性能和物理性能产生很大差异，降低铸件的使用寿命。如铅青铜铸件中产生的密度偏析，使铅的分布不均匀，而使其耐磨性降低。此外，宏观偏析使铸件的抗腐蚀性能下降，使用寿命缩短。偏析也有有利的一面，可利用它来净化和提纯金属。

1. 微观偏析

（1）晶内偏析　晶内偏析（coring segregation）是在一个晶粒内出现的成分不均匀现象，常产生于具有一定结晶温度范围且能够形成固溶体的合金中。

在实际生产条件下，过冷速度较快，扩散过程来不及充分进行，因而固溶体合金凝固后每个晶粒内的成分是不均匀的。晶粒内先结晶部分含溶质较少，后结晶部分含溶质较多。这种在晶粒内部出现的成分不均匀现象，称为晶内偏析。由于固溶体合金通常以树枝状生长方式凝固结晶，先结晶的枝干与后结晶的分枝也存在着成分差异，这种在树枝晶内出现的成分不均匀现象，又称为枝晶偏析。图 2-15 为树枝晶各截面的溶质等浓度线，从中可以看出溶质在一次分枝、二次分枝以及晶内的分布。

铸件中晶内偏析程度取决于合金的冷却速度、偏析元素的扩散能力和受液相线和固相线间隔所支配的溶质平衡分配系数 k （$k = \dfrac{某温度 \ T \ 时固相的溶质成分}{该温度时液相的溶质成分} = \dfrac{C_s}{C_l}$）。当其他条件相同时，冷却速度愈大，偏析元素扩散系数愈小，平衡分配系数愈小，晶内偏析愈严重。但应注意到对冷却速度的影响不能一概而论，由于冷却速度增加，所得固溶体的晶粒可能变得细小，晶内偏析程度反而减弱。当冷却速度极大时，达 $10^6 \sim 10^7 ℃/s$ 时，偏析来不及产生，反而得到成分均匀的非晶态组织。

晶内偏析通常是有害的。晶内偏析的存在，使晶粒内部成分不均匀，导致合金的力学性能降低，特别是塑性和韧性下降。此外，晶内偏析还会引起合金化学性能不均匀，使合金的耐蚀性下降。

晶内偏析是一种不平衡状态，在热力学上是不稳定的。如果采取一定的工艺措施，使溶质进行充分扩散，就能够消除晶内偏析。生产中常采用扩散退火或均匀化退火来消除晶内偏析。即将合金加热到低于固相线 100～200℃ 的温度进行长时间保温，使偏析元素进行充分扩散以达到均匀化的目的，这种方法叫作扩散退火或均匀化退火。

（2）晶界偏析　在合金凝固过程中，溶质元素和非金属夹杂物富集于晶界，使晶界与晶

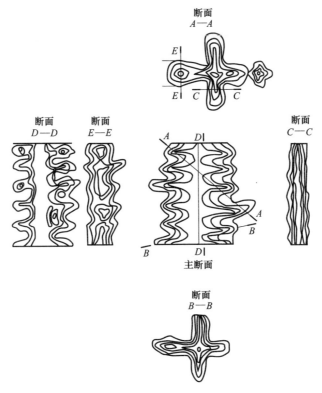

图 2-15 树枝晶各截面的溶质等浓度线

内的化学成分出现差异，这种成分不均匀现象称为晶界偏析（grain-boundary segregation）。晶界偏析的产生一般有两种情况，如图 2-16 所示。

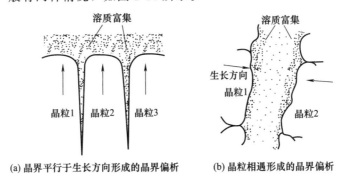

(a) 晶界平行于生长方向形成的晶界偏析   (b) 晶粒相遇形成的晶界偏析

图 2-16 晶界偏析形成示意

第一种情况如图 2-16（a）所示，两个晶粒并排生长，晶界平行于晶体生长方向。由于表面张力平衡条件的要求，在晶界与液相接触处出现凹槽，深度可达 10^{-8} cm，此处有利于溶质原子的富集，凝固后就形成了晶界偏析。

第二种情况如图 2-16（b）所示，两个晶粒相对生长，彼此相遇而形成晶界。晶粒结晶时所排出溶质（$k<1$）富集于固-液界面，其他低熔点的物质也可能被排出在固-液界面。这样，在最后凝固时晶界部分将含有较多的溶质和其他低熔点物质，从而造成晶界偏析。

固溶体合金凝固时，若成分过冷不大，会出现一种胞状结构。这种结构由一系列平行的棒状晶体所组成，沿凝固方向长大，呈六方断面。当 $k<1$ 时，六方断面的晶界处将富集溶

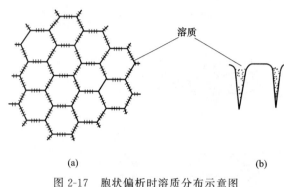

图 2-17　胞状偏析时溶质分布示意图

质元素，如图 2-17 所示。这种化学成分不均匀性称为胞状偏析。实质上，胞状偏析属于亚晶界偏析。这种情况类似于图 2-16（a）。

晶界偏析比晶内偏析的危害更大，它既会降低合金的塑性和高温性能，又会增加热裂倾向，因此必须加以防止。生产中预防和消除晶界偏析的方法与消除晶内偏析所采用的措施相同，即细化晶粒、均匀化退火的方法。但对于氧化物和硫化物所引起的晶界偏析，即使均匀化退火也无法消除，必须从减少合金中氧和硫的含量入手。

2. 宏观偏析

（1）正偏析　铸造合金的凝固往往是从与铸型型壁接触的表面层开始的。由于溶质再分配，当合金的溶质平衡分配系数 $k<1$ 时，凝固界面的液相中将有一部分溶质被排出，随温度的降低，溶质的浓度将逐渐增加，越是后结晶的固相，溶质浓度越高。当 $k>1$ 时则与此相反，越是后结晶的固相，溶质浓度越低。按照溶质再分配定律，这些都是正常的现象，故称之为正偏析。

正偏析的存在使铸件性能不均匀，在随后的加工和处理过程中也难以根本消除，故应采取适当措施加以控制。利用溶质的正偏析现象，可以对金属进行精炼提纯。"区域熔化提纯法"就是利用正偏析的规律发展起来的。

（2）逆偏析　当溶质平衡分配系数 $k<1$ 的合金进行凝固时，凝固界面上将有一部分溶质排向液相，随着温度的降低，溶质的浓度在固-液界面处的液相中逐渐增加。越是后来结晶的固相，溶质浓度越高，这种成分偏析称之为逆偏析。如 Cu-10％Sn（质量分数）合金，其表面有时会出现含 20％～25％Sn 的"锡汗"。

向合金中添加细化晶粒的元素，减少合金的含气量，有助于减少或防止逆偏析的形成。铸件中是否产生偏析以及形成何种偏析与多种因素有关，归纳起来主要有以下几方面。

① 结晶温度范围。合金的结晶在一个温度范围内进行是形成宏观偏析的基本条件，当结晶温度范围较小时，倾向于产生正偏析；结晶温度范围越大，树枝状晶越发达，当其他条件相同时，易产生逆偏析。

② 树枝状晶的尺寸。当合金中加入细化一次分枝的元素，能够减缓或防止逆偏析的形成；反之，加入促进一次分枝长大的元素，将促进逆偏析的形成。

③ 冷却条件影响。铸件冷却缓慢，宽结晶温度范围的合金易形成发达的树枝状晶，有利于产生逆偏析。

④ 合金结晶过程液体金属所受的压力。由于枝晶偏析，枝晶中含低熔点溶质元素较多，低熔点溶液在液体金属静压力或大气压力作用下，通过枝晶间的通道向外补缩，有利于形成逆偏析。合金中溶解的气体越多，形成的压力越有利于产生逆偏析。

八、铸件的缺陷分析及质量控制

1. 铸件缺陷分析

铸造缺陷（casting defect）种类繁多，常见的铸造缺陷、特征及产生的主要原因见表 2-6。

表 2-6 常见的铸造缺陷、特征及产生的主要原因

缺陷名称/特征	缺陷示意图	产生的主要原因
气孔:孔内表面比较光滑	气泡 气孔	①捣砂太紧或型砂透气性差 ②起模、修型刷水过多 ③型芯通气孔堵塞或型芯未烘干
砂眼:孔内填有型砂	砂眼	①型腔或浇口内散砂未吹净 ②型芯强度不够,被合金液冲坏 ③型砂未捣紧易被合金液冲垮或砂粒被卷入 ④合箱时砂型局部损坏
渣眼:孔形不规则,孔内有熔渣	渣眼	①浇注时挡渣不良 ②浇注系统不合理,未起挡渣作用 ③浇注温度太低,渣不易上浮
缩孔:孔内表面粗糙不平	缩孔	①铸件设计不合理,壁厚不均匀 ②浇口、冒口开设的位置不对或冒口太小 ③浇注温度太高或合金液成分不合格,收缩过大
粘砂:铸件表面粗糙,粘有烧结砂粒	粘砂	①浇注温度太高 ②未刷涂料或涂料太薄 ③型砂耐火度不够
夹砂:铸件表面上有一层金属硬皮,在硬皮与铸件之间夹有一层砂	砂型 夹砂 铸件	①型砂湿度太高,黏土太多 ②浇注温度太高,浇注速度太慢 ③合金液流动方向不合理,铸型受合金液烘烤的时间过长
错箱:铸件沿分型面的相对位置错移		①合箱时上下箱未对准 ②两半模型定位不好
偏芯:铸件上孔的位置偏离中心线		①下型芯时将型芯下偏了 ②型芯本身弯曲变形 ③型芯座尺寸不对 ④浇口位置不当,合金液将型芯冲歪
浇不足:铸件未浇满		①浇注温度太低 ②浇口太小或未开出气口 ③铸件太薄 ④浇注包内合金液不够

续表

缺陷名称/特征	缺陷示意图	产生的主要原因
冷隔:铸件表面有一种未完全融合的缝隙和洼坑,交接处多呈圆形		①浇注温度太低 ②浇注速度太慢或浇注时有中断 ③浇口位置开设不当或浇口太小
裂纹:铸件开裂;裂纹处有时有氧化色	裂纹	①铸件壁厚相差太大 ②浇口位置开设不当 ③型芯或铸型捣得太紧
白口:在灰口铸铁件上出现白口,性能硬脆难以机械加工	—	①铁液化学成分不对 ②铸件壁太薄

2. 铸件质量控制

由于铸造工序繁多,影响铸件的因素繁杂,难以综合控制,因此,铸件缺陷几乎难以避免,废品率比其他金属成形方法高。同时,许多铸造缺陷隐藏在铸件内部,难以发现与修补,有的是在机械加工时才暴露出来,这不仅浪费了机械加工工时,而且增加了制造成本。因此进行铸件质量控制、降低废品率是非常重要的。

铸造缺陷的产生不仅来源于不合理的铸造工艺,还与造型材料、模具、合金的熔炼和浇注等各个环节密切相关。此外,铸造合金的选择、铸件结构的工艺性、技术要求的制订等设计因素是否合理,对于是否易于获得健全的铸件也具有重要影响。一般来说,应从以下几个方面控制铸件质量。

(1) 合理选定铸造合金和铸件结构 当设计和选择材料时,在能保证铸件使用要求的前提下,应尽量选择铸造性能好的合金,同时,还应结合合金铸造性能要求,合理设计铸件结构。

(2) 合理制订铸件的技术要求 具有缺陷的铸件并不都是废品,若其缺陷不影响铸件的使用要求,则为合格铸件。在合格铸件中,允许存在缺陷及其存在的程度,一般应在零件图或有关技术文件中做出具体规定,作为铸件质量检验的依据。对铸件的质量要求必须合理。若要求过低,将导致产品质量低劣;若要求过高,又可导致铸件废品率的大幅度增加和铸件成本的提高。

(3) 模样质量检验 如果模样(模板)、型芯盒不合格,可造成铸件形状或尺寸不合格、错型等缺陷。因此,必须对模样、型芯盒及有关标记进行认真的检验。

(4) 铸件质量检验 铸件质量检验是控制铸件质量的重要措施。检验铸件的目的是依据铸件缺陷存在的程度,确定和分辨合格铸件、待修补铸件和废品。同时,通过缺陷分析,确定缺陷产生的原因,以便采用防止铸件缺陷的措施。随着对铸件质量的要求越来越高,检验质量的方法和检验项目也越来越多,常用的检验方法如下。

① 外观检查(简称 VT)。铸件的表面缺陷大多数在外观检查时就可以发现,如粘砂、夹砂、表面气孔、冷隔、错型、明显裂纹等。运用尖头锤子敲击铸件,根据铸件发声的清脆程度,可以判断铸件表皮以下是否存在有孔洞或者裂纹。铸件的形状和尺寸可以采用量具测量、划线、样板检查方法确定是否合格。

② 无损检测(简称 NDI)。目前广泛使用的无损检测方法有磁粉探伤(简称 MT),着色和荧光探伤(简称 PT)、射线探伤(简称 RT)、超声波探伤(简称 UT)等。无损检测能

较为准确地查出铸件表面和皮下孔洞及裂纹缺陷。

③ 化学成分检验。化学成分检验有炉前控制性检验和铸件化学成分检验两种方法。炉前控制性检验有三角试片检验法、火花鉴定法、快速热分析仪和直读光谱仪等快速测定法。铸件化学成分检验方法是从同炉单独浇注的一组试块中，或从铸件上附铸的试块中，取样进行各种元素含量分析。

④ 金相组织检验。金相组织检验（如晶粒度、球化率等）是将试块制成金相试样，放在金相显微镜下观察。对于更微观的金相组织可用扫描电子显微镜或者透射电子显微镜。

⑤ 力学性能检验。检验铸件的强度、硬度、塑性、韧性等性能是否达到技术要求，通常用标准试样进行力学性能试验。一些重要的铸件，采用附铸试块，加工到规定尺寸（简称试样），然后放在专门力学试样设备上测定。

第三节 ➤ 砂型铸造

砂型铸造（sand casting）是将熔融的金属浇入砂型铸型中，待其冷却凝固后，将铸型中取出铸件的铸造方法。由于砂型铸造必须破坏砂型才能取出铸件，所以砂型铸造也称为一次性铸造。砂型铸造的工序繁多，其基本工艺如图 2-18 所示，主要工序包括制造模样和芯盒、制备型砂及芯砂、造型、制芯、合箱、熔炼及浇注、落砂、清理和检验等。

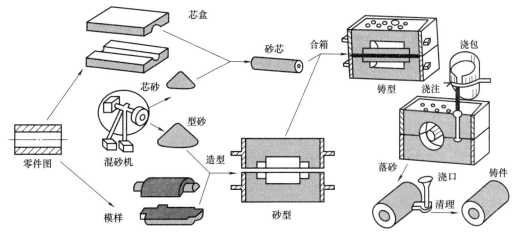

图 2-18 砂型铸造的基本工艺

砂型铸造的特点是适应性广，技术灵活性大，不受零件的形状、大小、复杂程度及金属合金种类的限制，生产准备较简单。但生产的铸件其尺寸精度较差及表面粗糙度高，铸件的内部品质也较低，在生产一些特殊零件（如管件、薄壁件）时，技术经济指标较低。砂型铸造在铸造生产中所占比重极大。世界各国使用砂型铸造生产的铸件占铸件总产量的 80%～90%。

凡是用来制造铸型的原材料（原砂、黏结剂、硬化剂、附加物等）以及由各种原材料按照一定比例配制而成的混合料一般统称为造型材料（mold material）。用来制作砂型的造型混合料称为型砂，用来制作砂芯的混合料称为芯砂，统称为型砂。砂型铸造常用的砂型有湿型、干型、表面烘干型和各种化学硬化砂型（自硬砂型），其主要特点和适用范围见表 2-7。

表 2-7　常用砂型的主要特点和适用范围

铸型种类	铸型特征	主要特点	适用范围
湿砂型 （湿型）	以黏土作黏结剂，不经烘干可直接进行浇注的砂型	生产周期短、效率高，易于实现机械化、自动化，设备投资和能耗低；但铸型强度低、发气量大，易于产生铸造缺陷	单件或批量生产，尤其是大批量生产。广泛用于铝合金、镁合金和铸铁件
干砂型 （干型）	经过烘干的高黏土含量（黏土质量分数为 12%～14%）的砂型	铸型强度和透气性较高，发气量小，故铸造缺陷较少；但生产周期长，设备投资较大，能耗较高，且难于实现机械化与自动化	单件、小批生产品质要求较高，结构复杂的中、大型铸件
表面烘干型	浇注前用适当方法将型腔表层（厚 15～20mm）进行干燥的砂型	兼有湿砂型和干砂型的优点	单件、小批生产中、大型铝合金铸件和铸铁件
自硬砂型	常用水玻璃或合成树脂作黏结剂，靠砂型自身的化学反应硬化，一般不需烘烤，或只经低温烘烤	铸型强度高、能耗低，生产效率高，粉尘少；但成本较高，有时易产生粘砂等缺陷	单件或批量生产各类铸件，尤其是大、中型铸件

在砂型铸造中，造型、制芯技术是最基本的工序。选择合适的造型、制芯方法和正确进行造型、制芯操作对提高铸件品质、降低生产成本、提高生产率都有十分重要的意义。造型方法按照型砂紧实成形方式可分为手工造型（手工造芯）和机器造型（机器造芯）两大类。

一、手工造型

手工造型是指全部用手工，或手动工具完成紧砂、起模、修整、合箱等主要操作的造型、制芯过程。手工造型的优点是操作灵活、适用性强、工艺装备简单、生产准备时间短。但生产率低、劳动强度大、铸件质量不易保证。故手工造型只适用于单件、小批量生产。常用的手工造型方法的特点及适用范围如表 2-8 所示。

表 2-8　常用的手工造型方法的特点及适用范围

	造型方法	主要特点	适用范围
按砂箱特征区分	 两箱造型	铸型由上型和下型组成，造型、起模、修型等操作方便	适用于各种生产批量，各种大、中、小铸件
	 三箱造型	铸型由上、中、下三部分组成，中型的高度须与铸件两个分型面的间距相适应。三箱造型费工，应尽量避免使用	主要用于单件、小批量生产具有两个分型面的铸件

造型方法	主要特点	适用范围
按砂箱特征区分 地坑造型 上型 地坑	在车间地坑内造型,用地坑代替下砂箱,只要一个上砂箱,可减少砂箱的投资。但造型费工,而且要求操作者的技术水平较高	常用于砂箱数量不足、制造批量不大的大、中型铸件
脱箱造型 套箱 底板	铸型合型后,将砂箱脱出,重新用于造型。浇注前,须用型砂将脱箱后的砂型周围填紧,也可在砂型上加套箱	主要用于生产小铸件,砂箱尺寸较小
按模样特征区分 整模造型 整模	模样是整体的,多数情况下,型腔全部在下半型内,上半型无型腔。造型简单,铸件不会产生错型缺陷	适用于一端为最大截面,且为平面的铸件
挖砂造型 挖砂	模样是整体的,但铸件的分型面是曲面。为了起模方便,造型时用手工挖去阻碍起模的型砂。每造一件,就挖砂一次,费工、生产率低	用于单件或小批量生产分型面不是平面的铸件
假箱造型 木模 用砂做的成形底板(假箱)	为了克服挖砂造型的缺点,先将模样放在一个预先做好的假箱上,然后放在假箱上造下型,省去挖砂操作。操作简便、分型面整齐	用于成批生产分型面不是平面的铸件
分模造型 上模 下模	将模样沿最大截面处分为两半,型腔分别位于上、下两个半型内。造型简单,节省工时	常用于最大截面在中部的铸件
活块造型 木模主体 活块	铸件上有妨碍起模的小凸台、肋板等。制模时将此部分做成活块,在主体模样起出后,从侧面取出活块。造型费工,要求操作者的技术水平较高	主要用于单件、小批量生产带有突出部分、难以起模的铸件

造型方法	主要特点	适用范围
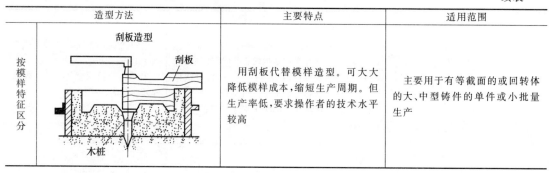 刮板造型	用刮板代替模样造型。可大大降低模样成本，缩短生产周期。但生产率低，要求操作者的技术水平较高	主要用于有等截面的或回转体的大、中型铸件的单件或小批量生产

按模样特征区分

二、机器造型

机器造型是用机器全部完成或至少完成紧砂操作的造型工序。与手工造型相比，机器造型具有生产率高、劳动条件较好、铸件的尺寸精度高、表面粗糙度低、铸件的质量稳定、便于组织自动化生产、减轻劳动强度及改善劳动条件的优点。但设备和工艺装备费用高，生产准备时间长，对产品变换的适应性较差，适用于大量和成批量生产的铸件。常用的机器造型方法有压实造型、震实造型、微震实造型、高压造型、抛砂造型、气流冲击（气冲）造型、射砂造型等。

（1）压实造型 通过液压、机械或气压作用于压板、柔性膜或组合压头，使砂箱内型砂紧实的方法称为压实造型（见图 2-19）。压实造型的生产率高，造型机构比较简单，噪声小，但砂型沿高度方向的紧实度不均匀，即型砂上表面紧实度高，底部则低，砂箱愈高则紧实度的不均匀性愈严重，因此压实造型只适用于尺寸 800mm×600mm×150mm 以下的小型砂型造型。

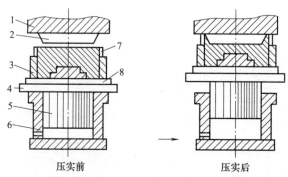

压实前　　　　　　压实后

图 2-19　压实造型

1—转动臂；2—压头；3—砂箱；4—工作台；5—压实活塞；6—压实气缸；7—预填砂框；8—模板

（2）震实造型 震实造型机紧砂过程如图 2-20 所示，压缩空气驱动震击活塞带动工作台及砂箱往复运动时与机体发生撞击，先使砂箱底部型砂紧实，再对顶部型砂补充压实。紧砂完毕，起模机构将砂箱平稳顶起，完成起模。震实造型机主要用于生产中、小型铸件，目前在我国应用较普遍。

（3）微震实造型 微震实造型工作原理如图 2-21 所示，先由微震机构对型砂进行预震，再由压实机构压震，即在压实的同时震实。

① 预震。见图 2-21（a），压缩空气由孔 a→b→c 进入震击缸，使震击活塞、工作台上升，同时使震击缸和弹簧下降 Δ，进气孔 b 关闭，排气孔 d 打开，工作台等靠自重下落，震

击缸则在弹簧作用下上升，并相互碰撞，完成一次震击，如此循环往复。

② 压震。见图 2-21（b），压缩空气由孔 e 进入压实缸，使压实活塞、工作台上升，型砂被压头压实。当压缩空气由孔 a→b→c 进入震击缸时，工作台已被压紧不动，只能迫使震铁下降 s 距离，进气孔 b 关闭，排气孔 d 打开，震铁则在弹簧作用下上升，与工作台碰撞，完成一次震击，如此循环往复，从而获得边压边震的紧实效果。型砂紧实后，由起模机构完成起模工序。

微震实造型机紧实度均匀，生产率较高，但噪声仍较大，且结构复杂。

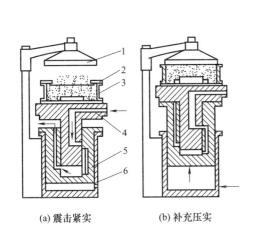

(a) 震击紧实　(b) 补充压实

图 2-20　震实造型机紧砂过程示意

1—压头；2—模板；3—砂箱；4—震击活塞；
5—震击气缸；6—压实气缸

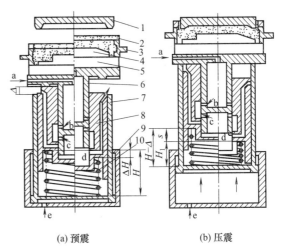

(a) 预震　(b) 压震

图 2-21　微震实造型工作原理

1—压头；2—辅助框；3—砂箱；4—模板；5—模板框；
6—震击活塞（工作台）；7—压实活塞；8—震击
缸（震铁）；9—压实缸；10—弹簧

（4）高压造型　压实比压（砂型单位面积上承受的压实力）大于 0.7MPa 的机器造型称为高压造型。与微震实造型的区别在于比压高，并采用多触头压头（见图 2-22）。造型时，先启动微震机构进行预震，然后，多触头压头进入砂箱，每个小压头由独立的油压驱动，行程可随模样高度调节，以使型砂紧实度均匀，随后从压实孔通入高压油进行压震，即压实的同时进行微震，使型砂进一步紧实。

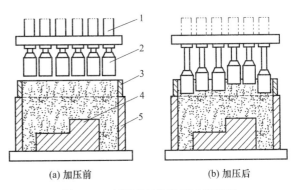

(a) 加压前　(b) 加压后

图 2-22　高压多触头造型工作原理

1—小液压缸；2—多触头；3—辅助框；4—模样；5—砂箱

多触头高压造型生产率高，噪声小，铸件尺寸精度高，表面品质好。但设备结构复杂，对技术装备及维修保养要求高，投资大，仅用于生产批量大的自动化造型生产线。

（5）抛砂造型　如图 2-23 所示，型砂从抛砂头上部进入，被抛砂头内部的叶片接住并随之旋转，由弧板导向并挤压成团，到抛砂头下面出口，砂团脱离弧板，由于离心力、惯性力的作用，以很高的速度向外飞出，填入砂箱，在填砂的同时完成型砂的紧实。

抛砂造型时，填砂与实砂同时进行，紧实度在砂箱高度上均匀，工作噪声小，抛砂头可以在一定范围内移动，所以抛砂机适宜于造大的砂型。

（6）气流冲击造型　如图2-24所示，先将型砂填入砂箱及辅助框中，并压紧在气冲阀喷孔下面，然后迅速打开冲击阀，砂箱顶部空腔气压迅速提高，产生冲击作用，将型砂紧实。

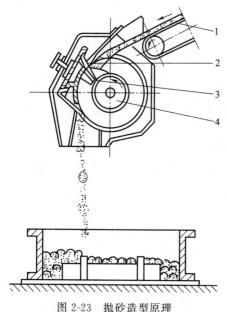

图 2-23　抛砂造型原理

1—送砂胶带；2—弧板；3—叶片；4—抛砂头转子

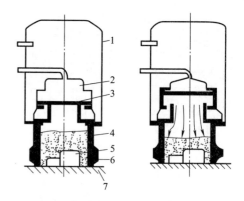

图 2-24　气流冲击造型原理

1—压缩空气包；2—气冲阀；3—阀盘；4—辅助框；
5—模板；6—砂箱；7—升降夹紧机构

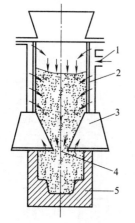

图 2-25　射砂造型原理

1—压缩空腔进口；2—射砂筒；3—射
砂头；4—射孔；5—芯盒

（7）射砂造型　射砂紧实是利用压缩空气将型砂以很高的速度射入砂箱而使型砂得到紧实，其可以用来造型或制芯。射砂造型原理如图2-25所示，先将型砂或芯砂装在射砂筒中，射砂时打开快速进气阀，压缩空气从储气筒快速进入射砂筒，使射砂筒中气压急剧升高，压缩空气穿过砂层空隙推动砂粒通过射孔射入砂箱或芯盒中，将芯盒填满，同时在气压的作用下将砂紧实。

（8）无箱射压紧实造型　通常造型都用砂箱以便于砂型的合箱及搬运，但砂箱存在的同时也使砂型质量增大，且在浇注完成后的落砂过程中需将砂箱送回造型机，增加了造型生产线的复杂性，并使生产效率降低。20世纪70年代，无箱和脱箱造型发展很快，尤其是在中小铸件的成批或大批生产中得到了广泛应用，用来代替原来的一些小型造型机（如震压造型机等）。无箱造型分为垂直分型和水平分型两大类。垂直分型无箱射压造型原理如图2-26所示。造型室由造型框及正压板（A）、反压板（B）组成。正、反压板上附有模样，封住造型后由上面射砂填砂［图2-26（a）］；再由正、反压板两面加压紧实成两面有型腔的型块［图2-26（b）］；然后反压板（B）退出造型室并向上翻起让出型块通道［图2-26（c）］；接着正压板（A）将造好的型块从造型室推出，且一直前推使与其前一型块推合，并且还将整个型块列向前推过一个型块的厚度，然后在一定位置进行浇注 [图 2-26 (d)]；最后正压板 (A) 退回，反压板 (B) 放下并封闭造型室，机器进入另一个造型循环 [图 2-26 (a)]。

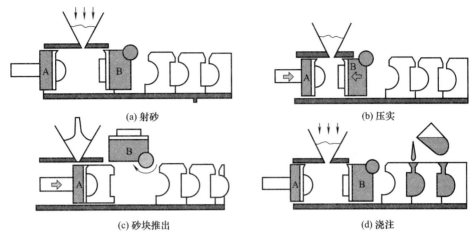

(a) 射砂　　　　　　　　　　　　　　　(b) 压实

(c) 砂块推出　　　　　　　　　　　　　(d) 浇注

图 2-26　垂直分型无箱射压造型原理

常用的机器造型方法的主要特点和适用范围见表 2-9。

表 2-9　常用的机器造型方法的主要特点和适用范围

造型方法	主要特点	适用范围
压实造型	用较低的比压(单位面积上所承受的压力)压实砂型。机械结构简单、噪声小、生产率高、消耗动力少。型砂的紧实度沿高度方向分布不均匀，越往下越小	成批生产,高度小于 200mm 的铸件
震实造型	先以机械震击紧实型砂，再用较低的比压(0.15～0.4MPa)压实。设备结构简单，造价低，效率较高，紧实度较均匀；但紧实度较低，噪声大	广泛用于成批大量生产中、小型铸件
微震实造型	在高频率、小振幅震动下，利用型砂的惯性紧实作用并同时或随后加压紧实型砂。砂型紧实度较高且均匀，频率较高，能适应各种形状的铸件，对地基要求较低；但机器微震部分磨损较快，噪声较大	广泛用于成批、大量生产各类铸件
高压造型	用较高的压力(0.7～1.5MPa)紧实型砂。砂型紧实度高，铸件精度高、表面光洁；效率高，劳动条件好，易于实现自动化；但设备造价高，维护保养要求高	适用于成批、大量生产中、小型铸件
抛砂造型	利用离心力抛出型砂，使型砂在惯性力作用下完成填砂和紧实。砂型紧实度较均匀，不要求专用模板和砂箱，噪声小，但生产率较低，操作技术要求高	适用于单件、小批生产中、大型铸件
气流冲击造型	用燃气或压缩空气瞬间膨胀所产生的冲击波紧实型砂。砂型紧实度高，铸件精度高；设备结构较简单，易维修且能耗低，散落砂少，噪声小	适用于成批、大量生产中、小型铸件，尤其适于形状较复杂的铸件
射砂造型	利用压缩空气将型砂以很高的速度射入砂箱而使型砂得到紧实，其可以用来造型或制芯。生产效率高、紧实度均匀、砂型型腔尺寸精确，表面光滑，劳动强度小，易于实现自动化	大批量生产形状简单的中、小型铸件

三、造芯

由于砂芯 (cores) 是用于形成铸件的内部空腔或局部外形的，因此砂型除芯头外，表面被高温合金液所包围，长时间受到浮力作用和高温合金液的烘烤；铸件冷却凝固时，砂芯往往会阻碍铸件的自由收缩；砂芯清理比较困难。所以，制芯所用芯砂比型砂具有更高的强度、透气性、耐高温性、退让性和溃散性等。制芯用的芯砂除黏土砂外，形状比较复杂，性能要求较高的砂芯一般使用树脂砂、合脂砂和植物油砂等。

生产中的制芯方法有手工制芯和机器制芯两大类。

手工制芯一般依靠人工填砂紧实，也可以借助于木槌或小型捣固机进行紧实。手工制芯无需制芯设备、工艺装备简单，可分为芯盒制芯和刮板制芯两种。

在大量生产中，广泛使用机器制芯。机器制芯生产效率高，紧实度均匀，砂芯质量好。但安放芯骨、取出活块或开设通气道等工序，还需用手工进行。机器制芯主要有震实、挤芯、射芯和吹芯等。

震实：类似于震实造型，利用震动动能，使芯盒内的芯砂紧实。一般芯盒上表面需要手工补加紧实，并刮去多余芯砂。

挤芯：利用柱塞式或螺旋式挤芯机挤制砂芯，只能制造断面形状规则、简单直棒砂芯。如图 2-27 所示。

射芯：利用压缩空气将芯砂从砂筒中射入芯盒并紧实。如图 2-28 所示。

吹芯：利用压缩空气将芯砂吹入芯盒并紧实。如图 2-29 所示。

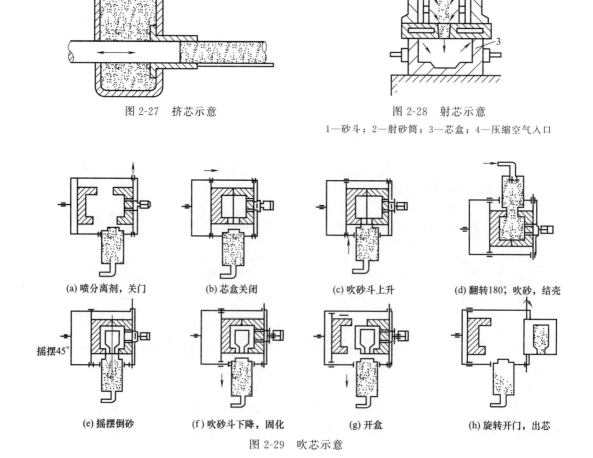

图 2-27 挤芯示意

图 2-28 射芯示意

1—砂斗；2—射砂筒；3—芯盒；4—压缩空气入口

(a) 喷分离剂，关门   (b) 芯盒关闭   (c) 吹砂斗上升   (d) 翻转180°，吹砂，结壳

(e) 摇摆倒砂   (f) 吹砂斗下降，固化   (g) 开盒   (h) 旋转开门，出芯

图 2-29 吹芯示意

四、造型方法的选用

在选择造型方法时应允分考虑铸件的尺寸、质量和结构形式，除此之外，还应参照如下选择原则。

① 造型方法应和生产批量相适应。机器造型的生产效率较高，对环境的污染小，所生产的铸件的尺寸精度较高，但设备和技术装备的费用高，生产准备时间长，因而适用于中、小型铸件成批或大量生产；单件小批生产的重型铸件，手工造型仍是重要的方法。

② 湿砂型造型是应用广泛的造型方法。砂型铸造时优先选用湿砂型。当湿砂型不能满足要求时，再考虑选样表面烘干型、干型或自硬砂型。

③ 造型方法应适合工厂的实际生产条件，兼顾铸件的技术要求和成本等因素。

第四节 ⊃ 合金的熔炼

合金的熔炼（melting）是指将多种固态金属炉料（如废钢、生铁、回炉料、铁合金、有色金属等）按比例搭配装入相应的熔炉中加热熔化，通过一系列冶金反应转变成具有一定化学成分和温度的符合铸造成形技术要求的液态金属。它是液态金属铸造成形技术过程的重要环节，与铸件的品质、生产成本、产量、能源消耗及环境保护等密切相关。若合金的熔炼工艺控制不当，会使铸件因成分和力学性能不合格而报废。不同的铸造合金材料要选用不同的熔炼设备和熔化工艺。铸造生产中常用的熔炼设备有冲天炉、三相电弧炉、感应电炉、电阻炉和焦炭炉等。根据所熔炼合金的特点，可分为铸铁熔炼、铸钢熔炼和有色金属熔炼。

一、铸铁（cast iron）的熔炼

铸铁在各类铸造合金中应用最广。铸铁熔炼的主要任务是根据工艺要求，熔化并过热铁液到所需高温，一般铁液出炉温度大于 1500℃，熔炼出化学成分符合铸铁材质性能要求的铁液，尽可能熔炼出含气量低的铁液；根据生产平衡要求，要保证有充足和适时的铁液供应，低的能源消耗和熔炼费用。工业铸铁以铁、碳和硅为主要元素，一般 $w_C = 2.4\% \sim 4.0\%$、$w_{Si} = 0.6\% \sim 3.0\%$，杂质元素 Mn、S、P 含量较高。常用的铸铁有灰铸铁（gray cast iron）、球墨铸铁（ductile cast iron, nodular cast iron）、可锻铸铁（malleabe cast iron）等。为了提高铸铁的力学性能或者物理、化学性能，还可以加入一定量的合金元素，得到合金铸铁。根据碳在铸铁中存在形式和形态的不同，铸铁可以分为白口铸铁、灰铸铁、球墨铸铁、可锻铸铁和蠕墨铸铁等。

熔炼铸铁的主要设备有冲天炉、电炉、反射炉和坩埚炉等，其中以冲天炉的应用最为广泛。冲天炉可分为焦冲天炉和非焦（如煤炭、油、天然气）冲天炉，在铸铁熔炼中应用极为广泛。冲天炉用焦炭作燃料，焦炭燃烧产生的热量直接用来熔化炉料和提高铁液温度，具有结构简单、设备费用少、电能消耗低、生产率高、成本低、操作和维修方便、并能连续进行生产等特点。由于铁液直接与焦炭接触，故在熔炼过程中冲天炉会发生铁液增碳和增硫的过程。

冲天炉结构及实物如图 2-30 所示，主要包括支撑部分、炉体、炉顶部分、除尘系统、送风系统和前炉等。

焦冲天炉熔炼由底焦燃烧、热量交换和冶金反应 3 个基本过程组成。由鼓风机通过环绕

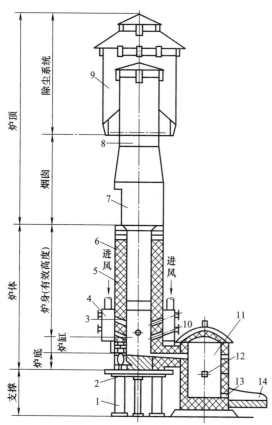

图 2-30　冲天炉结构及实物

1—炉腿；2—炉门；3—风眼；4—风箱；5—炉衬；6—炉壳；7—加料口；8—烟囱；
9—火花捕集器；10—过桥；11—前炉；12—出渣口；13—出铁口；14—出铁槽

冲天炉下部炉身的风口鼓入（冷或热）的空气与底焦燃烧而形成向上运动的高温炉气，连续交替地加入焦炭、生铁、回炉料、溶剂材料和合金元素等炉料，向上运动的高温炉气与向下运动的炉料发生热交换，金属炉料在冲天炉内被预热熔化。

金属与炉气、焦炭、炉渣相接触，发生一系列物理化学变化——冶金反应，引起金属液化学成分的变化。

（1）碳量的变化　凡是能增加碳在铁液中溶解度的元素（如锰），都能使铁液含碳量增加；凡是能减少碳在铁液中溶解度的元素（如硅、磷），都能使铁液含碳量减少。铁液含碳量变化的总趋势是趋向于共晶成分。

（2）铁、硅、锰等合金元素的变化　冲天炉炉气中 O_2、CO_2 含量愈高，氧化作用愈大，合金元素的烧损就愈严重。酸性冲天炉通常的熔炼损耗为：硅 15%～20%，锰 15%～25%，铁 0.2%～1.0%。

（3）硫量的变化　在一般冲天炉内，金属炉料经熔炼后，含硫量往往增加 40%～100%。铁液增硫主要来自焦炭。

（4）磷量的变化　酸性冲天炉熔炼过程中不能脱磷，磷量基本不变。碱性冲天炉有脱磷作用。熔炼过程中，铁料表面的铁锈及黏附的泥沙、焦炭中的灰分、金属元素氧化烧损形成的氧化物以及侵蚀剥落的炉衬材料等相互作用，结成炉渣，其主要成分是 SiO_2、CaO、MnO、FeO、Al_2O_3 等。这种黏滞的炉渣包覆在焦炭表面，不仅阻碍燃烧，而且不利于冶金反应顺利进行。因此，必须用熔剂石灰石加以中和稀释，以便顺利排出。

通常熔炼铸铁时，可用单台熔炉熔炼，也可用两台不同类型的熔炉双联熔炼，即冲天炉-感应电炉双联熔炼，可充分发挥各自熔炉的特点，取长补短。冲天炉-感应电炉双联熔炼已愈来愈多地被应用。单件小批和成批量生产多用单炉熔炼，大批量机械化生产多用双联熔炼。

二、铸钢（cast steel）的熔炼

铸钢的熔炼设备有电弧炉、感应电炉和平炉等，其中电弧炉用得最多，感应电炉主要用于合金钢的中、小型铸件，平炉仅用于重型铸钢件的生产。

（1）电弧炉炼钢 电弧炉是利用电极与金属炉料之间电弧产生的热能通过辐射、传导和对流传递给炉料，加热、熔化固体炉料，并使金属液过热，从而实现熔炼目标的设备（见图2-31），铸钢生产中普遍应用三相电弧炉，依据炉衬耐火材料的化学性质又分为碱性电弧炉和酸性电弧炉。

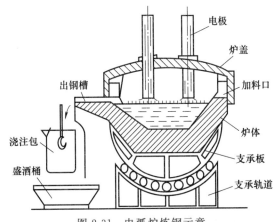

图 2-31 电弧炉炼钢示意

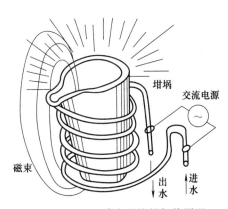

图 2-32 无芯感应电炉的加热原理

电弧炉炼钢技术依照是否具有氧化过程而分为氧化法和不氧化法。氧化法能有效地脱磷、脱碳和消除钢液中的气体和夹杂物，钢液品质高。目前，我国在铸钢生产中广泛应用的是碱性电弧炉氧化法炼钢。碱性电弧炉氧化法炼钢的冶金过程完整，一般包括炉料熔化期、氧化期和还原期。在该过程中，钢液在碱性炉渣的覆盖下进行各种冶金反应，使钢液化学成分、纯净度和温度达到要求。

目前，我国制造的三相电弧炉已经构成系列产品，炉子额定容量（每次熔炼的钢液量）从1.5t到100t。一般熔炼一炉所花的时间为2～3h。温度容易控制，钢液出炉温度根据钢种不同而不同，适合于浇注各种类型铸钢件。

（2）感应电炉炼钢 感应电炉分为无芯感应电炉和有芯感应电炉两种，应用较为普遍的为无芯感应电炉。无芯感应电炉通常根据使用电流频率分为工频（50Hz）无芯感应电炉、中频（750～10000Hz）无芯感应电炉、高频（>10000Hz）无芯感应电炉。依照炉衬（坩埚）材料的性质，感应电炉分为酸性感应电炉和碱性感应电炉。

无芯感应电炉的加热原理如图2-32所示。坩埚外的感应器线圈相当于变压器的原绕组，坩埚内的金属炉料相当于副绕组，当感应线圈通以交变电流时，因交变磁场的作用使短路连接的金属炉料产生强大的感应电流。电流流过金属炉料表面层的电阻而产生热量，致使金属炉料加热熔化。

感应电炉炼钢具有合金元素烧损少，成分、温度容易控制，钢液吸收气体少、品质好，熔炼速度快、操作简便，能耗少等优点，但设备投资大、容量小，主要用于各种合金钢的中、小型铸件的生产。

三、有色合金（nonferrous alloy）的熔炼

铝、铜等铸造有色合金熔点低，容易吸气和氧化，常采用坩埚炉熔炼、金属型浇注。

常用的坩埚炉有燃油坩埚炉、燃气坩埚炉、燃煤（焦炭）坩埚炉和电阻坩埚炉。图2-33 所示为焦炭坩埚炉，它结构简单，但火焰直接与液面接触，温度不易控制，产量小。图 2-34 所示为电阻坩埚炉，它是通过电阻丝发热来加热熔化合金。其炉气为中性，合金液不会强烈氧化，炉温易控制；但熔炼时间较长，耗电量较大。

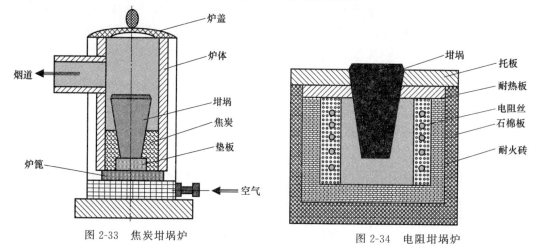

图 2-33　焦炭坩埚炉　　　　　　　　　　　图 2-34　电阻坩埚炉

熔炼有色合金时为减少氧化和吸气，应加入覆盖剂，使合金液与炉气隔离。熔炼后期为排除气体和夹杂物，应对合金液进行精炼，方法是向合金液中通入惰性气体或放入去气剂，进行去气精炼。通常情况下，铝合金（aluminum alloy）的精炼是向合金液中通入氯气或加入六氯乙烷或加入氯化锌以形成气泡，气泡上浮过程中将铝液中的气体及夹杂物等带出液面，净化铝液。铝硅系合金熔炼工艺要点如表 2-10 所示。铜合金（copper alloy）的精炼是向合金液中吹入干燥的氮气，氮气气泡上浮时，将溶入合金液中的氢（铜合金液态下吸收的气体主要是氢气）带走。精炼完毕，立即取样浇注试块。如试块上表面缩凹，而不是向外发胀，则表示气体已去净。

表 2-10　铝硅系合金熔炼工艺要点

工序	熔炼工艺要点	
	ZL-101	ZL-102
装料顺序	1. 未重熔的回炉料 2. 重熔的回炉料 3. 纯铝 4. 铝硅合金 5. 熔化后搅拌均匀 6. 680～700℃时加镁	1. 未重熔的回炉料 2. 重熔的回炉料 3. 纯铝 4. 铝硅合金 5. 熔化后搅拌均匀
熔化精炼	1. 730～750℃时加入 0.5%～0.6%的六氯乙烷,精炼 8～10min 2. 静置 15～20min 3. 扒除熔渣	1. 700～720℃时加入 0.2%～0.4%的六氯乙烷,精炼 8～10min 2. 静置 15～20min 3. 扒除熔渣

工序	熔炼工艺要点	
	ZL-101	ZL-102
变质处理	2%的三元(或通用)变质剂,处理温度为730℃左右	2%的二元或三元变质剂,处理温度分别为790℃和730℃左右
浇注	按铸件工艺要求进行浇注	按铸件工艺要求进行浇注

第五节 ➤ 铸件结构设计

铸件的结构是指铸件的外形、内腔、壁厚、壁间的连接形式、加强肋和凸台的安置等。铸件结构除了满足机器设备本身的使用性能和机械加工要求外,还需满足合金金属铸造性能和铸造工艺的要求。应尽量利用液态金属铸造性能,避免出现如浇不足、冷隔、缩孔、缩松、变形、裂纹、气孔和偏析等缺陷;尽量使生产技术中的制模、造型、制芯、合型和清理等环节简化,做到省时、省工、省材,提高尺寸精度和形状精度,防止废品发生。设计铸件的具体结构及几何形状应与这些要求相适应,达到技术简单,经济、快速生产合格铸件。下面着重从保证铸件性能避免铸造缺陷和简化铸造工艺过程两方面分析铸件结构设计。

一、铸造性能对铸件结构的要求

铸造结构设计时,要充分考虑合金的铸造性能。合理的铸件结构要素可以消除许多铸造缺陷。为保证获得符合品质要求的铸件,对铸件结构要素的设计应考虑如下几个方面。

(1) 铸件的最小壁厚 在一定铸造条件下,铸造合金液能充满铸型的最小厚度称为该铸造合金的最小壁厚。为了避免铸件出现浇不足和冷隔等缺陷,铸件的设计壁厚不应小于最小壁厚。最小壁厚主要由合金种类和铸件尺寸大小决定,见表2-11。

表 2-11 砂型铸造铸件的最小壁厚 mm

铸件种类	铸件最大轮廓尺寸				
	<200	200~400	400~800	800~1250	1250~2000
灰铸铁	3~4	4~5	5~6	6~8	8~10
孕育铸铁	5~6	6~8	8~10	10~12	12~16
球墨铸铁	3~4	4~8	8~10	10~12	—
碳素钢	8	9	11	14	16~18
低合金结构钢	8~9	9~10	12	16	20
高锰钢	8~9	10	12	16	20
不锈钢	8~10	10~12	12~16	16~20	20~25
耐热钢	8~10	10~12	12~16	16~20	20~25

(2) 铸件的壁厚不宜过厚 由于厚壁铸件易产生缩孔、缩松、晶粒粗大、偏析等缺陷,导致铸件的力学性能下降。对于各种铸造合金来说,均存在一个临界壁厚,如果铸件的壁厚超过临界壁厚,铸件的承载能力并不按比例随铸件厚度的增加而增加,而是显著下降。所以,设计厚大铸件时,要避免以增加壁厚的方式提高强度。

砂型铸造各种铸造合金铸件的临界壁厚可按其最小壁厚的 3 倍考虑。采用薄壁的 T 字形、工字形或箱形截面等,或用加强肋方法满足铸件力学性能要求,比单纯增加壁厚要科学合理,如图 2-35 所示。

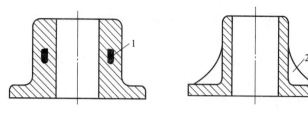

图 2-35　设置加强肋使铸件壁厚均匀
1—缩孔；2—加强肋

（3）铸件的内壁厚度应小于外壁厚度　砂型铸造时，散热条件差的铸件内壁，即使内壁厚度与外壁厚度相等，由于它的凝固速度比外壁慢，力学性能往往比外壁低。同时在铸造过程中易在内、外壁交接处产生热应力，使铸件产生裂纹，对于凝固收缩大的铸造合金还易在此处产生缩孔和缩松。因此，设计时应使铸件内壁厚度小于外壁厚度，如图 2-36 所示。铸件内、外壁厚度相差值可参考表 2-12。

表 2-12　砂型铸造各种铸造合金件的内、外壁厚度相差值

合金类别	铸铁	铸钢	铸铝	铸铜
铸件内壁比外壁厚度应减少的相对值/%	10～20	20～30	10～20	15～20

注：铸件内腔尺寸大的取下限值。

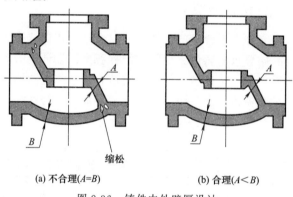

(a) 不合理($A=B$) 　　　　　(b) 合理($A<B$)

图 2-36　铸件内外壁厚设计

（4）铸件的壁厚力求均匀，减少厚大部分，防止形成热节　铸件应避免明显的壁厚不均匀，否则会形成热节，存在较大的热应力，甚至引起缩孔、裂纹和变形，如图 2-37 所示。

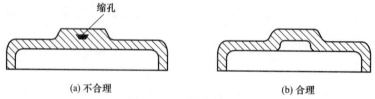

(a) 不合理　　　　　　　　　　(b) 合理

图 2-37　壁厚力求均匀

（5）铸件壁的连接应避免交叉和锐角，防止应力集中，要逐步过渡　通常情况下，铸件壁的厚度并不完全一致。铸件的转弯处应为圆角，可减少热节和缓和应力集中（见表 2-13），可参考表 2-14 中的圆角半径 R。为防止不同壁厚连接处产生裂纹，在壁的过渡处应采用逐步过渡的连接形式，避免壁厚突变。可参考表 2-15 所列壁厚的过渡形式和尺寸进行设计。表 2-16 分别对比了不同连接结构形式。

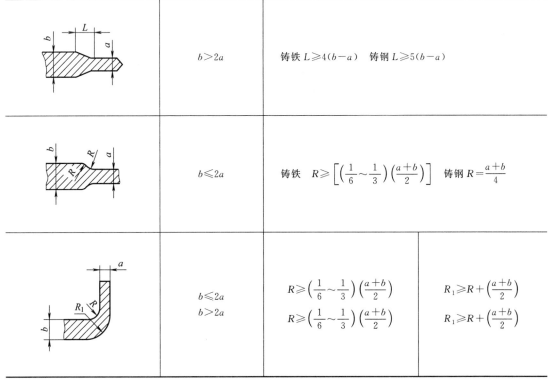

表 2-13　铸件的直角连接和圆角连接对比

不合理	合理
直角连接,形成热节,造成应力集中	圆角连接,减少热节,缓和应力集中

表 2-14　铸件的圆角半径 R 值　　　　　　　　　　　　　　　mm

$\dfrac{a+b}{2}$	≤8	8～12	12～16	16～20	20～27	27～35	35～45	45～60
铁	4	6	6	8	10	12	16	20
铸钢	6	6	8	10	12	16	20	25

表 2-15　几种壁厚的过渡形式和尺寸

	$b>2a$	铸铁 $L\geqslant 4(b-a)$　铸钢 $L\geqslant 5(b-a)$
	$b\leqslant 2a$	铸铁　$R\geqslant\left[\left(\dfrac{1}{6}\sim\dfrac{1}{3}\right)\left(\dfrac{a+b}{2}\right)\right]$　铸钢 $R=\dfrac{a+b}{4}$
	$b\leqslant 2a$ $b>2a$	$R\geqslant\left(\dfrac{1}{6}\sim\dfrac{1}{3}\right)\left(\dfrac{a+b}{2}\right)$　$R_1\geqslant R+\left(\dfrac{a+b}{2}\right)$ $R\geqslant\left(\dfrac{1}{6}\sim\dfrac{1}{3}\right)\left(\dfrac{a+b}{2}\right)$　$R_1\geqslant R+\left(\dfrac{a+b}{2}\right)$

表 2-16　不同连接结构形式

不合理	合理
截面突然变化,应力集中大	截面逐步过渡,应力小

铸壁在接头处,因凝固速度慢,容易产生应力集中,在铸件上可能会产生裂纹、变形、缩孔、缩松等缺陷。所以,设计中应选用 L 形接头,减少和分散热节点,避免交叉连接。可参考表 2-17 对各不同接头连接形式进行设计。

表 2-17　不同接头连接形式

不合理	合理
易形成热节和应力集中	热节与应力集中分散
十字交叉连接	交错连接　　　　环状连接
锐角连接	垂直或钝角连接

（6）尽可能避免铸件上的过大水平面　在浇注时,如果型内有较大的水平型腔存在,当液体合金上升到该位置时,由于断面突然扩大,上升速度缓慢,高温的液体合金较长时间烘烤顶部型面,极易造成夹砂、浇不到等缺陷,同时,也不利于夹杂物和气体的排除。因此应尽量避免在铸件的水平方向上出现较大的水平面,如图 2-38 所示。

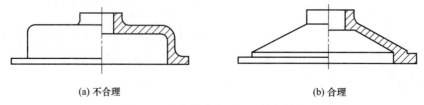

(a) 不合理　　　　　　　　　　　　　(b) 合理

图 2-38　避免较大水平面的铸件结构

（7）采用对称或加强肋结构　为了增加铸件的力学性能和减轻铸件的质量，消除缩孔和防止裂纹、变形、夹砂等缺陷，在铸件结构设计中大量采用肋。设计肋时，要尽量分散和减少热节点，避免多条肋互相交叉（见表2-17），肋与肋和肋与壁的连接处要有圆角过渡，垂直于分型面的肋应有铸造斜度（见表2-18）。除此之外，还应考虑应用肋提高铸件品质和载荷性能。图2-39（a）所示肋条妨碍起模，需要活块才能脱模，而图2-39（b）可以直接脱模。

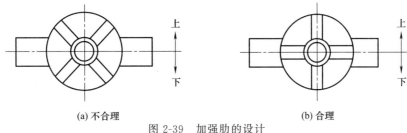

(a) 不合理　　　　　　　　　　　　　(b) 合理

图 2-39　加强肋的设计

（8）设计铸件的结构斜度　非加工面上的铸件壁的内、外两侧，沿起模方向应设计适当的斜度，即结构斜度，可参考表2-18进行设计。

表 2-18　铸造斜度

简图	斜度 $a:h$	β	使用范围
	1：5	11°30′	$h<25mm$ 的铸钢和铸铁件
	1：10	5°30′	$H=25\sim500mm$ 的铸钢和铸铁件
	1：20	3°	$H=25\sim500mm$ 的铸钢和铸铁件
	1：50	1°	$h>500mm$ 的铸钢和铸铁件
	1：100	30′	非铁合金铸件

（9）设计合理的凸台　铸件上由于需要安装螺栓、压力表、排气塞、排油塞、黄油杯、测温计等，结构设计时就须在安装位置设置凸台。然而，凸台会在零件上造成金属堆积。对于凝固收缩大的金属，在凸台内易形成缩孔、缩松，有损铸件品质。因此，设计凸台时要选择正确的形状和尺寸。凸台之间的中心距较小时，应将凸台连成整体，以便于铸造和切削加工。凸台与铸件垂直壁距离小时，为便于造型，应与垂直壁相连。图2-40所示凸台的设计应考虑脱模方便。

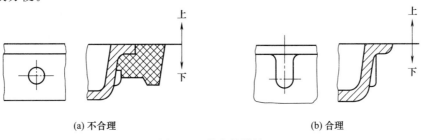

(a) 不合理　　　　　　　　　　　　　(b) 合理

图 2-40　凸台的设计

二、铸造工艺对铸件结构的要求

铸件结构和几何形状特征不仅应有利于保证铸件品质，而且应考虑模型制造、造型、制芯、合型和清理等操作方便，以利简化液态铸造成形技术过程，稳定产品品质，提高生产率和降低成本。因此，在铸件结构设计中应注意以下几点。

（1）简化或减少分型面　图 2-41（a）所示杠杆铸件，需用曲面分型进行铸造成形。图 2-41（b）所示结构尽管为平面分型，但是需要挖砂造型或者采用型芯造型，使铸造工艺复杂，费工费时。如改用图 2-41（c）所示的结构，铸壁分型面为水平面，这样造型、合型均方便，有利于机械造型。

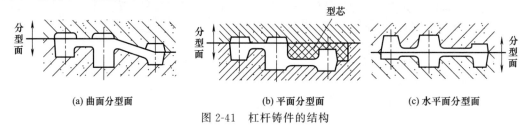

(a) 曲面分型面　　　　　　(b) 平面分型面　　　　　　(c) 水平面分型面

图 2-41　杠杆铸件的结构

图 2-42（a）所示套筒的结构，需用两个分型面铸造成形，改成图 2-42（b）所示的结构，则可将分型面减少为一个。

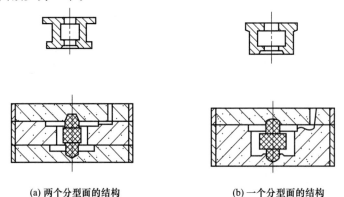

(a) 两个分型面的结构　　　　　　(b) 一个分型面的结构

图 2-42　套筒铸件的结构

（2）应尽量不用或少用型芯　见表 2-19。

表 2-19　不用或少用型芯的铸件结构实例

铸件结构设计要求	不合理	合理
原结构的内腔要用型芯形成。结构改进后，取消了型芯，由自带型芯组成	型芯	上 下　H　D　砂胎D=φ215　H=100　自带型芯　H　D　D>H

（3）铸件结构应方便起模　方便起模的铸件结构设计如表 2-20 所示。

表 2-20　方便起模的铸件结构

铸件结构设计要求	不合理的结构	合理的结构
与分型面垂直的铸壁,应有铸造斜度		
与分型面垂直的肋条,应与分型面垂直		
去除不必要的圆角	圆角	尖角

（4）有利于型芯的固定和排气　为了保证铸件的尺寸精度，防止偏芯和气孔等铸造缺陷，铸件的设计结构应有利于型芯的固定和排气，尽量避免悬臂型芯、吊芯及使用芯撑的设计结构。如图 2-43 所示。

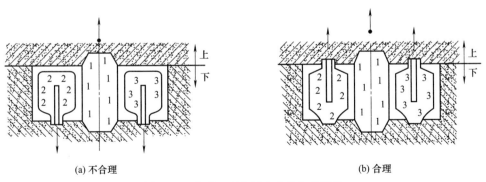

(a) 不合理　　　　　　　　　　　　(b) 合理

图 2-43　有利于型芯固定和排气的结构

（5）避免变形和裂纹　见表 2-21。

表 2-21　避免变形和裂纹的结构

铸件结构设计要求	不合理	合理
细长易挠曲的铸件应设计为对称截面。由于对称截面的相互抵消作用,变形大大减小	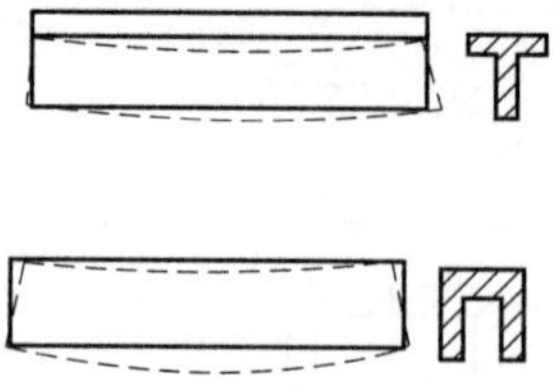	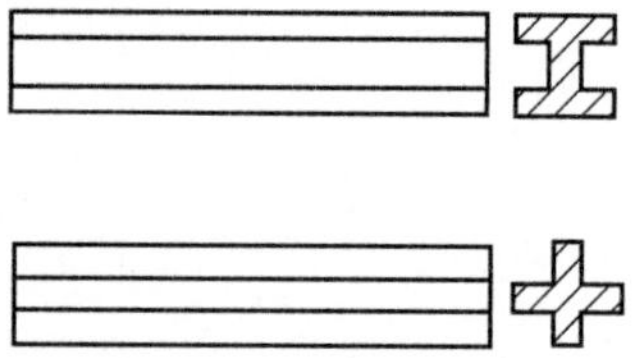
合理设置加强肋,提高平板铸件的刚度,防止变形	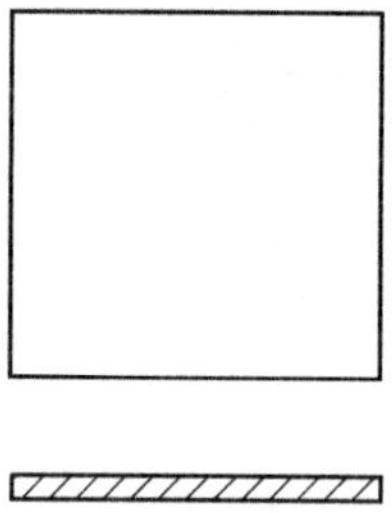	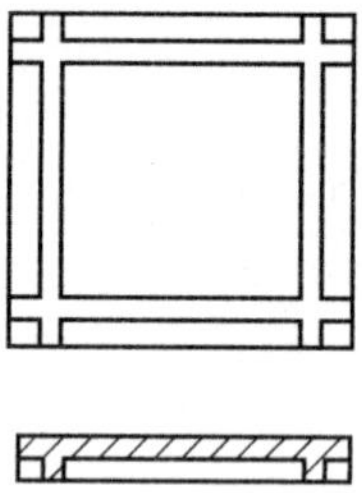
较大的带轮、飞轮、齿轮的轮辐可做成弯曲的、奇数的或带孔辐板。可借轮辐或轮缘的微量变形自行减缓铸造应力,防止开裂	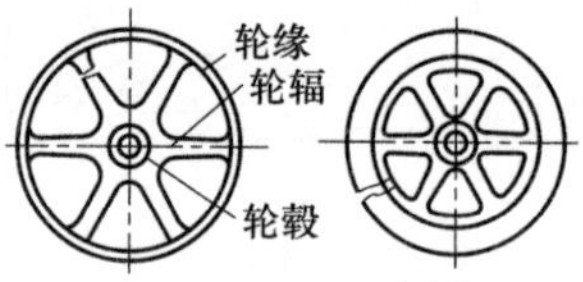 偶数对称直轮辐 收缩容易受阻开裂	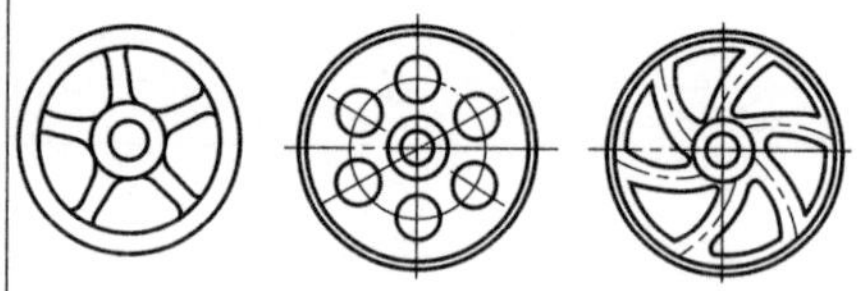 奇数轮辐　　带孔轮辐　　弯曲轮辐 收缩受阻缓冲减小

（6）有利于防止夹渣、气孔　对于壳体铸件的结构，设计时应采用不易产生夹渣、气孔的结构（见图 2-44）。

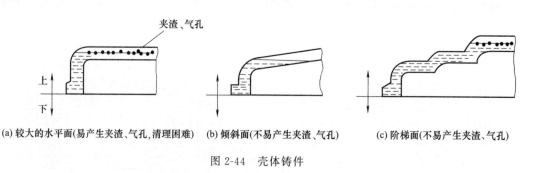

(a) 较大的水平面(易产生夹渣、气孔,清理困难)　　(b) 倾斜面(不易产生夹渣、气孔)　　(c) 阶梯面(不易产生夹渣、气孔)

图 2-44　壳体铸件

（7）有利于铸件清理　铸件的清理工作包括清砂、切割浇冒口、去除飞边毛刺、打磨修正等，这部分工作量大、劳动条件差。因此，铸件轮廓设计要考虑利于清砂、利于切割冒口，也可减少设置冒口的结构（见图 2-45、图 2-46）。

图 2-47 综合示出铸件结构设计中易于产生的一些不良结构设计及改进后的结构。

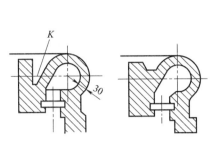

(a) 不合理(K部易粘砂)　(b) 合理(K部不易粘砂)

图 2-45　汽轮机缸体

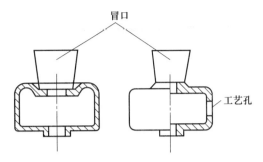

(a) 不合理(切割冒口与除芯困难)　(b) 合理(切割冒口与除芯容易)

图 2-46　利于切割冒口和清除砂芯的结构

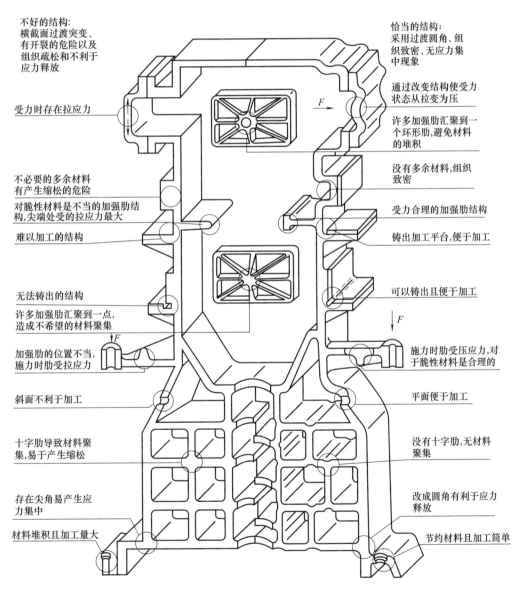

图 2-47　铸件结构设计不合理及其改进的综合示例

第六节 ⊃ 铸造成形工艺设计

铸造成形工艺设计就是根据铸件的结构特点、技术要求、生产批量和生产条件等，确定每个铸件成形工艺方案和工艺参数，绘制工艺过程图、编制铸造成形工艺规程等。铸件工艺设计的有关文件是生产准备、管理和铸件验收的依据，并用于直接指导生产操作。因此，铸件工艺过程设计的好坏，对铸件品质、生产率和成本起着重要的作用。

一、铸造工艺设计内容与步骤

（1）铸造工艺过程设计的内容　铸造工艺过程设计的内容主要决定于批量大小、生产要求和生产条件。一般包括：铸造工艺过程图、铸件图、铸型装配图、工艺过程卡、操作技术规程。

（2）铸造工艺过程设计的步骤　一般产品铸造过程设计的基本步骤如下：

零件图→结构工艺过程分析→铸造工艺过程方案的拟定→砂芯的设计→浇注系统的设计→冒口、冷铁的设计→绘制工艺过程图

① 结构工艺过程分析。主要从铸造性能、铸造技术、铸造合金等方面对铸件结构的合理性进行分析。

② 铸造工艺过程方案的拟定。包括选择铸造和造型方法；确定浇注位置和分型面；铸造工艺过程参数的选取等内容。

③ 砂芯的设计。砂芯用来形成铸件内腔或外形上有碍起模的凸凹部位。砂芯设计的主要内容包括确定砂芯形状、数量及下芯顺序，决定芯头结构和尺寸，确定砂芯通排气方式等内容。

④ 浇注系统的设计。主要是选择浇注系统类型，确定内浇道开设位置、各组元截面积、形状和尺寸等。

⑤ 冒口、冷铁的设计。主要是选择冒口、冷铁的类型，确定其位置和尺寸。

⑥绘制铸造工艺过程图。在零件图上用规定的工艺过程符号表示出铸造工艺过程内容。

二、铸造成形方案的确定

1. 浇注位置的确定

浇注位置是指浇注时铸件在铸型中所处的位置。确定浇注位置应考虑以下原则。

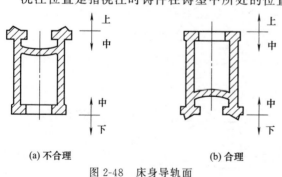

(a) 不合理　　　　(b) 合理

图 2-48　床身导轨面

① 铸件的重要表面或主要加工面朝下或处于侧面，以避免气孔、砂眼、缩孔、缩松等铸造缺陷。如图 2-48 所示床身导轨面是重要的受力面和加工面，浇注时朝下是正确的；如图 2-49 所示的锥齿轮铸件，其轮齿部位是重要加工面和主要工作面，应朝下。

② 铸件的宽大平面朝下或倾斜浇注。对于平板类铸件使其大平面朝下

（图 2-50），既可避免气孔和夹渣，又可防止型腔上表面经受强烈烘烤产生夹砂结疤缺陷。必要时，可以采用倾斜浇注，以增加液体合金的上升速度，防止夹砂。

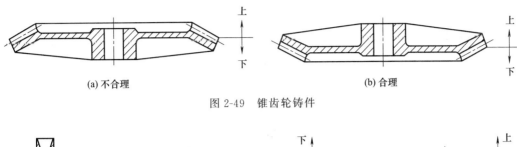

(a) 不合理　　　　　　　　　　　　　　(b) 合理

图 2-49　锥齿轮铸件

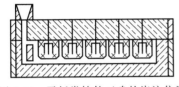

图 2-50　平板类铸件正确的浇注位置

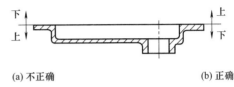

(a) 不正确　　　　　　　(b) 正确

图 2-51　薄壁铸件的浇注位置

③ 铸件的薄壁部分朝下，保证充满。对于具有薄壁部分的铸件，应把薄壁部分放在铸件的下部或者内浇道以下，可保证铸件易于充型，防止产生浇不足、冷隔缺陷（图 2-51），这对于流动性差的合金尤为重要。

④ 铸件的厚大部分朝上，便于补缩。容易形成缩孔的铸件，厚大部分朝上，便于安置冒口，实现自下而上的定向凝固，防止产生缩孔（图 2-52）。

2. 分型面（parting surface）的确定

铸造分型面是指铸型组元间的结合面。合理地选择分型面，对于简化铸造工艺、提高生产效率、降低成本、提高铸件质量都有直接关系。分型面的选择应尽量与浇口位置一致，以避免合型后翻转。确定分型面应注意以下原则。

① 应尽可能使全部或大部分铸件，或者加工基准面与重要的加工面处于同一半型内，以避免因合型不准产生错型，保证铸件尺寸精度。图 2-53 中水管堵头是以顶部方头为加工基准加工管螺纹，图 2-53（a）所示方案易产生错型，无法保证外圆螺纹加工精度，故图 2-53（b）所示方案合理。

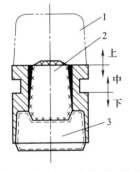

图 2-52　厚壁铸件的浇注位置

1—冒口；2,3—砂芯

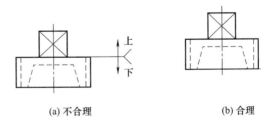

(a) 不合理　　　　　　　　　(b) 合理

图 2-53　水管堵头分型方案

② 应尽量减少分型面的数目（见图 2-54）。分型面数量少，既能保证铸件精度，又能简化造型操作。

③ 分型面应尽量选用平面。平直的分型面可简化造型工艺过程和模板制造，容易保证铸件精度，这对于机器造型尤为重要（见图 2-55）。

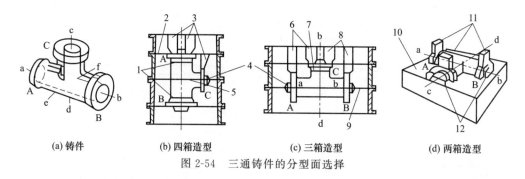

| (a) 铸件 | (b) 四箱造型 | (c) 三箱造型 | (d) 两箱造型 |

图 2-54 三通铸件的分型面选择

④ 尽量使型腔和主要型芯位于下型。图 2-56（a）所示铸件，上型内铸件壁厚不便于检验，合型时容易碰坏型芯，显然图 2-56（b）所示的分型面便于造型、下芯、合型和检验铸件壁厚。

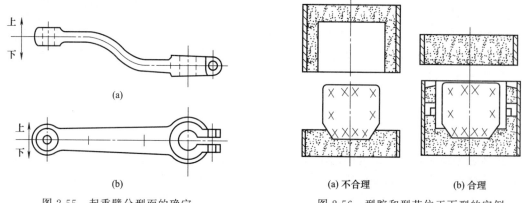

图 2-55 起重臂分型面的确定

图 2-56 型腔和型芯位于下型的实例

生产中，浇注位置和分型面的选择有时相互矛盾、相互制约，需要根据铸件特点和生产条件综合分析，确定最佳方案。

3. 铸造工艺参数的确定

（1）铸造收缩率 铸件从线收缩起始温度冷却至室温时，线尺寸的相对收缩量称为铸造收缩率（铸件线收缩率），以模样与铸件的长度差与模样长度的百分比表示

$$K = (L_0 - L_1)/L_0 \times 100\%$$

式中 K——铸件线收缩率；

L_0，L_1——同一尺寸分别在模样和铸件上的长度。

铸件线收缩率取决于合金种类、铸型种类、铸件结构和尺寸等因素。通常灰铸铁件的线收缩率为 0.7%～1.0%，球墨铸铁件为 0.5%～1.0%，铸钢件为 1.3%～2.0%。

（2）机械加工余量（machining allowance） 机加工时被切去的金属层厚度称为机械加工余量。加工余量过大，浪费金属和加工工时；加工余量过小，铸件易因残留黑皮而报废。确定加工余量之前，需先确定铸件的尺寸公差等级和加工余量等级。铸件尺寸公差等级代号为 CT，公差等级由精到粗分为 16 级，它是设计和检验铸件尺寸的依据。表 2-22 列出了小批生产和单件生产铸件的尺寸公差等级。

表 2-22 小批生产和单件生产铸件的尺寸公差等级

造型材料	公差等级 CT					
	铸钢	灰铸铁	球墨铸铁	可锻铸铁	铜合金	轻金属合金
干、湿型砂	13～15	13～15	13～15	13～15	13～15	11～13
自硬砂	12～14	11～13	11～13	11～13	10～12	10～12

加工余量等级代号为 MA，加工余量等级由精到粗分为 A、B、C、D、E、F、G、H、J 共 9 个等级。对于小批生产和单件生产的铸件，加工余量等级按表 2-23 选取，加工余量的数值按表 2-24 选取。

表 2-23 与铸件尺寸公差配套使用的铸件机械加工余量等级

造型材料	加工余量等级 MA					
	铸钢	灰铸铁	球墨铸铁	可锻铸铁	铜合金	轻金属合金
干、湿砂型	$\dfrac{13-15}{J}$	$\dfrac{13-15}{H}$	$\dfrac{13-15}{H}$	$\dfrac{13-15}{H}$	$\dfrac{13-15}{H}$	$\dfrac{11-13}{H}$
自硬砂	$\dfrac{12-14}{J}$	$\dfrac{11-13}{H}$	$\dfrac{11-13}{H}$	$\dfrac{11-13}{H}$	$\dfrac{10-12}{H}$	$\dfrac{10-12}{H}$

表 2-24 与铸件尺寸公差配套使用的铸件加工余量

尺寸公差等级(CT)		8		9		10		11		12			13			14		15	
加工余量等级(MA)		G	H	G	H	G	H	G	H	G	H	J	G	H	J	H	J	H	J
基本尺寸/mm		加工余量数值/mm																	
大于	至																		
—	100	2.5	3.0	3.0	3.5	3.5	4.0	4.0	4.5	4.5	5.0	6.0	6.0	6.5	7.5	7.5	8.5	9.0	10
		2.0	2.5	2.5	3.0	2.5	3.0	3.0	3.5	3.0	3.5	4.5	4.0	4.5	5.5	5.0	6.0	5.5	6.5
100	160	3.0	4.0	3.5	4.5	4.0	5.0	4.5	5.5	5.5	6.5	7.5	7.0	8.0	9.0	9.0	10	11	12
		2.5	3.5	3.0	4.0	3.0	4.5	3.5	4.5	4.0	5.0	6.0	4.5	5.5	6.5	6.0	7.0	7.0	8.0
160	250	4.0	5.0	4.5	5.5	5.0	6.0	6.0	7.0	7.0	8.0	9.5	8.5	9.5	11	11	13	13	15
		3.5	4.5	4.0	4.5	4.0	5.5	4.5	5.5	5.0	6.0	7.5	6.0	7.0	8.5	7.5	9.0	8.5	10
250	400	5.0	6.5	5.5	7.0	6.0	7.5	7.0	8.5	8.0	9.0	11	9.5	11	13	13	15	15	19
		4.5	6.0	5.0	6.0	5.0	6.5	5.5	6.0	6.0	7.5	9.0	6.5	8.0	10	9.0	11	10	12
400	630	5.5	7.5	6.0	7.5	6.5	8.5	7.5	9.5	9.0	11	14	11	13	16	15	18	17	20
		5.0	7.0	5.0	7.0	5.5	7.5	6.0	8.0	6.5	8.5	11	7.5	9.5	12	11	13	12	14
630	1000	6.5	8.5	7.0	9.0	8.0	10	9.0	11	11	13	16	13	15	18	17	20	20	23
		6.0	8.0	6.0	8.0	6.5	9.0	7.0	9.0	8.0	10	13	9	11	14	12	15	14	17

(3) 最小铸出孔　铸件上的孔、槽是否铸出，应从品质和经济角度全面分析。通常较大的孔、槽应直接铸出，从而节约金属，减少加工工时，避免铸件局部过厚形成热节。较小的孔、槽尤其是位置精度要求高的孔、槽不宜铸出，直接加工反而经济。铸件的最小铸出孔直径见表 2-25。

表 2-25 铸件的最小铸出孔直径　　　　　　　　　　　　　　　　　　mm

项目	灰铁铸件	铸钢件
大量生产	12～15	—
成批生产	15～30	30～50
单件、小批量生产	30～50	50

(4) 起模斜度（draft）　为便于起模，在平行于模样或芯盒起模方向的侧壁上留有的斜度称为起模斜度，亦称拔模斜度。铸件模样起模斜度的三种形式如图 2-57 所示，砂型铸造起模斜度可查表 2-26。

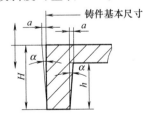

(a) 增加铸件壁厚,在铸件的加工表面上采用

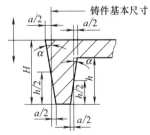

(b) 加减铸件壁厚,用于不与其他零件配合的加工面

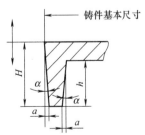

(c) 减少铸件壁厚,用于与其他零件配合的非加工面

图 2-57 铸件模样起模斜度的三种形式

表 2-26　砂型铸造起模斜度

测量面高度 H /mm	起模斜度(≤)			
	金属模样、塑料模样		木模样	
	α	a/mm	α	a/mm
≤10	2°20′	0.4	2°55′	0.6
>10～40	1°10′	0.8	1°25′	1.0
>40～100	0°30′	1.0	0°40′	1.2
>100～160	0°25′	1.2	0°30′	1.4
>160～250	0°20′	1.6	0°25′	1.8
>250～400	0°20′	2.4	0°25′	3.0
>400～630	0°20′	3.8	0°20′	3.8
>630～1000	0°15′	4.4	0°20′	5.8

（5）型芯头（core print）　型芯头的形状和尺寸，对型芯装配工艺性和稳定性有很大影响。垂直型芯一般都有上下芯头，如图 2-58（a）所示，但短而粗的型芯可以省去上芯头。芯头必须留有一定的斜度 α。下芯头的斜度应小些（6°～7°），上芯头的斜度为了合模应该大些（8°～10°）。水平芯头的长度（L）取决于芯头直径（d）和型芯的长度，如图 2-58（b）所示。悬臂型芯头必须加长，以防合型时型芯下垂或被金属液抬起。型芯头与铸型型芯芯座之间应留有 1～4mm 的间隙（S）。

4. 浇注系统设计

（1）浇注系统组成　浇注系统（pouring system）是引导金属液进入铸型的系列通道的总称，是铸型充填系统的组成部分。浇注系统的主要功能是：将铸型型腔与浇包连接起来，平稳地导入液态金属；挡渣及排除铸型型腔中的空气及其他气体；调节铸型与铸件各部分的温度分布以控制铸件的凝固顺序；保证液态金属在最合适的时间范围内充满铸型，不使金属过度氧化，有足够的压力头，并保证金属液面在铸型型腔内有必要的上升速度等。一般铸铁件砂型铸造技术的浇注系统结构如图 2-59 所示。

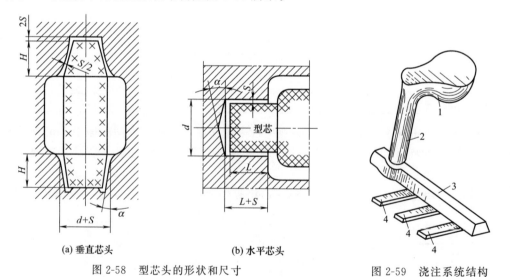

(a) 垂直芯头　　　　(b) 水平芯头

图 2-58　型芯头的形状和尺寸

图 2-59　浇注系统结构
1—浇口杯；2—直浇道；3—横浇道；4—内浇道

浇注系统主要由浇口杯（pouring cup）、直浇道（sprue）、横浇道（runner）和内浇道（gate）组成。浇注系统按内浇道在铸件上的相对位置不同，可分为如图 2-60 所示的顶注式、底注式、中间注入式和阶梯注入式等几种类型。

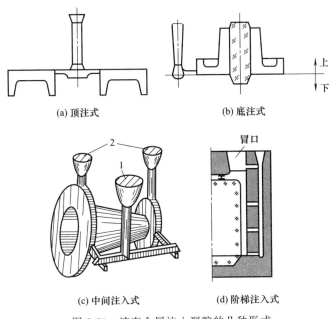

(a) 顶注式　　　　　　　　(b) 底注式

(c) 中间注入式　　　　　(d) 阶梯注入式

图 2-60　液态金属注入型腔的几种形式

1—浇口杯；2—冒口

浇注系统根据各组元间截面比例关系不同，即限流截面位置不同，分为封闭式浇注系统和开放式浇注系统。

封闭式浇注系统（$\Sigma F_内 < \Sigma F_横 < F_{直下端} < F_{直上端} \leqslant F_{杯孔}$）因充满快，故在浇注后不久有较好的挡渣能力，一般还可以减少金属液的消耗，在铸型中也较易安排，清理方便。缺点是金属液进入型腔的线速度高，易冲坏砂型和砂芯，易产生喷溅并使金属液的氧化加剧。因此封闭式浇注系统主要用于中、小型铸铁件，对易氧化的有色金属铸件不宜使用，对铸钢件和高大的铸铁件也不宜使用。

开放式浇注系统（$\Sigma F_内 > \Sigma F_横 > F_{直下端} > F_{直上端}$）是指从浇口杯底孔到内浇道的截面逐渐加大，阻流截面在直浇道上口（或浇口杯底孔）的浇注系统。开放式浇注系统挡渣能力很差，消耗的金属液较多，但金属液流出内浇道的速度，只与未被充满的横浇道中的金属液静压力有关，而与整个浇注系统的高度（直浇道高度＋浇口杯高度）和金属液的动压力无关，故充型平稳，主要用于易氧化的有色金属铸件、球墨铸铁件及使用漏包浇注的铸钢件。

（2）浇注系统的设计　设计合理的浇注系统的要求是：尽可能阻止熔渣、气体、氧化物及非金属夹杂物吸附或夹附进入铸型型腔；防止铸型型腔和型芯被冲蚀；降低浇注温度；在正确部位以合适的速度把金属液引入铸型型腔，减少铸件的缩孔（松）和变形；减少浇注系统占用的金属，节约液态金属。

设计浇注系统，首先应该正确地选择浇注系统的类型及其开设的位置，要根据具体情况认真研究，对各种方案进行反复比较，要保证有足够的空间开设浇口和冒口系统。在此基础上还要确定浇注系统各组元的合理尺寸及其之间的比例关系。

计算浇注系统要考虑的主要问题是控制金属液流经浇注系统进入型腔的速度和流量。

5. 冒口（riser）、冷铁（chill）的设计

（1）冒口的设计　铸型中能储存一定金属液（同铸件相连接在一起的液态金属熔池）补偿铸件收缩，防止产生缩孔和缩松缺陷的"空腔"称为冒口。

普通冒口按照所在位置不同分为明顶冒口和暗顶冒口［图 2-61（a）］，按覆盖情况分为顶冒口和边冒口［图 2-61（b）］。

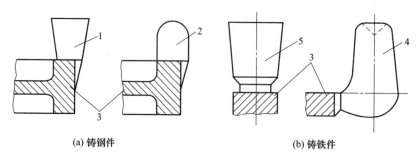

(a) 铸钢件   (b) 铸铁件

图 2-61 常用的冒口类型

1—明顶冒口；2—暗顶冒口；3—铸件；4—边冒口；5—顶冒口

冒口的主要作用是补缩铸件，此外还有集渣和通、排气作用。

要达到补缩的目的，减少缩孔、缩松等缺陷对铸件性能特别是力学性能的影响，冒口必须满足以下基本条件，否则不可能起到补缩作用。

① 凝固时间应大于或等于铸件（或铸件上被补缩部分）的凝固时间。

② 有足够的金属液补充铸件（或铸件上被补缩部分）的收缩。

③ 与铸件被补缩部位之间必须存在补缩通道。

应指出的是，在设计冒口时，应保证铸件品质，注意节约金属液、提高补缩效率。

（2）冷铁的设计 冷铁是用来加大铸件局部冷却速度最常用的一种激冷物，钢材、铜等金属材料也可以用作激冷物。其主要作用为：加快铸件某一部分的冷却速度，调节铸件的凝固顺序，与冒口配合使用，可扩大冒口的有效补缩距离。

冷铁分为外冷铁和内冷铁两种。

确定内冷铁的质量、尺寸及数量的原则是：确定好的内冷铁应具有足够的激冷作用以控制铸件达到人们所要求的方向性（顺序）凝固或同时凝固，并能与铸件本体熔合而不削弱铸件的强度。

6. 铸造工艺过程图的绘制

铸造工艺过程图是在零件图上用规定的技术符号表示出铸造工艺过程内容的图形，它决定了铸件的形状、尺寸、生产方法和工艺过程，是制造模样、芯盒、造型、造芯和检验铸件的依据。

在蓝图上绘制的铸造工艺过程图，采用红、蓝铅笔将各种技术符号直接标注在零件图样上。铸造工艺过程图常用技术符号及表示方法见表 2-27。

铸造工艺过程设计实例如下。

（1）结构技术分析 图 2-62 是支撑轮铸造工艺过程图。材料 HT200，轮廓尺寸 $\phi300mm \times 100mm$，铸件质量约 19kg，生产批量为单件。

从图纸上可以看出，该铸件外形结构为旋转体，辐板下有三根加强肋并与 $\phi40$ 孔形成六等分均布，外形较为简单。主要壁厚为 35mm。虽然轮缘略厚些，但主要热节处是轮毂。另外轮毂部位 $\phi40$ 的孔加工精度高，轮毂孔设计型芯。该铸件应注意防止轮毂部位产生缩孔和气孔。

（2）铸造工艺过程方案的拟定

① 造型方法。支撑轮铸件结构简单，生产批量为单件，故采用两箱手工造型。

表 2-27 铸造技术符号和表示方法

名称	技术符号和表示方法	名称	技术符号和表示方法
分型面	用红色线表示，并用红色写出"上、中、下"字样 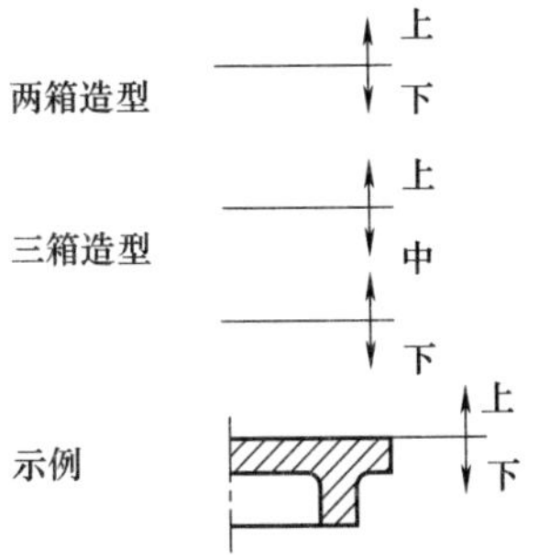 两箱造型 三箱造型 示例	分型分模面	用红色线表示 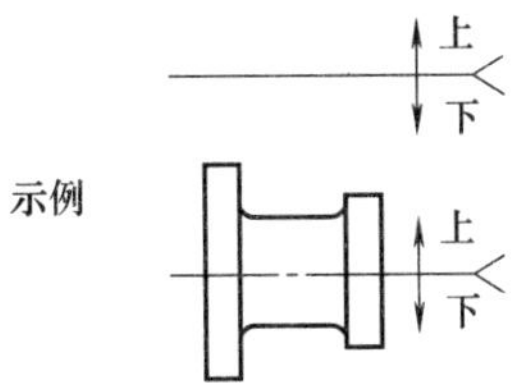 示例
分模面	用红色线表示，在任一端画"<"号 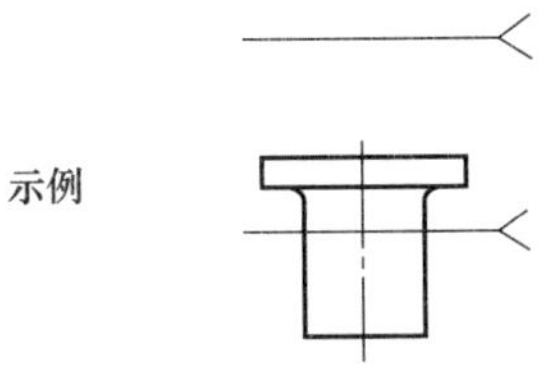 示例	不铸出孔和槽	不铸出孔和槽用红色线打叉 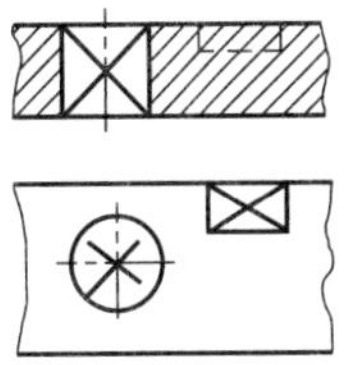
机械加工余量	用红色线表示，在加工符号附近注明加工余量数值，凡带斜度的加工余量应注明斜度 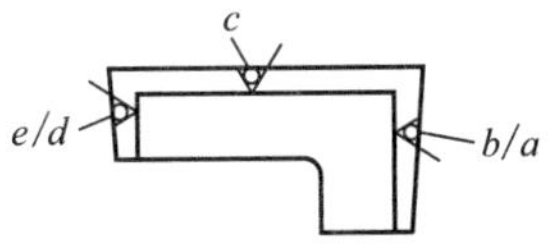	浇注系统位置与尺寸	用红色线或红色双线表示，并注明各部尺寸 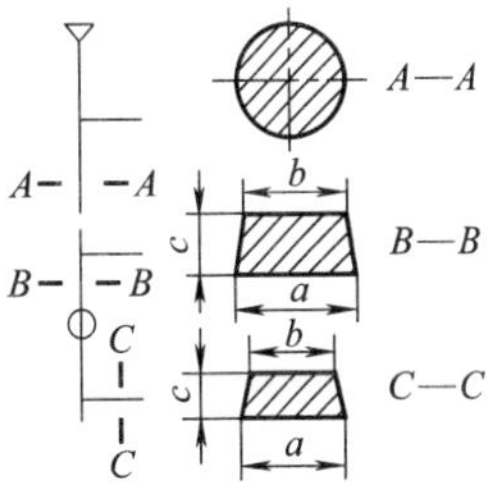 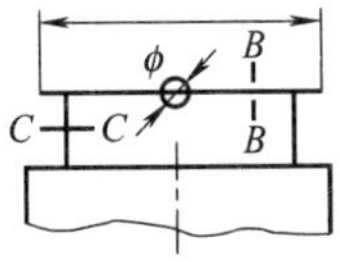 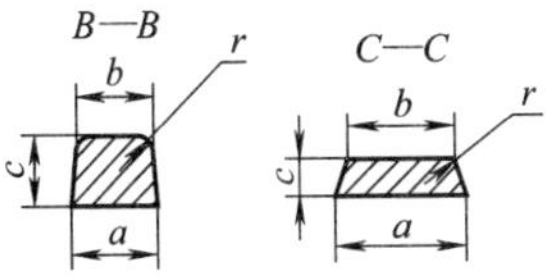
型芯	用蓝色线表示，并注明斜度和间隙数值。有两个以上型芯时，用数字号"1#，2#"等标注 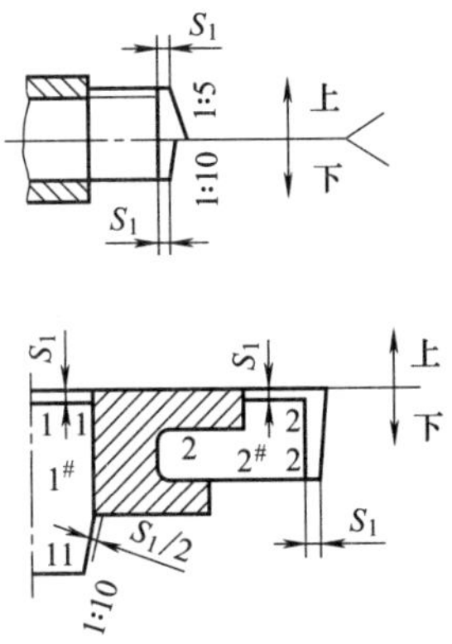		

② 铸型种类。由于支撑轮外形尺寸不大，形状较为简单，铸件也无特殊要求，因此铸件采用湿型（面、背砂兼用），这样既可简化工艺技术过程，缩短制作周期，也能保障品质。

③ 浇注位置和分型面的确定。浇注位置和分型面的位置如图 2-62 所示。整个铸型的大部分都处于下型，上型只是 $\phi240\,\mathrm{mm}\times16\,\mathrm{mm}$ 的凸砂型和 $\phi100\,\mathrm{mm}\times31\,\mathrm{mm}$ 的轮毂凹砂型。这样分型既便于下芯，又便于开设浇冒口。

④ 铸造技术参数的选取。因精度要求不高，铸件尺寸公差可取 CT13～15，机械加工余

量（MA）等级取 H 级，上表面和轮毂中心孔加工余量取 6mm，下表面取 4.5mm；因是灰铸铁件且为受阻收缩，铸件线收缩率取 0.8%；起模斜度采用增加壁厚形式，斜度值取 1°；辐板上的 3 个 φ40（大于 30mm）孔须铸出。

（3）砂芯的设计　辐板上的 3 个 φ40 孔由型芯 1 和上箱吊砂形成，中间轮毂孔由型芯 2 形成，芯头采用垂直芯头，芯头尺寸如图 2-62 所示。

（4）浇注系统设计　根据铸件外形和结构特点，内浇口设置如按同时凝固原则，则技术较为复杂，也没有这个必要；采用顺序凝固顶注法，则技术简便易行。采用顶注引入，如果把内浇道设置在轮毂部位，技术虽简单，但因轮毂处于铸件的中心部位，散热慢，同时轮毂又是铸件在图样上的主要几何热节处，从此处引入内浇道，将造成热节叠加，使凝固时间延长，出现缩孔、气孔的倾向增加。因此内浇道设置的位置，应开设在下分型面上，沿轮缘外周边并分散引入。浇注系统的尺寸（计算略）、形状如图 2-62 所示。

（5）冒口、冷铁的设计　为加强排气和防止缩孔，应在内浇道对面的轮缘边，开设一个排气兼有限补缩的冒口。在轮毂上设置一个出气冒口，冒口位置、形状和大小如图 2-62 所示。

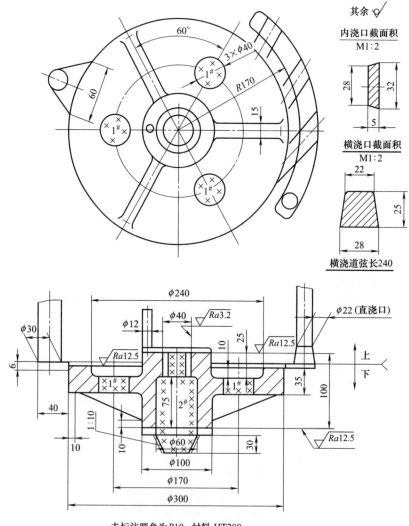

图 2-62　支撑轮铸造工艺过程

（6）绘制铸造工艺过程图 在零件图上用规定的技术符号表示出上述铸造技术内容，得到铸造工艺过程图如图 2-62 所示。

第七节 ➡ 特种铸造

特种铸造是在砂型铸造的基础上，通过改变铸型的材料、浇注方法、液态金属充填铸型的形式或铸件凝固条件等因素，形成的有别于砂型铸造的技术方法。它包括：熔模铸造、消失模铸造、金属型铸造、低压铸造、压力铸造、离心铸造等。

特种铸造的技术特点是：铸件的尺寸精度较高，表面粗糙度低。在生产一些结构特殊的铸件时，具有较高的技术经济指标，铸造生产时可不用砂或少用砂，降低了材料消耗，改善了劳动条件；生产过程易于实现机械化、自动化。但特种铸造适应性差，生产准备工作量大，需要复杂的技术装备。因此，特种铸造技术（陶瓷型铸造除外）一般适用于大批量生产。

1. 熔模铸造（investment casting, lost wax casting）

熔模铸造又称"失蜡铸造"，亦称"熔模精密铸造"。顾名思义，通常是先用低熔点易熔材料（一般用蜡质材料）制成模样，再在蜡模表面涂上数层耐火材料，待其硬化干燥后，将其中的蜡模熔失制成无分型面的铸型型壳，再经焙烧后进行浇注，获得铸件。熔模铸造技术流程主要由压型与蜡模制作、铸型型壳制造、脱蜡、焙烧、浇注、脱壳清理等过程组成。如图 2-63 所示。

（1）压型与蜡模制作 压型是用于压制模样的型，一般用钢、铝合金制成，小批生产时可用易熔合金、环氧树脂、石膏等制造，其型腔尺寸应考虑到模料和铸件合金两者的线收缩率。生产中常用 50% 石蜡和 50% 硬脂酸作蜡料，经过熔化和搅拌，制成糊状或液态。将模料压注入压型中，分别制成铸件模样和浇注系统模样，再用焊接或胶接等方法组合成蜡模组。

（2）铸型型壳的制取 制壳材料包括耐火材料和黏结剂两大类，常用的耐火材料有硅砂（SiO_2）、刚玉砂（Al_2O_3）等，加工成粉料（粒度为 $0.15 \sim 1.70mm$），分别用于配制浆料和撒砂。常用的黏结剂有水玻璃、硅酸乙酯水解液等。

模组经涂挂浆料、撒砂、干燥、硬化等工序并反复多次至壳厚为 $5 \sim 10mm$ 时，再进行脱模和焙烧。

① 涂挂浆料和撒砂。将模组浸于浆料中转动和移动，使浆料均匀涂挂于模组表面后，再进行撒砂。

② 干燥和硬化。型壳经自然干燥或通风干燥后，即可进行硬化。硬化剂根据型壳采用的黏结剂类型确定。水玻璃型壳常采用氯化铵、氯化铝等水溶液作硬化剂，硅酸乙酯水解液型壳常采用氨气作硬化剂。

③ 脱模和焙烧。型壳脱模可采用热水（水温约 95℃）或水蒸气（气温约 120℃）加热，使模料熔化流出，脱模后即可将型壳加热到一定温度（$800 \sim 1000$℃）烧结成形，增加铸型强度。焙烧还可去除型壳内的水分、残余模料等，提高型壳的透气性，使型壳获得浇注时所需的高温。

（3）浇注 熔模铸件的浇注可采用重力浇注、真空浇注、低压浇注、离心浇注等方式，其中，重力浇注设备简单、成本低，应用最广泛。

（4）脱壳清理 主要包括落砂脱壳和清理等。

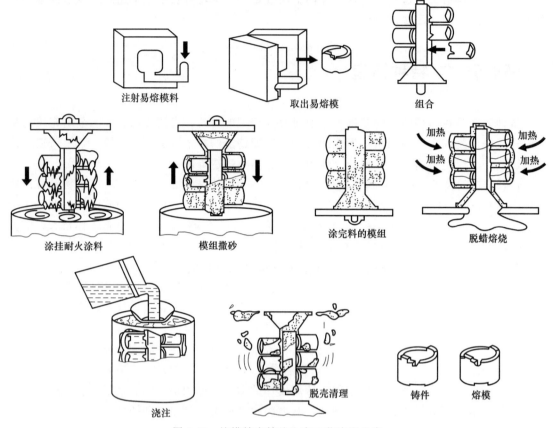

注射易熔模料　　　　　取出易熔模　　　　　组合

涂挂耐火涂料　　　模组撒砂　　　涂完料的模组　　　脱蜡熔烧

浇注　　　脱壳清理　　　铸件　熔模

图 2-63　熔模精密铸造生产工艺流程示意

熔模铸造应用于几乎所有的工业部门，特别是航空航天、造船、汽轮机和燃气轮机、兵器、电子、石油、核能、机械等。同时，熔模铸造适用于形状复杂、难以用其他方法加工成形的精密铸件的生产，如航空发动机的叶片、叶轮，复杂的薄壁框架，雷达天线，带有很多散热薄片、柱、销轴的框体、齿套等。

2. 消失模铸造（expandable pattern casting，简称 EPC 或 lost foam casting，简称 LFC）

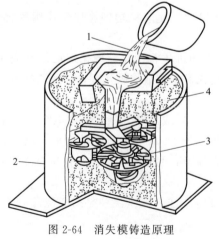

图 2-64　消失模铸造原理

1—金属液；2—砂箱；3—泡沫塑料模；4—干砂

消失模铸造的基本原理是将泡沫塑料模样涂挂耐火涂料层后，置于砂箱中，模样周围填入干砂，经过震实造型，然后浇注金属液，高温金属液的热作用造成泡沫塑料热解消失，金属液充填到泡沫塑料模退出的空间，最终完成充型（见图 2-64）。

消失模铸造的最大优点是无需起模、下芯与合箱操作，给工艺操作带来极大好处，生产效率大大提高；但其最大缺点也源于此，实体模样的存在使金属液充型过程变得极为复杂，由此带来铸件的各种铸造缺陷。另外，浇注过程中负压的作用也使金属液充型变得更加复杂。

由于消失模铸件是靠液态金属将模样热解汽化，由液态金属取代模样原有位置，凝固后形成铸件。在液态金属充型流动的前沿存在着十分复杂的物理与化学反应，传热、传质与动量传递过程复杂交错。

图 2-65 所示为消失模铸造的生产工艺流程，其主要工序有熔炼、白模制造、白模组合及涂料涂覆层烘干、造型浇注、砂型清理及铸件检验入库等。

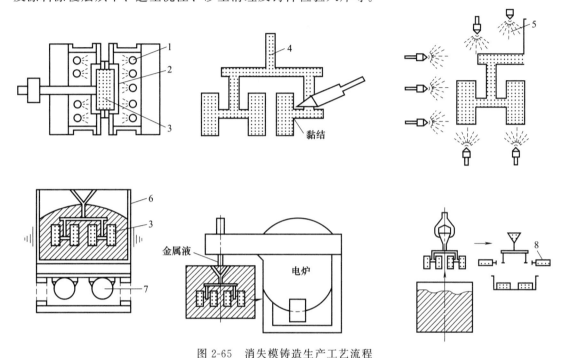

图 2-65 消失模铸造生产工艺流程
1—蒸汽管；2—型腔；3—模样；4—浇注系统；5—涂料；6—砂箱；7—振动台；8—铸件

消失模铸造技术以其独特的优势，已广泛应用于工业生产，尤其是在汽车行业中得到了飞速的发展。美国通用汽车公司于 1985 年建成世界上第一条消失模铸造生产线，用于生产汽车柴油机的铝缸盖。接着福特汽车公司和约翰迪尔公司，以及德国的宝马公司、英国的斯坦顿、北爱尔兰的 Montupet 公司、意大利的 FrancoTosi CastiSpA 公司、法国雪铁龙的 Char-leville 公司等先后建成消失模铸造生产线。目前，消失模铸造在气缸体、缸盖、差速器壳体、进气歧管、曲轴、后桥壳体等汽车的零部件，变速器壳体、差速器壳体、转向器壳体、电动机壳体等箱体类零件上得到了广泛的应用。

3. 金属型铸造（gravity die casting 或 permanent-mold casting）

金属型铸造是指利用重力将金属液浇入用金属材料制造的铸型中并在铸型中冷却凝固而获得铸件的一种成形方法。一副金属型可浇注几百次甚至数万次。故又称永久型铸造。

金属型铸件成形特点主要表现在三个方面：金属型导热性比砂型大、无透气性和无退让性。

与砂型铸造相比，金属型铸造有以下优点。

① 金属型冷速快，有激冷效果，使铸件晶粒细化，力学性能提高，金属型周围的冷却速度快，提高了生产率。

② 金属型尺寸准确，表面光洁，使铸件尺寸精度和表面质量提高，一副金属型可反复浇注成千上万件铸件，仍能保持铸件尺寸的稳定性。

③ 同一铸型可反复使用，节省造型工时，也不需要占用太大的造型面积，可提高铸造车间单位面积上的铸件产量。

④ 易于实现机械化、自动化，提高生产率，减轻工人劳动强度，适于大批量生产。

⑤ 因不用或较少用砂子，减少了砂子运输及混砂工作量，减少车间噪声、刺激性气味及粉尘等公害，改善了劳动环境。

⑥ 由于铸件冷凝快，减少了对铸件进行的补缩，故浇冒口尺寸减小，金属液利用率提高。

尽管金属型铸造比砂型铸造质量好，力学性能高，但是存在以下缺点。

① 金属型机械加工困难，制造周期长，一次性投资高，故要求铸件有足够的批量，以便补偿制造金属型的成本。

② 新金属型试制时，需对金属型进行反复调试，才能得到合格铸件，当型腔定型后，工艺调整和产品结构修改的余地很小。

③ 金属型排气条件差，工艺设计难度较大。

④ 金属型铸造必须根据产品和产量实现操作机械化，否则并不能降低劳动强度。

金属型铸造工艺过程示意如图 2-66 所示。

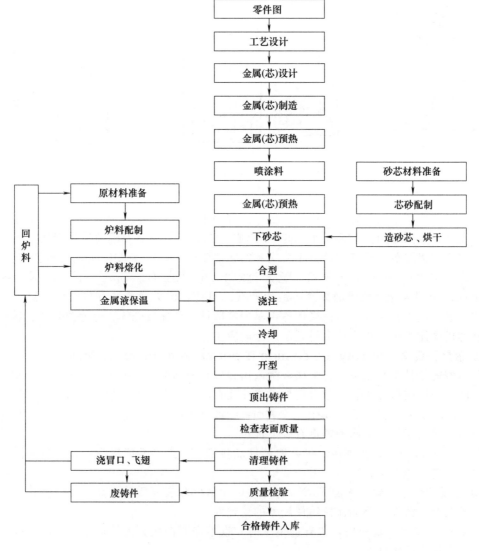

图 2-66 金属型铸造工艺过程示意

金属型的结构取决于铸件形状、尺寸大小、分型面选择等因素。因金属型导热性较好，故浇道截面积比砂型铸造大 20%～25%，浇道长度也较短。金属型无透气性，故其上部应开设出气冒口，分型面上应开设排气道，难以排气的部分应增设出气孔或通气塞。按分型面划分，常见的金属型结构形式有整体金属型、水平分型金属型、垂直分型金属型、综合分型金属型等。

（1）整体金属型　整体金属型（图 2-67）无分型面、结构简单，其上面可以是敞开的或覆以砂芯，在铸型左右两端设有圆柱形转轴，通过转轴将金属型安置在支架上。浇注后待铸件凝固完毕，将金属型绕转轴翻转 180°，铸件则从型中落下。再把铸型翻转至工作位置，又可准备下一循环。其多用于具有较大锥度的简单铸件中。

（2）水平分型金属型　水平分型金属型由上下两部分组成，分型面处于水平位置（图 2-68），铸件主要部分或全部在下半型中。这种金属型可将浇注系统设在铸件的中心部位，金属液在型腔中的流程短，温度分布均匀。由于浇冒口系统贯穿上半型，常用砂芯形成浇冒口系统。此类金属型上型的开合操作不方便，且铸件高度受到限制，多用于简单铸件，特别适合生产高度不大的中型或大型平板类、圆盘类、轮类铸件。

（3）垂直分型金属型　由左右两块半型组成，分型面处于垂直位置（图 2-69）。铸件可配置在一个半型或两个半型中。铸型开合和操作方便，容易实现机械化。其常用于生产小型铸件。

（4）综合分型金属型　对于较复杂的铸件，铸型分型面有两个或两个以上，既有水平分型面，也有垂直分型面，这种金属型称为综合分型金属型（图 2-70）。铸件主要部分可配置在铸型本体中，底座主要固定型芯；或铸型本体主要是浇冒口，铸件大部分在底座中。大多数铸件都可应用这种结构。它主要用来生产形状复杂的铸件。

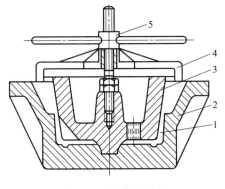

图 2-67　整体金属型
1—铸件；2—金属型；3—型芯；
4—支架；5—扳手

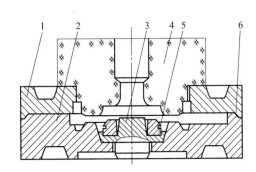

图 2-68　水平分型金属型
1—上半型；2—下半型；3—型块；
4—砂芯；5—镶件；6—定位止口

由于金属型导热快，铸件的凝固、冷却快，铸件结晶组织细、致密性较好，铸件可以进行热处理提高力学性能，所以广泛用于航空航天、汽车、仪器仪表、家电等行业以及要求高气密性、高力学性能的铸件生产。金属型铸造主要用于成批、大量生产铝合金、铜合金等非铁合金的中、小型铸件，如活塞、缸体、液压泵壳体、轴瓦和轴套等。

4. 低压铸造（low pressure casting）

复杂薄壁铸件正朝着轻量化、整体化、精密化或近无余量化的方向发展。但大型复杂薄壁铸件散热快、凝固时间短、充型阻力大，通常条件下采用重力铸造法难以成形。因此常采用低压铸造方法成形。低压铸造是利用气体压力将金属液从型腔底部压入铸型，并使铸件在一定压力下结晶凝固的一种铸造方法。由于所用气体压力较低（一般为 20～60kPa），所以称之为低压铸造，是介于重力铸造与压力铸造之间的一种铸造方法。

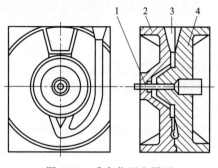

图 2-69　垂直分型金属型
1—金属型芯；2—左半型；
3—冒口；4—右半型

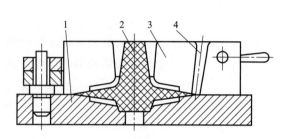

图 2-70　综合分型金属型
1—底板；2—砂芯；3—上
半型；4—浇注

低压铸造工作原理如图 2-71 所示，将干燥的压缩空气或惰性气体通入压力室 1，气体压力作用在金属液面 3 上，在气体压力的作用下，金属液沿升液管 4 上升，通过内浇口 5 进入铸型型腔 6 中，并在气体压力作用下充满整个型腔。直到铸件完全凝固，切断金属液面 3 上的气体压力，升液管和内浇口中未凝固的金属液在重力作用下流回到坩埚 2 中，完成一次浇注。

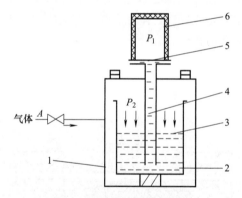

图 2-71　低压铸造工作原理
1—压力室；2—坩埚；3—金属液面；
4—升液管；5—内浇口；6—铸型型腔

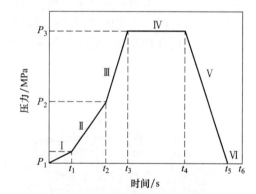

图 2-72　低压铸造浇注工艺压力
变化过程

低压铸造的浇注工艺过程包括升液、充型、增压、保压凝固、卸压及延时冷却阶段。其浇注工艺压力变化过程如图 2-72 所示。

① 升液阶段Ⅰ。将一定压力的干燥空气通入密封坩埚中，使金属液沿着升液管上升到铸型浇道处。

② 充型阶段Ⅱ。金属液由浇道进入型腔，直至充满型腔。

③ 增压阶段Ⅲ。金属液充满型腔后，立即进行增压，使型腔中的金属液在一定的压力作用下结晶凝固。

④ 结晶凝固阶段Ⅳ，又称保压阶段，是型腔中的金属液在压力作用下完成由液态到固态转变的阶段。

⑤ 卸压阶段Ⅴ。铸件凝固完毕（或浇口处已经凝固），即可卸除坩埚中内液面上的压

力，使升液管和浇道中尚未凝固的金属液依靠自重流回坩埚中。

⑥ 延时冷却阶段Ⅵ。卸压后，为使铸件完全凝固而具有一定强度，防止铸件在开型、取件时发生变形和损坏，需延时冷却。

低压铸造具有以下工艺特点。

① 金属液充型平稳，充型速度可根据铸件结构和铸型材料等因素进行控制，因此可避免金属液充型时产生紊流、冲击和飞溅，减少卷气和氧化，提高铸件质量。

② 金属液在可控压力下充型，流动性增加，有利于生产复杂薄壁铸件。

③ 铸件在压力下结晶，补缩效果好，铸件组织致密，力学性能高。

④ 浇注系统简单，一般不需设冒口，工艺出品率可达90%。

⑤ 易于实现机械化和自动化，与压铸相比，工艺简单、制造方便、投资少。

⑥ 由于充型速度及凝固过程比较慢，因此低压铸造的单件生产周期比较长，一般为6～10min/件，生产效率低。

低压铸造主要应用于较精密复杂的中大铸件和小件，合金种类几乎不限，尤其适用铝、镁合金，生产批量可为小批、中批、大批。目前已用于航空、航天、军事、汽车、拖拉机、船舶、摩托车、柴油机、汽油机、医疗机械、仪器等机器零件制造上。在生产框架类、箱体类、筒体、锥状等大型复杂薄壁铸件方面极具优势。

5. 压力铸造（pressure casting）

压力铸造（简称压铸）是在高压作用下，将液态或半液态金属以高的速度压入铸型型腔，并在高压下凝固成形而获得轮廓清晰、尺寸精确铸件的一种成形方法。

高压和高速是压铸的两大特点，也是其区别于其他铸造方法的基本特征。压铸压力通常在20～200MPa，充填速度为0.5～70m/s，充填时间很短，一般在0.01～0.2s。

压铸工艺中，熔体填充铸型的速度每秒钟可高达十几米甚至上百米，压射压力高达几十兆帕甚至数百兆帕。由于高速高压，压铸必须采用金属模具。上述特性决定了压铸工艺自身的主要优点，包括：

① 可以得到薄壁、形状复杂，但轮廓清晰的铸件；

② 可生产高精度、尺寸稳定性好、加工余量少及高光洁度的铸件；

③ 铸件组织致密，具有较好的力学性能，表2-28是压铸与其他铸造方法生产的铝合金、镁合金铸件的力学性能比较；

表 2-28 不同铸造方法生产的铝合金、镁合金铸件的力学性能比较

合金种类	压铸			金属型铸造			砂型铸造		
	抗拉强度/MPa	伸长率/%	硬度（HBW）	抗拉强度/MPa	伸长率/%	硬度（HBW）	抗拉强度/MPa	伸长率/%	硬度（HBW）
铝合金	200～220	1.5～2.2	66～86	140～170	0.5～1.0	65	120～150	1～2	60
铝硅合金（含铜0.8%）	200～300	0.5～1.0	85	180～220	2.0～3.0	60～70	170～190	2～3	65
镁合金（含铝10%）	190	1.5	—	—	—	—	150～170	1～2	—

④ 生产效率高，容易实现机械化和自动化操作，生产周期短；

⑤ 采用镶铸法可以省去装配工序并简化制造工艺；

⑥ 铸件表面可进行涂覆处理。

除上述优点外，压铸也存在不足：

① 压铸件常有气孔及氧化夹杂物存在，由于压铸时液体金属充填速度极快，型腔内气体很难完全排除，从而降低了压铸件的质量；

② 不适合小批量生产，主要原因是压铸机和压铸模具费用昂贵，压铸机效率高，小批量生产不经济；

③ 压铸件尺寸受到限制，因受到压铸机锁模力及装模尺寸的限制而较难压铸大型压铸件；

④ 压铸合金种类受到限制，目前主要适用于低熔点的压铸合金，如锌、铝、镁、铜等有色合金。

常见的压铸机的分类及特点见表2-29。

表 2-29　常见的压铸机的分类及特点

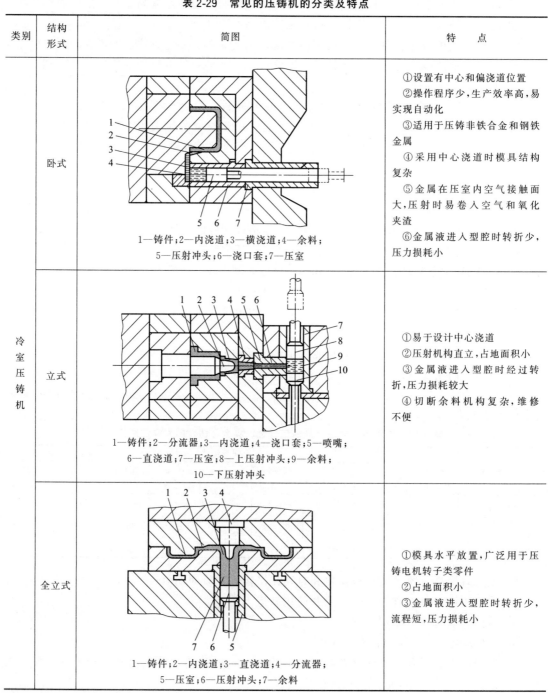

类别	结构形式	简图	特　点
冷室压铸机	卧式	1—铸件；2—内浇道；3—横浇道；4—余料；5—压射冲头；6—浇口套；7—压室	①设置有中心和偏浇道位置 ②操作程序少，生产效率高，易实现自动化 ③适用于压铸非铁合金和钢铁金属 ④采用中心浇道时模具结构复杂 ⑤金属在压室内空气接触面大，压射时易卷入空气和氧化夹渣 ⑥金属液进入型腔时转折少，压力损耗小
	立式	1—铸件；2—分流器；3—内浇道；4—浇口套；5—喷嘴；6—直浇道；7—压室；8—上压射冲头；9—余料；10—下压射冲头	①易于设计中心浇道 ②压射机构直立，占地面积小 ③金属液进入型腔时经过转折，压力损耗较大 ④切断余料机构复杂，维修不便
	全立式	1—铸件；2—内浇道；3—直浇道；4—分流器；5—压室；6—压射冲头；7—余料	①模具水平放置，广泛用于压铸电机转子类零件 ②占地面积小 ③金属液进入型腔时转折少，流程短，压力损耗小

续表

类别	结构形式	简图	特点
热室压铸机	活塞式	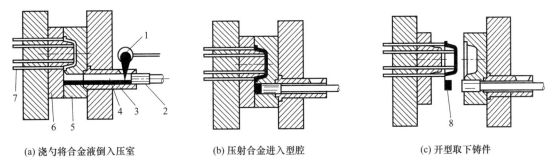1—铸件；2—内浇道；3—分流器；4—直浇道；5—喷嘴； 6—浇道；7—金属液；8—压射冲头；9—浇壶；10—炉体	①压铸过程全自动，生产效率高 ②压射比压较低 ③金属液从液面下进入型腔，杂质不易卷入

在压铸生产中，卧式冷室压铸机使用最广泛。卧式冷室压铸机压铸工艺原理如图 2-73 所示。动型和定型合型后，金属液浇入压室，压射冲头向前推进，将金属液经浇道压入型腔冷却凝固成形。开型时，余料借助压射冲头前伸的动作离开压射室，和铸件一起贴合在动型上，随后顶出取件，完成一个工作循环。

(a) 浇勺将合金液倒入压室　　(b) 压射合金进入型腔　　(c) 开型取下铸件

图 2-73　卧式冷室压铸机压铸工艺原理

1—浇勺；2—压射冲头；3—压室；4—合金；5—定型；6—动型；

7—顶杆机构；8—浇注余料和铸件

压铸件的质量由几克到数十千克，其尺寸从几毫米到几百毫米以致上千毫米。压铸件应用范围和领域十分广泛，几乎涉及所有工业部门，如交通运输领域的汽车、造船、摩托车工业；电子领域中计算机、通信器材、电气仪表工业；机械制造领域的机床、纺织、建筑、农机工业；国防工业；医疗器械；家用电器以及日用五金等均有应用。

压铸件所用材料多为铝合金，占 70%～75%，锌合金占 20%～25%，铜合金占 2%～3%，镁合金约占 2%，但镁合金的应用在不断扩大。在汽车产业中镁合金的应用逐年增加，这不仅为了减轻汽车净重，也借此不断提高汽车的性价比。在 IT 产业中的电子、计算机、手机等大量应用镁合金，具有很好的发展前景。国外宝马、雷诺、通用、本田等企业在 20 世纪 90 年代已经开始大量使用压铸机进行铝合金缸体缸盖的生产。国内，广州东风本田发动机公司在 2001 年从日本宇部引进了国内第一条压铸生产线。

6. 离心铸造（centrifugal casting）

离心铸造是将金属液浇入旋转的铸型中，在离心力的作用下填充铸形而凝固成形的一种铸造方法。根据铸型旋转轴在空间的位置有立式离心铸造机和卧式离心铸造机两种类型。

立式离心铸造机上的铸型绕垂直轴旋转。它主要用于生产高度小于直径的圆环类铸件，有时也可用于异形铸件的生产。立式离心铸造机铸造过程原理如图 2-74 所示。卧式离心铸造机上的铸型绕水平轴旋转，它主要用于生产长度大于直径的管套类铸件。卧式离心铸造机铸造过程原理如图 2-75 所示。

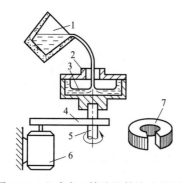
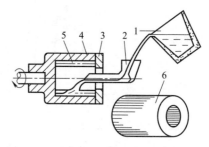

图 2-74　立式离心铸造机铸造过程原理
1—浇包；2—铸型；3—液态金属；4—皮带轮和皮带；
5—旋转轴；6—电机；7—铸件

图 2-75　卧式离心铸造机铸造过程原理
1—浇包；2—浇注槽；3—端盖；
4—铸型；5—液态金属；6—铸件

与其他铸造方法相比，离心铸造具有如下特点：由于液体金属是在旋转状态下靠离心力的作用完成充填、成形和凝固过程，所以离心铸造的铸件致密度较高，气孔、夹渣等缺陷少，故其力学性能较高；生产中空铸件时可不用型芯，生产长管形铸件时可大幅度改善金属充型能力，简化管类和套筒类铸件的生产过程；离心铸造中几乎没有浇注系统和冒口系统的金属消耗，大大提高了铸件出品率；离心铸造成形铸件时，可借离心力提高金属液的充型性，故可生产薄壁铸件，如叶轮、金属假牙等；离心铸造便于制造筒、套类复合金属铸件，如钢背铜套、双金属轧辊等。但是，对合金成分不能互溶或凝固初期析出物的密度与金属液基体相差较大时，离心铸造易形成密度偏析；铸件内孔表面较粗糙，聚有熔渣，其尺寸不易正确控制。离心铸造用于生产异型铸件时有一定的局限性。

离心铸造应用广泛。几乎所有铸造合金件都可用于离心铸造生产，铸件最小内径可为 8mm，最大直径达 3 m，最大长度为 8 m，铸件质量可为几克至十几吨。用离心铸造法既可以生产铁管、内燃机缸套、各类铜套、双金属钢背铜套、轴瓦、造纸机滚筒等产量很大的铸件，也可以生产双金属铸铁轧辊、加热炉底耐热钢辊道、特殊钢无缝钢管毛坯、刹车鼓、活塞环毛坯、铜合金蜗轮毛坯、叶轮、金属假牙、小型阀门等经济效益显著的铸件。

7. 陶瓷型铸造（ceramic mold casting）

陶瓷型铸造是在砂型铸造和熔模铸造的基础上发展起来的铸造新技术。陶瓷型铸造是使用硅酸乙酯水解液作黏结剂的陶瓷浆料，经灌浆、结胶、硬化、起模、喷烧和焙烧等工序而制成铸型，用于生产铸件的成形方法。整体陶瓷型铸造全部由陶瓷浆料灌注而成，成形工艺流程如图 2-76 所示。

陶瓷型铸造的工艺特点如下。

① 陶瓷型生产的铸件尺寸精确、表面光洁。陶瓷铸型的型腔表面采用的是与熔模铸造型壳相似的陶瓷浆料，母模是在浆料硬化后起模的，因此铸型精确而光洁。所生产的铸件尺寸精度为 CT5～CT7，表面粗糙度为 $Ra3.2～12.5\mu m$，远优于砂型铸件。

② 适用于各种铸件。陶瓷铸型高温化学稳定性好，能适应各种不同铸造合金（如高温合金、合金钢、碳钢、铸铁和黑色金属等）铸件的生产，对铸件的质量和尺寸没有什么限

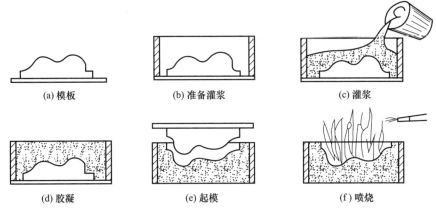

(a) 模板   (b) 准备灌浆   (c) 灌浆

(d) 胶凝   (e) 起模   (f) 喷烧

图 2-76　整体陶瓷型铸造成形工艺流程

制，可生产几十克到几十吨的铸件。特别适合于生产各种合金的模具。

③ 陶瓷铸型制作工艺简单，不需要复杂的工艺装备和设备，投资少。

陶瓷型铸造已成为大型厚壁精密铸件生产的重要方法，广泛用于冲模、锻模、铸造模、玻璃器皿模、塑料器具模、橡胶品模、金属型、热芯盒、工艺品等表面形状不易加工的铸件生产。

8. 石膏型精密铸造（plaster investment casting）

石膏型精密铸造是指采用可熔性材料制取与所需零件形状和尺寸相近的熔模，用石膏浆料灌制铸型，经干燥、脱蜡、焙烧后即可浇注铸件的方法。石膏型熔模精密铸造是将石膏型铸造与熔模铸造相结合而形成的一种新的特种铸造方法。

石膏型精密铸造中所采用的熔模与普通熔模铸造所用的可熔性熔模模样相同，只是用石膏造型（灌浆法）代替用耐火材料制壳。该法利用石膏浆料对熔模的良好复印性和石膏型热导率小而有利于合金液对铸型的充填等特点，用来铸造薄壁、复杂铝合金优质精铸件。

石膏型精密铸造适合生产尺寸精度高、表面光洁的精密铸件，特别适宜生产大型复杂薄壁铝合金铸件，也可用于锌、铜、金和银等合金。铸件最大尺寸达 10000mm，质量为 $0.03\sim900\text{kg}$，壁厚为 $0.8\sim1.5\text{mm}$（局部可为 0.5mm）。铸件尺寸精度为 CT4～CT6 级、表面粗糙度 $Ra=0.8\sim6.3\mu m$。该法已被广泛用于航空、宇航、兵器、电子、船舶、仪器、计算机等行业的薄壁复杂件制造，也常用于艺术品铸造中。典型铸件如燃油增压器、泵壳、波导管、叶轮、塑料成形模具、橡胶成形模具等。

9. 挤压铸造（squeeze casting）

挤压铸造也称"液态模锻"（liquid metal forging），是指采用低的充型速度和最小的扰动，使金属液在高压下凝固，以获得可热处理的高致密度铸件的铸造工艺。挤压铸造工艺流程如图 2-77 所示，它是将一定量的液体金属（或半固态金属）浇入金属型腔内，通过冲头以高压（50～100MPa）作用于液体金属上，使之充型、成形和结晶凝固，并产生一定塑性形变，从而获得优质铸件。

挤压铸造的工艺特点如下。

① 由于液态金属在较高的压力下凝固，不易产生气孔、缩孔和缩松等内部缺陷。铸件组织致密，晶粒细小，可以进行热处理。力学性能高于其他普通压铸件，接近同种合金锻件水平。

② 铸件尺寸精度较高，表面粗糙度值较低，铝合金挤压铸件尺寸精度可达 CT5 级，表面粗糙度可达 $Ra=3.2\sim6.3\mu m$。

③ 适用的材料范围较宽，不仅是普通铸造合金，也适用于高性能的变形合金，同时也

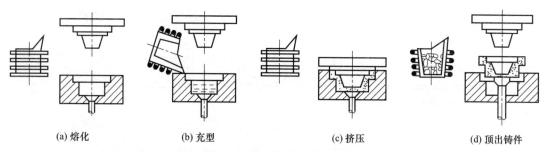

| (a) 熔化 | (b) 充型 | (c) 挤压 | (d) 顶出铸件 |

图 2-77 挤压铸造工艺流程

是复合材料较理想的成形方法之一。

④ 材料利用率高，节能效果显著。

⑤ 便于实现机械化、自动化生产，生产效率较高。

⑥ 生产结构复杂件或薄壁件有困难。

挤压铸造技术作为一种先进的金属成形工艺，已经被广泛地应用于航空、航天、军事及高科技范围金属铸件的制造。挤压铸件包括汽车、摩托车、坦克车轮毂；发动机的铝活塞、铝缸体、铝缸头、铝传动箱体；减振器、制动器铝铸件；压缩机、压气机、各种泵体的铝铸件、自行车曲柄、方向轴、车架接头、前叉接头；铝镁或锌合金光学镜架、仪表及计算机壳体件；铝合金压力锅、炊具零件；铜合金轴套等。

10. 半固态铸造成形（semi-solid casting）

半固态金属铸造，就是在金属凝固过程中，对其施以剧烈的搅拌或扰动，或者通过其他方法改变初生固相的形核和长大过程，得到一种液态金属母液中均匀地悬浮着一定球状初生固相的固液混合浆料，这种固液混合浆料在固相分数达 60％时仍具有良好的流变特性，从而可利用压铸、挤压、模锻等工艺实现半固态金属的成形。半固态铸造成形工艺方法主要分流变铸造和触变铸造两大类。利用剧烈搅拌等方法制备出预定固相分数的半固态金属浆料，并对半固态金属浆料进行保温，将该半固态金属浆料直接送往压铸机或挤压机等成形设备进行铸造成形，这种成形过程称为半固态金属的流变铸造。利用剧烈搅拌等方法制备出球状晶的半固态金属浆料，将该半固态金属浆料进一步凝固成铸坯或坯料，再按需要将金属坯料分切成一定大小，把这种切分的固态坯料重新加热至固液两相区，然后利用机械搬运将该半固态坯料送往成形设备（如压铸机、挤压机等）进行铸造成形，这种成形过程称为半固态金属的触变铸造。由于坯料输送方便，易于实现自动化操作，因此触变铸造是目前半固态铸造的主要成形方法。图 2-78 为半固态铸造工艺流程。

与其他成形技术相比，半固态铸造成形有以下特点。

① 易于近终化成形。半固态浆料的凝固收缩小，铸件的尺寸精度高，可以进行零件的近终化（net-shape）成形，大幅度减少零件毛坯的机械加工量，简化生产工艺、降低生产成本。

② 铸件综合性能提高。半固态金属充型平稳，不易产生湍流和喷溅，减少了疏松、气孔缺陷，提高了铸件的致密性，其强度通常高于液态金属的压铸件。此外，还可以通过热处理来进一步提高铸件的力学性能。

③ 成形温度低。由于半固态金属充型时的温度低于液态金属成形，因而大大减轻了对成形装置，尤其是模具的热冲击，提高了模具的寿命。

④ 适用范围广。凡是相图上存在固-液两相区的合金系都可以进行半固态成形，如铝、

镁、锌、锡、铜、镍基合金及不锈钢、低合金钢等。同时，由于半固态成形工艺可以改善制备复合材料中非金属材料的漂浮、偏析及与金属基体不润湿的技术难题，为复合材料的制备和成形提供了一条有效路径。

⑤ 出于节能、环保及安全的需要，汽车工业开始大量使用轻质铝合金，因而促进了半固态成形技术的工业应用。目前，铝合金半固态成形技术在美国、意大利、

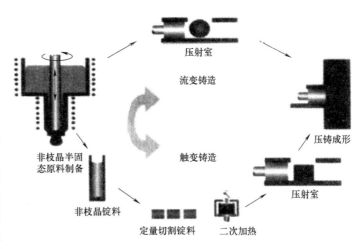

图 2-78 半固态铸造工艺流程

瑞士、法国、德国、日本等国家已经有相当规模的工业应用。铝合金半固态成形件的主要市场是汽车工业，如汽车的制动总泵体、转向节、摇臂、发动机活塞、悬挂支架件、座椅支架、轮毂、传动系统零件、燃油系统零件和汽车空调零件等。这些零件已应用于 Ford、Chrysler、Volvo、BMW、Fiat 和 Audi 等世界名牌轿车上。

11. 其他铸造

生产中还使用连续铸造、喷射成形、3D 打印快速铸造等多种铸造技术方法。

在结晶器（水冷金属型）的一端连续进入金属液，金属在结晶器的型腔内连续地向另一端移动和凝固成形，在结晶器的另一端连续地拔出铸件的铸造方法称为连续铸造。

喷射成形（spray forming）又称喷射沉积（spray deposition）或喷射铸造（spray casting），是利用快速凝固方法制备大块致密材料的高新科学技术。它把液态金属雾化和雾化熔滴的沉积自然地结合起来，以最少的工序直接从液态金属（合金）制取整体致密、组织细化、成分均匀、结构完整并接近零件实际形状的材料或坯件。

快速成形技术与铸造技术相结合产生了快速铸造技术（rapid casting），它特别适用于新产品研制及单件、小批量生产。

第八节 ➡ 铸造方法的选择

每种铸造方法均有其技术特征和适用范围，合理选择铸造方法，主要应考虑下列因素。

① 零件的使用性能。零件所受的载荷情况及所处的工作环境（例如温度、压力、气态或液态介质的性质等）对铸件尺寸精度和表面粗糙度的要求。

② 零件的铸造技术性能。零件所采用的合金材料的铸造性能、零件结构形状的复杂程度、质量、轮廓尺寸、壁厚差、不加工壁的最小厚度和孔径等。

③ 经济的合理性。各种铸造方法生产费用的比较，以及成品零件生产总费用的综合比较。在合理选择铸造方法时，后一种比较是主要的。

正确选择铸造方法的原则是：根据生产批量大小和工厂设备、技术的实际水平以及其他有关条件，结合各种铸造方法的基本技术特点，在保证零件技术要求的前提下，选择技术简便、品质稳定和成本低廉的铸造方法。

表2-30　几种铸造技术方法的主要特点及其应用

项目	铸造方法								
	砂型铸造	熔模铸造	金属型铸造	压力铸造	低压铸造	磁型铸造	离心铸造	壳型铸造	陶瓷型铸造
合金种类	不限	以碳钢、合金钢为主	不限	以有色合金为主	以有色合金为主	以黑色金属为主	多用于黑色金属及铜合金	以黑色金属为主	以高熔点合金为主
铸件大小	不限	<25kg，最大90kg	中小铸件，铸钢件可到数吨	中、小铸件	中小铸件，最重达数百千克	数百千克	最重达数吨	一般铸件<25kg 最大<200kg	大、中铸件
最小壁厚/mm	3	0.5~0.7，最小0.25~0.4	铝合金>2 铸铁>4 铸钢>5	有色合金 0.6~0.8	2~5，最小0.7	2~3	最小内孔0.7	灰铸铁1 其余4	>1
铸件精度	IT14~IT16	IT10~IT14	IT12~IT16	IT11~IT13	IT10~IT6	IT12~IT14	—	IT12~IT15	IT11~IT14
表面粗糙度 $Ra/\mu m$	粗糙	2.5~3.2	12.5~6.3	6.3~0.8	0~3.2，取决于铸型	25~6.3	取决于铸型	2.5~3.2	2.5~3.2
组织	晶粒粗大	晶粒粗大	晶粒细小	晶粒细小	取决于铸型	晶粒细小	晶粒细小	晶粒粗大	晶粒粗大
生产率	中、低	中	中	高	中	高	高	中	低
应用举例	各类铸件	刀具、动力机械、汽车零件、机械零件、计算机、电信零件、军工产品及日用品等	汽车、飞机、拖拉机、电器、洗衣机零件、发动机零件、油泵壳体及日用品等	汽车、拖拉机零件、精密仪器、电器仪表、航空、航海、国防、医疗器械和日用五金等	发动机气缸体、气缸盖、变速箱体、曲轴箱体、医用消毒缸、增压器叶轮等	采掘、运输机械、动力、军工、轻工等采用	各种套、环、管、筒类件、叶轮、双金属铸件、电机转子等	形状不很复杂的中小件、农机、军工零件等	热锻模、压铸型、玻璃型、金属型、模芯、型板、热芯盒等

表 2-30 列举了几种铸造技术方法的主要特点及其应用，砂型铸造虽有缺点，但其适应性强，所用设备简单，所以它仍然是当前铸造生产最基本的方法。特种铸造仅在一定条件下，才能发挥出优越性。

第九节 ➡ 计算机数值模拟在铸造成形中的应用

1. 铸造工艺计算机辅助设计 (CAD)

铸件的形成过程是一个液态金属充填铸型型腔、并在其中凝固和冷却的高温过程，这个过程是一个涉及物理、流体、传热、冶金、力学等因素的复杂过程。由于难以直接观察铸件在型腔中的成形过程，所以，对生产过程中的现象和本质的认识受到了极大的限制。在传统的铸件生产过程中，要获得合格的铸件，只能依靠技术人员的经验和基础理论对铸件质量的影响因素进行粗略的定性分析及反复的试制产品才能确定生产工艺。对于一些复杂或重要的铸件往往需要通过大量的浇注试验，反复摸索，才能最后定型投产，而许多铸件即使定型投产后，还会因为工艺方案存在某些不足而使废品率过高，生产不稳定。因此，如何实现精确分析铸造过程并预测铸件质量，是获得合格铸件的一个非常重要的条件。

铸造生产之前，首先应编制出控制该铸件生产工艺过程的科学技术文件，这就是铸造工艺设计，也就是根据铸件要求、生产批量和生产条件，以及对铸件的结构分析，确定铸造工艺方案、工艺参数和工艺规程，编制工艺卡，设计工艺装备的全过程。但由于铸造生产工艺流程长、工艺过程复杂，影响铸件质量的因素很多，长期以来多是靠经验的积累；工艺设计中有许多烦琐的数学计算和大量的查表选择工作，仅凭设计人员的个人经验和手工操作，不但要花费很多时间而且设计结果往往因人而异，难以做到最佳设计，也无法准确、动态地进行分析、预测和控制。将计算机的快速、准确和设计人员的经验、智慧结合起来的铸造工艺 CAD 的应用给铸造工艺带来巨大的变革。铸造工艺 CAD 的应用，缩短工艺设计周期，提高设计水平，从而提高了产品的质量和竞争力，提高了经济效益和社会效益。

铸造工艺计算机辅助设计即铸造工艺 CAD。狭义的铸造工艺计算机辅助设计仅包含工艺设计，即应用计算软件在计算机上设计浇注系统、冒口、冷铁、型芯等，并采用计算机进行工艺图绘制。完整的铸造工艺计算机辅助设计应包括工艺设计和工艺优化（凝固过程数值模拟）这两个方面，也就是铸造工艺集成 CAD，如图 2-79 所示。

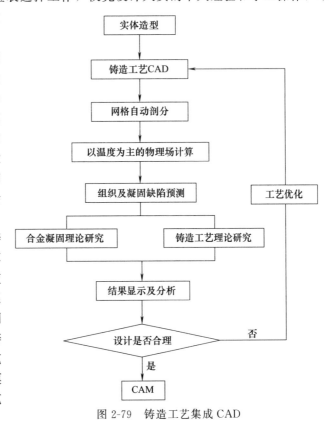

图 2-79 铸造工艺集成 CAD

以汽车用进气歧管为例，图 2-80 为进气歧管的三维零件图。以铸件三维实体图为背景，按照设计安置浇注系统，即直浇道、横浇道以及内浇道，形成浇注系统的三维铸造工艺图，从多种方案的比较中确定最佳工艺方案，最终如图 2-81 所示。

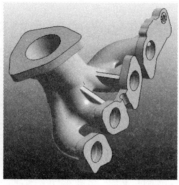

图 2-80　进气歧管的三维零件图　　　　图 2-81　浇注系统的三维铸造工艺图

2. 铸造过程计算机数值模拟（CAE）

随着计算机技术在铸造技术中应用的不断发展，依靠计算机对铸造过程的数值模拟有效地解决了许多问题。通过计算机数值模拟不仅可以对铸件形成过程各个阶段的变化进行准确的计算，还可以将整个过程可视化并预测缺陷，以便生产部门修正和优化生产工艺方案。

数值模拟是指利用一组控制方程（代数或微分方程）来描述一个过程的基本参数变化关系，采用数值计算的方法求解，以获得该过程（或一个过程的某方面）的定量认识，以及对过程进行动态模拟分析，在此基础上判断工艺或方案的优劣、预测缺陷、优化工艺等。

铸造过程数值模拟主要涉及两部分，一部分为宏观传输现象的模拟，宏观尺度上（0.1mm～1cm）熔体冷却与凝固，可以用动量、能量及溶质守恒方程来计算。主要是指温度场、充型流动过程及应力场等的数值模拟，可预测铸造过程中的某些缺陷，如缩孔、缩松、热裂及变形等。宏观尺度的模拟技术已经比较成熟并进入工程应用阶段。

另一部分是铸件缺陷、微观组织、力学性能的模拟预测。相对于宏观模拟而言，具体是指在晶粒尺度（1μm～0.1mm）上对凝固过程进行模拟，可利用晶粒形核和生长的微观模型与宏观三传方程耦合来计算。研究表明：材料的性能不仅取决于宏观缺陷，更取决于晶粒尺寸、内部结构和溶质的显微偏析。因此随着数值模拟技术向纵深发展，凝固过程微观组织模拟日趋成为当前材料学科的研究热点。

目前，市场上有很多商品化铸造过程数值模拟软件，常见的有美国的 ProCAST，德国的 Magma，韩国的 Anycasting，华中科技大学开发的华铸 CAE，清华大学开发的 FT-Star，中北大学开发的 Castsoft，日本的 JScast 等。

铸造过程数值模拟计算的基本步骤如下：前处理、中间计算及分析、后处理，如图 2-82 所示。

（1）铸造过程数值模拟前处理　前处理部分主要为数值模拟提供铸件和铸型的几何信息、铸件及造型材料的性能参数信息和有关铸造工艺信息。

铸件和铸型的几何信息是指进行网格剖分后的铸件和铸型的图形文件，主要通过以下步骤获得。

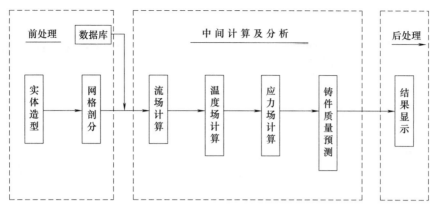

图 2-82 铸造过程数值模拟计算的基本步骤

① 首先用三维造型软件对铸件及铸型进行造型。目前市场上常见的三维造型软件有 Pro/Engineer、Unigraphics（UG）、Solidworks、CAD、3DMAX 等，所生成的图形文件格式有 STL、IGES、PARASOLIDS 和 STEP 等，不同的铸造数值模拟软件前处理模块所要求的图形文件格式可能不同，其中 STL 文件是目前采用最广泛的一种格式。

② 将由造型软件所生成的铸件、浇注系统及铸型的图形文件导入铸造数值模拟软件前处理模块，由前处理程序对铸件、浇注系统及铸型进行网格剖分，见图 2-83。网格剖分是将模拟区域做离散化处理，网格剖分是数值模拟系统中前处理技术的重要组成部分。网格剖分后，需要设置铸件及造型材料的性能参数信息和有关铸造工艺信息。铸件及造型材料的性能参数是数值模拟计算的直接依据，对模拟结果的准确性和可靠性起决定性作用。

（2）铸造过程数值模拟中间计算及分析 前处理之后，将进入具体计算及分析部分。铸造过程数值模拟计算部分主要包括以下部分：通过建立合理的数学模型及合适的数值计算方法对铸件温度场数值模拟、铸件流场数值模拟、铸件应力场数值模拟、铸件微观组织数值模拟进行计算。中间计算及分析部分是以经过前处理的网格图形文件为计算对象，根据铸造过程涉及的物理场，为数值计算提供计算模型，并根据铸件质量或缺陷与物理场的关系（判据）预测铸件质量。

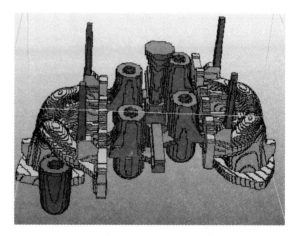

图 2-83 进气歧管的网格部分

（3）铸造过程数值模拟后处理 后处理部分的主要功能是将数值模拟计算所获得的大量数据（温度、压力和速度场、应力和变形的数据）以各种直观的图形显示出来，使整个铸造过程的流场、温度场、应力场、变形等过程通过动画的形式可视化。图 2-84 为进气歧管充型过程的可视化，图 2-85 为进气歧管凝固过程可视化，图 2-86 为进气歧管组合缺陷概率分布情况。同时，根据需要，一些模拟软件还增加了一些缩放、平移、旋转之类的图形变换操作。

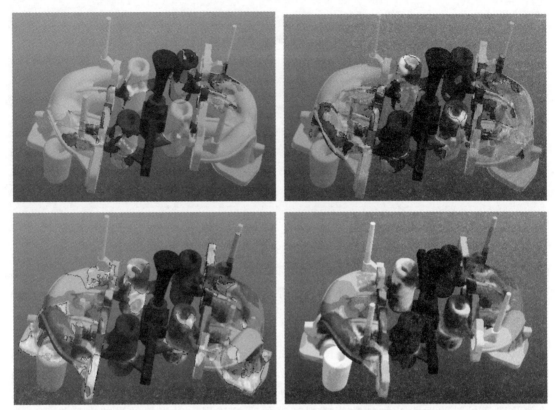

图 2-84 进气歧管充型过程的可视化

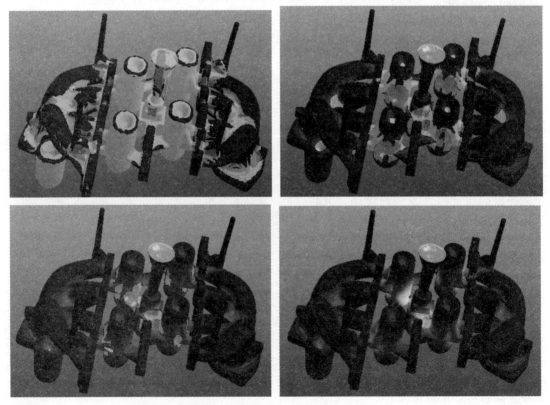

图 2-85 进气歧管凝固过程的可视化

图 2-86 进气歧管组合缺陷概率分布情况

复习思考题 ▶▶

2-1 何谓铸造？铸造有什么优点和缺点？

2-2 铸件的成分偏析分为几类？产生的原因是什么？

2-3 铸件位置和分型面选择的基本原则有哪些？

2-4 试述铸件产生变形和开裂的原因及其防止？

2-5 什么是缩孔和缩松？其形成的基本条件和原因是什么？可采用什么措施防止？为什么缩松较难消除？

2-6 合金的流动性（充型能力）取决于哪些因素？提高液态金属充型能力一般采用哪些方法？

2-7 比较灰铸铁、球墨铸铁、铝硅合金的铸造性能。

2-8 由铁-渗碳体相图分析，什么样的合金成分流动性好？为什么？

2-9 金属型铸造和砂型铸造相比，在生产方法、造型工艺和铸件结构方面有什么特点？适合何种铸件？为什么金属型未能取代砂型铸造？

2-10 什么是顺序凝固方式和同时凝固方式？各适用于什么金属及铸件结构特点？

2-11 熔模铸造、金属型铸造、压力铸造、低压铸造、离心铸造、实型铸造的基本原理是什么？简述其特点和应用范围。

2-12 在设计铸件壁时应该要注意什么？为什么要规定铸件的最小壁厚？

2-13 为什么型芯头和型芯座应有一定的斜度和间隙？

2-14 试分析图 2-87 所示铸件。

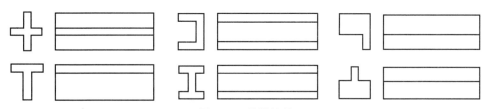

图 2-87 梁类铸件

（1）哪些是自由收缩？哪些是受阻收缩？

（2）受阻收缩的铸件形成哪一类铸造应力？

（3）各部分应力具有什么性质（拉应力、压应力）？

2-15 图 2-88 中，试改进零件的结构，并说明理由。

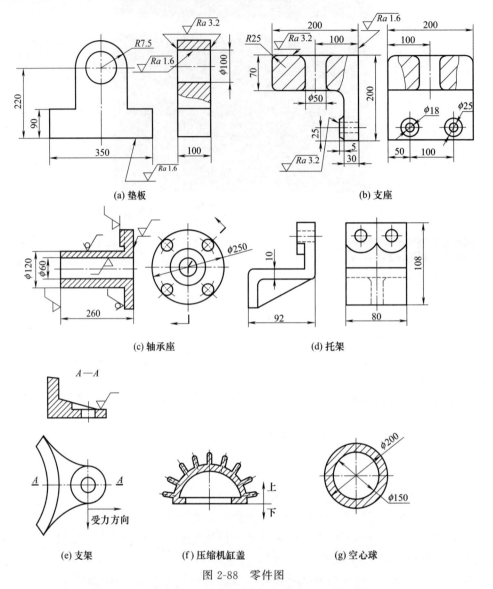

(a) 垫板　　　　　　　　　　　　　　　　　　(b) 支座

(c) 轴承座　　　　　　　　　　　(d) 托架

(e) 支架　　　　　(f) 压缩机缸盖　　　　　(g) 空心球

图 2-88　零件图

2-16 图 2-89 所示为三通铜铸件，原为砂型铸造。现因生产批量大，为降低成本，拟改为金属型铸造。试分析哪些结构不适宜金属型铸造？请代为修改。

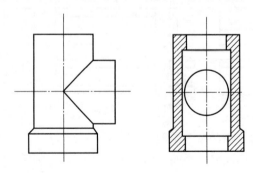

图 2-89　三通铜铸件

第三章

固态金属材料塑性成形过程

导入案例

　　具有超高强度的金属材料通常应用于汽车、航空及国防工业，但在极高载荷等苛刻条件下应用的结构材料除了要求超高强度，通常也要求良好的延展性和韧性，以便能够实现零部件精准成形，并可防止出现材料和部件的意外失效。然而，材料的强度和延展性之间常常是鱼和熊掌的关系，通常的方法难以同时提高强度和延展性。比如陶瓷、非晶材料具有很高的硬度和强度，但几乎没有延展性。而如何通过工业上常用的加工工艺，获得同时具有超高强度和高延展性的金属材料，一直是科学界和工业界具有高度挑战性的研发目标，尤其是屈服强度进入2GPa的超高范围时，进一步改善材料延展性的难度几乎是成倍提高。钢铁材料是人类社会使用量最大、使用历史悠久的金属材料，与其他金属材料相比，其工业生产效率和自动化程度都要远超过其他金属材料，因此如何得到强韧性更高的超级钢是人类社会进入铁器时代以来孜孜以求的目标。

　　2017年8月24日美国《Science》期刊发表了由我国钢铁科学家发明的D&P超级钢，就是这一从未停滞的梦想的一次成功尝试，实现了屈服强度超过2GPa的钢铁材料延展性的显著提升。这是北京科技大学在超高强钢领域的又一次突破（查看：《Nature》北科大研制出2.2GPa超高强钢！塑性良好，大幅削减成本）。该超级钢首先实现了力学性能上的巨大跃升，达到前所未有的2.2GPa屈服强度和16%的均匀延伸率。对比于现有的金属材料，此次研发的D&P钢具有最优的强度和延展性的结合，在大部分屈服强度高于2.0GPa以上的金属材料中，此次所研发的D&P钢具有不可比拟的延展性。除此之外，该钢还有如下两个优点：①合金成本较低。本发明的超级钢是成分简单的中锰钢成分体系，含有10%锰、0.47%碳、2%铝、0.7%钒（V）（质量百分比），这些都是现在广泛使用的钢材料中常见的合金元素，并没有通过大量使用昂贵的合金元素来提高韧性。②该钢是通过工业界广泛使用的加工工艺来制备，如热轧、冷轧、热处理等常规工业制备工艺，而不是采用那些难以规模化工业生产的特殊加工工艺来制备。因此，这种超级钢，具备直接在钢铁企业进行百吨级规模的工业化生产的潜力。

资料来源：http://science.sciencemag.org

第一节 ⟶ 固态金属材料塑性成形的基本原理

一、金属材料塑性成形概念

金属材料塑性成形是利用金属材料所具有的塑性变形规律，在外力作用下通过塑性变形，获得具有一定形状、尺寸、精度和力学性能的零件或者毛坯的加工方法。金属材料塑性成形在工业生产中称为压力加工。

1. 金属材料固态成形的基本条件

① 被成形的金属材料应具备一定的塑性。

② 外力作用于固态金属材料。

金属固态成形受到内外两方面因素的制约。内在因素即金属本身能否进行固态变形和可形变能力的大小，外在因素即需要多大的外力使材料变形。另外，外界条件（如温度和速度等）对内外因素有相当大的影响，且成形过程中内在因素和外在因素之间相互影响。

2. 压力加工的特点

压力加工与其他成形方法相比具有以下优点。

① 能改善金属的组织，提高金属的力学性能。塑性加工能消除金属铸锭内部的气孔、缩孔和树枝状晶等缺陷，并由于金属的塑性变形和再结晶，使粗大晶粒细化，得到细密的金属组织，从而提高金属的力学性能。在零件设计时，若正确利用零件的受力方向与纤维组织方向的关系，可以提高零件的力学性能。

② 可提高材料利用率。金属塑性成形主要是靠金属在塑性变形时改变形状，使其体积重新分配，而不需要切除金属，因而材料利用率高。

③ 具有较高生产率。塑性成形加工一般是利用压力机和模具进行成形加工，生产效率高。例如，利用多工位冷镦工艺加工内六角螺钉，比用棒料切削加工功效提高约 400 倍。

④ 可获得精度较高的毛坯或零件。压力加工使坯料经过塑性变形获得较高的尺寸精度。近年来，应用先进的技术和设备，可实现少切削或无切削加工。例如，精密锻造的锥齿轮齿形可不经切削加工直接使用，复杂曲面形状的叶片精密锻造后只需磨削便可达到所需精度。

由于各类钢和非铁金属都具有一定的塑性，因而它们都可以在冷态或热态下压力加工。加工后的零件或毛坯组织致密，比同材质的铸件力学性能好，对于承受冲击或交变应力的重要零件（如机床主轴、齿轮、连杆等），都应采用锻件毛坯加工。所以压力加工在机械制造、军工、航空、轻工、家用电器等行业得到广泛应用。例如，飞机上的塑性成性零件的质量分数占 85%；汽车、拖拉机上的锻件质量分数占 60%～80%。

压力加工的不足之处：一般工艺表面质量差（氧化）；由于在固态下成形，无法获得截面形状，故不能成形形状复杂件（相对）；不能加工脆性材料（如铸铁）；设备庞大、价格昂贵；劳动条件差（强度大、噪声大）。

3. 压力加工的主要方式

（1）轧制　借助于摩擦力和压力使金属坯料通过两个相对旋转的轧辊间的空隙而变形的压力加工方法。轧制生产所用的坯料主要是金属铸锭。坯料在轧制的过程中，靠摩擦力通过轧辊孔隙而受压变形，使坯料的截面减小，长度增加。

轧制主要用于生产各种规格的钢板、型钢和钢管等钢材，其工艺及制品如图 3-1 所示。

（2）挤压　金属坯料在挤压模内受压被挤出模孔而变形的压力加工方法，如图 3-2 所示。挤压按金属流动方向与凸模运动方向的关系，可分为三种。①正挤压：金属流动方向与凸模运动方向相同，如图 3-2（a）所示。②反挤压：金属流动方向与凸模运动方向相反，如图 3-2（b）所示。③复合挤压：一部分金属的流动方向与凸模运动方向相同，而另一部分金属的流动方向与凸模运动方向相反，如图 3-2（c）所示。挤压可以获得各种复杂截面形状的型材、管材、毛坯或零件，如图 3-2（d）所示。

图 3-1 轧制工艺及制品

（3）拉拔 利用拉力，将金属坯料拉过拉拔模的模孔而成形的压力加工方法，如图 3-3（a）所示。拉拔一般是在室温下进行的，故又称冷拔。拉拔时坯料截面减小，长度增加。拉拔主要用于生产各种细线材、薄壁管和特殊几何形状截面的型材，如图 3-3（b）所示。

（4）锻造 利用锻压机械对金属坯料施加压力，使其产生塑性变形以获得具有一定力学性能、一定形状和尺寸锻件的加工方法。按变形温度，锻造可分为热锻（锻造温度高于坯料金属的再结晶温度）、温锻（锻造温度低于金属的再结晶温度）和冷锻（常温）。钢的开始再结晶温度约为 727℃，高于 800℃的是热锻，在 300～800℃之间的称为温锻。

金属经过锻造加工后能改善其组织结构和力学性能。铸造组织经过锻造方法热加工变形后由于金属的变形和再结晶，使原来的粗大枝晶和柱状晶粒变为晶粒较细、大小均匀的等轴再结晶组织，使钢锭内原有的偏析、疏松、气孔、夹渣等压实和焊合，其组织变得更加紧密，提高了金属的塑性和力学性能。铸件的力学性能低于同材质的锻件力学性能。

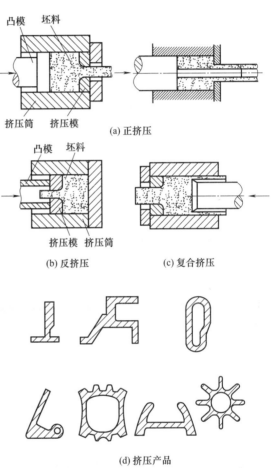

(d) 挤压产品

图 3-2 挤压工艺及制品

此外，锻造加工能保证金属纤维组织的连续性，使锻件的纤维组织与锻件外形保持一致，金属流线完整，可保证零件具有良好的力学性能与长的使用寿命。

（5）冲压 靠压力机和模具对板材、带材、管材和型材等施加外力，使之产生塑性变形或分离，从而获得所需形状和尺寸的工件（冲压件）的成形加工方法。冲压和锻造同属塑性加工，合称锻压。冲压的坯料主要是热轧和冷轧的钢板和钢带。全世界的钢材中，有 60%～70%是板材，其中大部分经过冲压制成成品。汽车的车身、底盘、油箱、散热器片，锅炉的汽包，容器的壳体，电机、电器的铁芯硅钢片等都是冲压加工的。仪器仪表、家用电器、自行车、办公机械、生活器皿等产品中，也有大量冲压件。

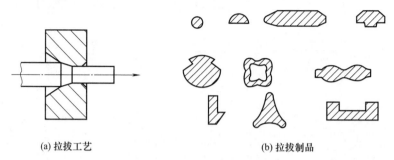

(a) 拉拔工艺   (b) 拉拔制品

图 3-3 拉拔工艺及其制品

（6）旋压 将平板或空心坯料固定在旋压机的模具上，在坯料随机床主轴转动的同时，用旋轮或赶棒加压于坯料，使之产生局部的塑性变形。在旋轮的进给运动和坯料的旋转运动共同作用下，使局部的塑性变形逐步地扩展到坯料的全部表面，并紧贴于模具，完成零件的旋压加工。旋压可以完成各种形状旋转体的拉深、翻边、缩口、胀形和卷边等工艺。旋压加工的优点是设备和模具都比较简单（没有专用的旋压机时可用车床代替），除可成形如圆筒形、锥形、抛物面形或其他各种曲线构成的旋转体外，还可加工相当复杂形状的旋转体零件。缺点是生产率较低，劳动强度较大，比较适用于试制和小批量生产。随着飞机、火箭和导弹的生产需要，在普通旋压的基础上，又发展了变薄旋压（也称强力旋压）。

二、金属材料塑性成形的基本规律

1. 金属塑性变形的理论基础

金属在外力作用下，其内部将产生应力，应力迫使原子离开原来的平衡位置，从而改变了原子间的距离，使金属变形，并引起原子位能的增高（图 3-4）。但处于高位能的原子具有返回到原来低位能平衡位置的倾向。因而当外力停止作用后，应力消失，变形也随之消失。金属的这种变形行为称为弹性变形。

当外力增大到使金属的内应力超过该金属的屈服强度之后，即使外力停止作用，金属的变形也并不消失，这种变形称为塑性变形。金属塑性变形的实质是晶体内部产生滑移的结果。在切应力作用下，晶体的一部分与另一部分沿着一定的晶面产生相对滑移（该面称为滑移面），从而造成晶体的塑性变形。当外力继续作用或增大时，晶体还将在另外的滑移面产生滑移，使变形继续进行，因而得到一定的变形量。

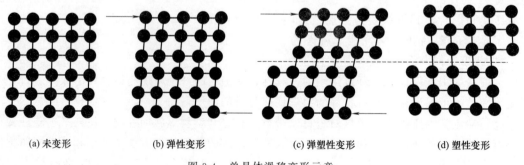

(a) 未变形   (b) 弹性变形   (c) 弹塑性变形   (d) 塑性变形

图 3-4 单晶体滑移变形示意

上述理论所描述的滑移运动，相当于滑移面上、下两个部分晶体彼此以刚性整体做相对运动。要实现这种滑移，所需的外力要比实际测得的数据大几千倍，这说明实际晶体结构及其塑性变形并不完全如此。近代物理学证明，实际晶体内部存在大量缺陷，其中，位错缺陷对金属塑性变形的影响最为明显［图 3-5（a）］。由于位错的存在，部分原子处于不稳定状态。在比理论值低得多的切应力作用下，处于高能位置的原子很容易从一个相对平衡的位置上移动到另一个位置上［图 3-5（b）］，形成位错运动。位错运动的结果，实现了整个晶体的塑性变形［图 3-5（c）］。

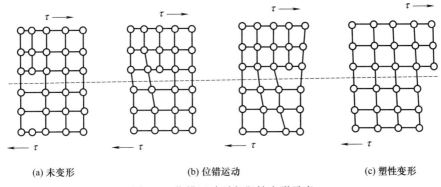

| (a) 未变形 | (b) 位错运动 | (c) 塑性变形 |

图 3-5 位错运动引起塑性变形示意

通常使用的金属都是由大量晶粒组成的多晶体，其塑性变形可以看成是由组成多晶体的单个晶粒产生变形（称为晶内变形）的综合效果，如图 3-6（a）所示。同时，晶粒之间也有滑动和转动（称为晶间变形），如图 3-6（b）所示。

2. 塑性变形基本规律

（1）体积不变定理　金属固态成形加工中金属变形后的体积等于变形前的体积，称为体积不变定理（又称质量恒定定理）。实际上金属在塑性变形过程中，体积总会有微小变化，如锻造钢锭时，由于气孔、缩松的锻合，密度略有提高；以及加热过程中因氧化

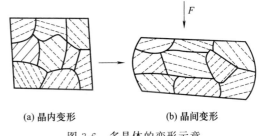

| (a) 晶内变形 | (b) 晶间变形 |

图 3-6 多晶体的变形示意

生成的氧化皮耗损等。然而，这些变化对整个金属坯件是相当微小的，一般可忽略不计。因此，在每一工序中，坯料一个方向尺寸减小，必然在其他方向尺寸有所增加。在确定各工序间尺寸变化时，可运用体积不变定律。

（2）最小阻力定理　金属塑性成形的实质是金属的塑形流动。影响金属塑形流动的因素十分复杂，定量描述流动规律非常困难，但可以应用最小阻力定律定性描述金属质点的流动方向。金属受外力作用发生塑性变形时，如果金属质点在几个方向上都可以流动，那么金属质点优先沿着阻力最小的方向流动，这就是最小阻力定律。运用最小阻力定律可以解释为什么用平头锤镦粗时，任意形状的金属坯料其截面形状随着坯料的变形都逐渐接近于圆形。这是因为在镦粗时，金属流动距离越短，摩擦阻力也越小。图 3-7 所示方形坯料镦粗时，沿四边垂直方向摩擦阻力最小，而沿对角线方向阻力最大，金属在流动时主要沿垂直于四边方向流动，很少向对角线方向流动，随着变形程度的增加，截面将趋于圆形。由于相同面积的任何形状总是圆形周边最短，因而最小阻力定律在镦粗中也称为最小周边法则。

（3）塑性变形的不均匀性　金属塑性变形时，锻件与工具接触面之间存在着摩擦力，变

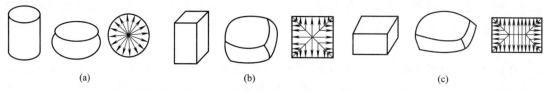

图 3-7　金属镦粗后外形及金属流向

形中由于摩擦力的存在使金属产生内应力和不均匀变形。不均匀变形在锻压加工中难以完全避免，会造成锻件内部组织和性能的不均匀，影响锻件内部及表面质量，甚至造成锻件内部或外部裂纹使锻件报废。

在平砧上对圆柱体坯料进行镦粗，镦粗后圆柱体高度减小，侧表面形成鼓形，变形区按变形程度大小大致可分为三个区（如图 3-8 所示）：区域Ⅰ为难变形区；区域Ⅱ为剧烈变形区，变形最大；区域Ⅲ变形介于Ⅰ、Ⅲ之间。产生变形不均匀的原因除工具与毛坯接触面的摩擦力影响外，与工具接触的上、下端面处金属（Ⅰ区）由于温度下降快、变形抗力大，比中间处（Ⅱ区）的金属变形困难也有关。

（4）控制金属流动的方法　影响金属流动的因素主要有变形金属与工具接触面上的摩擦力、工具与坯料间相互作用、坯料的化学成分、组织和温度等。改变工具与坯料接触的形状和尺寸，可以减少在某一方向上的流动，增大在另一方向上的流动。在 V 形砧间拔长时，V 形砧侧表面限制了展宽变形，强化了伸长变形，如图 3-9 所示。锤上锻造时，锻锤吨位必须足够，否则变形局限于表层，中心部分不能锻透。改变坯料与工具接触面的状态，也可以降低变形抗力，如使工具表面光滑、减少锻件表面氧化皮，以及使用润滑剂等。

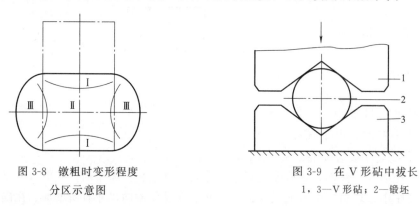

图 3-8　镦粗时变形程度　　　　　图 3-9　在 V 形砧中拔长
　　　　分区示意图　　　　　　　1，3—V 形砧；2—锻坯

三、影响金属塑性变形的因素

1. 影响因素

金属塑性变形的能力又称为金属的可锻性，指金属材料在塑性成形加工时获得优质毛坯或零件的难易程度。金属的可锻性好，表明该金属适合于塑性成形加工；可锻性差，表明该金属不适于塑形成形加工。

可锻性常用金属的塑形指标（伸长系数 δ 和断面减缩率 φ）和变形抗力来综合衡量，塑性指标越高，变形抗力越低，则可锻性越好。金属可锻性的优劣受金属本身性质和变形加工条件的综合影响。

（1）金属本身的性质

① 化学成分的影响　不同种类的金属以及不同成分含量的同类金属材料的塑性是不同

的。铁、铝、铜、镍、金、银等的塑性好；且一般情况下，纯金属的塑性比合金的好。例如，纯铝的塑性比铝合金的好，低碳钢的塑性比中高碳钢的好，碳素钢的塑性又比含碳量相同的合金钢的好。

② 内部组织的影响　金属内部组织结构不同，其可锻性有较大的差异。纯金属及固溶体（如奥氏体）等单相组织比多相组织的塑性好，变形抗力低；均匀细小的晶粒比铸态柱状晶组织和粗晶组织的可锻性好。

（2）变形加工条件

① 变形温度的影响　就大多数金属材料而言，提高金属塑性变形时的温度，金属的塑性指标（伸长系数 δ 和断面减缩率 φ）增加，变形抗力降低，是改善或提高金属可锻性的有效措施，故热变形中，都要将金属预先加热到一定的温度。金属在加热过程中，随着温度的升高，其性能变化很大。图 3-10 所示为低碳钢的力学性能与温度变化的关系。如图 3-10 所示，在 300℃ 以上，随着温度升高，低碳钢的塑形指标上升，变形抗力下降。原因之一是金属原子在热能作用下，处于极低跃的状态，很易进行滑移变形；其二是碳钢在加热温度位于单相区时（图 3-11），其组织为单一奥氏体，塑性很好，故适宜于进行塑性成形加工。热变形中对金属加热还应使金属在加热过程中不产生微裂纹、过热（金属内晶粒急剧长大的现象）、过烧（晶粒间低熔点物质熔化，变形时金属发生破裂）及出现严重氧化等缺陷，而且应保证加热温度均匀、加热时间较短和节约燃料等。为保证金属在热变形过程中具有最佳变形条件以及热变形后获得所要求的内部组织，须正确制订金属材料的热变形加热温度范围。例如，碳钢的热变形温度范围即锻造温度范围（见图 3-11）。碳钢的始锻温度（开始锻造温度）比固相线温度低 200℃ 左右，过高会产生过热甚至过烧现象；终锻温度（停止锻造温度）约为 800℃，过低会因出现加工硬化而使塑性下降，变形抗力剧增，变形难于进行，若强行锻造，可能会导致锻件破裂而报废。

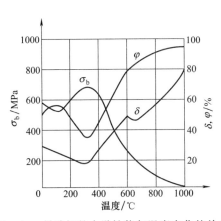

图 3-10　低碳钢的力学性能与温度变化的关系

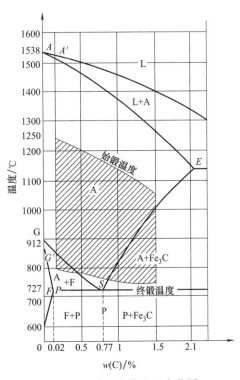

图 3-11　碳钢的锻造温度范围

② 变形速度的影响　变形速度指单位时间内的变形程度。它对金属可锻性的影响是比较复杂的：一方面因变形速度的增加，会导致再结晶行为来不及克服形变过程中产生的加工硬化，金属表现出塑性指标下降，变形抗力增大（见图 3-12），可锻件变差；另一方面，金属在变形过程中消耗于塑性变形的能量有一部分转换成热能，使金属温度升高（称为热效应现象）。若变形速度足够大，热效应现象很明显，又使金属的塑性指标 δ 和 φ 提高、变形抗力下降（见图 3-12 中 a 点以后），可锻性变好。

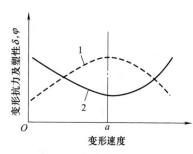

图 3-12　变形速度对塑性及
变形抗力的影响
1—变形抗力；2—塑性

③ 应力状态的影响　金属材料在经受不同方向进行变形时，所产生的应力大小和性质（指压应力或拉应力）是不同的。例如，拉拔时为两向受压、一向受拉的状态，如图 3-13 所示；而挤压变形时为三向受压状态，如图 3-14 所示。实践证明，金属塑性变形时，三个方向中压应力的数目越多，则金属表现出的塑性越好；拉应力的数目越多，则金属的塑性越差。而且同号应力状态下引起的变形抗力大于异号应力状态下的变形抗力。当金属内部有气孔、小裂纹等缺陷时，在拉应力作用下，缺陷处易于产生应力集中，导致缺陷扩展，甚至使其断裂、压应力会使金属内部摩擦增大，变形抗力亦随之增大。但压应力使金属内原子间距减小，又不易使缺陷扩展，故金属的塑性得到提高。在锻压生产中，人们通过改变应力状态来改善金属的塑性，以保证生产的顺利进行。例如，在平砧上拔长合金钢时，容易在毛坯心部产生裂纹，改用 V 形砧后，因 V 形砧侧向压力的作用，增加压应力数目，从而避免了裂纹的产生。某些有色金属和耐热合金等，由于塑性较差，常采用挤压工艺来进行开坯或成形。

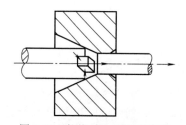

图 3-13　拉拔时金属应力状态

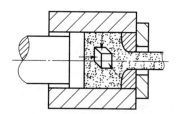

图 3-14　挤压时金属应力状态

综上所述，金属的可锻性既取决于金属的本质，又取决于变形条件。因此，在金属材料的成形加工过程中，力求最有利的变形加工条件，提高金属的塑性，降低变形抗力，达到塑性加工的目的。另外，还应使加工过程能耗低、材料消耗少、生产率高、产品质量好等。

2. 塑性变形对金属组织和性能的影响

（1）变形程度　压力加工时，塑性变形程度的大小对金属组织和性能有直接的影响。变形程度过小，不能起到细化晶粒、提高金属力学性能的目的；变形程度过大，不仅不会使力学性能再提高，还会出现纤维组织，使金属的各向异性增加，当超过金属允许的变形极限时，将会出现开裂等缺陷。对不同的塑性成形加工工艺，可用不同的参数表示其变形程度。

在锻造加工工艺中，常用锻造比 $Y_锻$ 来表示变形程度的大小，锻造比的计算方法与变形工序有关，拔长时的锻造比 $Y_锻=S_0/S$（S_0、S 分别表示拔长前、后金属坯料的横截面积）；镦粗时的锻造比 $Y_锻=H_0/H$（H_0、H 分别表示镦粗前、后金属坯料的高度）。显然，锻造比越大，毛坯的变形程度也越大。生产中以铸锭为坯料锻造时，碳素工具钢的锻造比在 2～3 范围选取，合金结构钢的锻造比在 3~4 范围选取。高合金工具钢（例如高速钢）组织中有大块碳化物，为了使钢中的碳化物分散细化，需要较大镦粗比（$Y_锻$ = 5~12），常采用交叉锻。以型钢为坯料锻造时，因钢材轧制时组织和力学性能已经得到改善，锻造比一般取 1.1~1.3 即可。

在冷冲压成形工艺中，表示变形程度的技术参数有相对弯曲半径（r/t）、拉深系数（m）、翻边系数（k）等。挤压成形时则用挤压断面缩减率（ε_P）等参数表示变形程度。

（2）纤维组织（流线） 金属铸锭组织中存在着偏析夹杂物、第二相等。在热塑性变形时，变形态的晶粒形态呈条状、线状。金属再结晶后也不会改变，仍然保留下来，呈宏观"流线"状，从而使金属组织具有一定方向性，称为热变形纤维组织（见图 3-15）。纤维组织形成后，不能用热处理方法消除，只能通过塑性变形改变纤维的方向和分布。

纤维组织的存在对金属的力学性能，特别是冲击韧度有一定影响，在设计和制造零件时，应注意以下两点：①必须注意纤维组织的方向，要使零件工作时的正应力方向与纤维方向一致，切应力方向与纤维方向垂直；②要使纤维的分布与零件的外形轮廓相符合，尽量不被切断。例如，锻造齿轮毛坯，应对棒料进行镦粗加工，使其纤维在端面上呈现放射状，有利于齿轮的受力；曲柄毛坯锻造时，应采用拔长后弯曲工序，使纤维组织沿曲轴弯曲轮廓分布，这样曲柄工作时不易断裂。

（3）变形温度 由于金属在不同温度下变形后的组织和性能不同，通常将塑性变形分为冷变形和热变形。在再结晶温度以下的塑性变形称为冷变形，因冷变形有加工硬化现象产生，故每次的冷变形程度不宜过大，否则会使金属产生裂纹。为防止裂纹产生，应在加工过程中增加中间再结晶退火，消除加工硬化后，再继续冷变形，直到所要求的变形程度。常温下的冷镦、冷挤压、冷拔及冷冲压都属于冷变形加工。热变形是在再结

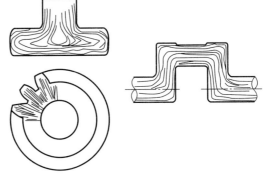

图 3-15 热变形纤维组织

晶温度以上的塑性变形，热变形时加工硬化与再结晶过程同时存在，而加工硬化又几乎同时被再结晶消除。所以，与冷变形相比，热变形可使金属保持较低的变形抗力和良好的塑性，可以用较小的力和能量产生较大的塑性变形而不会产生裂纹，同时还可获得具有较高力学性能的再结晶组织。但是，热变形是在高温下进行的，金属在加热过程中表面易产生氧化皮，精度和表面质量较低。自由锻、热模锻、热轧、热挤压等工艺都属于热变形加工。

第二节 ⊙ 锻造成形工艺及设计

金属塑性成形过程的选择和实施，与材料、成形件的几何形状、过程的实施条件有密切关系。锻造方法充分利用热变形的优点，在机械制造中用来生产各类高强度、高韧度的毛坯或半成品。常用的锻造方法有自由锻、模锻和胎模锻。

一、自由锻

1. 自由锻造成形工艺概述

自由锻造是利用冲击力或压力使金属材料在上下两个砧铁之间或锤头与砧铁之间产生变

形，从而获得所需形状、尺寸和力学性能的锻件成形过程。

自由锻造成形的特点：成形过程中坯料整体或局部塑性成形，金属坯料在水平方向可自由流动，不受限制，自由锻要求被成形材料在成形温度下具有良好的塑性，自由锻锻件形状取决于操作者的技术水平，锻件质量不受限制。其锻造工具简单且通用性大，操作方便，但生产效率低，金属损耗大，劳动条件较差，经自由锻成形的锻件，精度和表面质量差，故其适用于形状简单的单件或小批量毛坯成形，特别是重型、大型锻件的生产。总体上，自由锻造是靠人工操作来控制锻件的形状和尺寸的，所以锻件精度低，加工余量大，劳动强度大，生产率也不高，因此它主要应用于单件、小批量生产。

自由锻造分为手工自由锻和机器自由锻。手工自由锻生产效率低，劳动强度大，仅用于修配或简单、小型、小批锻件的生产。在现代工业生产中，机器自由锻已成为锻造生产的主要方法，在重型机械制造中，它具有特别重要的作用。而产生的锻件形状和尺寸主要由操作工的技术水平决定。

自由锻可用多种锻压设备，包括自由锻锤（如空气锤、蒸汽-空气锤）和水压力机、机械压力机、液压机等。生产中使用的空气锤和蒸汽-空气锤都是以冲击力使金属变形的。自由锻锤的吨位用落下部分的质量（包括工作缸的活塞、锤头、锤杆、上砧）来表示，空气锤的吨位一般为 50～1000kg。蒸汽-空气自由锻锤吨位比较大，常用于 100kg～2t 的中型和较大型锻件的生产。自由锻锤产生的振动和噪声较大，不利于环境保护和工人的身心健康，因此不提倡使用较大吨位的自由锻锤。水压力机是以静压力使金属变形的，水压力机的吨位用工作时产生的最大压力来表示。水压力机靠静压力工作，振动和噪声较小，并且变形速度低（水压力机上砧移动的速度为 0.1～0.3m/s；锻锤锤头的移动速度可达 7～8m/s），有利于改善材料的可锻性，并容易达到较大的锻透深度。水压力机常用于大型锻件的生产，所锻钢锭质量可达 300t。

2. 自由锻成形过程

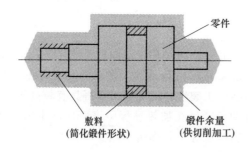

零件

敷料
（简化锻件形状）

锻件余量
（供切削加工）

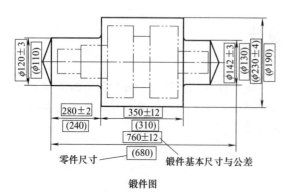

零件尺寸

锻件基本尺寸与公差

锻件图

图 3-16　绘制锻件图

自由锻成形过程的流程：零件图→绘制锻件图→坯料质量和尺寸、下料→确定工序、加热温度、设备等→加热坯料、锻打→检验→锻件。

（1）绘制锻件图　锻件图是以零件图为基础，结合自由锻过程特征绘制的技术资料。绘制锻件图是进行自由锻生产必不可少的技术准备工作，锻件图是组织生产过程、制订操作规范、控制和检查产品品质的依据。

绘制锻件图时要考虑敷料、加工余量、锻件公差等因素，如图 3-16 所示。

① 敷料。敷料是为了简化锻件形状便于锻造而增添的金属部分。由于自由锻只适用于锻制形状简单的锻件，故对零件上一些较小的凹档、台阶、凸肩、小孔、斜面、锥面等都应适当简化，以减少锻造的困难，提高生产率。

② 加工余量。由于自由锻锻件的尺寸精度低、表面品质差，需要再经过切削加工才能成为零件，所以应在零件的加工表面上增加供切削加工用的金属部分，称为加工余量。锻件加工余量的大小与零件的形状、尺寸、加工精度、表面粗糙度等因素有关，通常自由锻锻件的加工余量为4~6mm，它与生产的设备、工装精度、加热的控制和操作技术水平有关，零件越大，形状越复杂，则余量越大。

③ 锻件公差。锻件公差是锻件名义尺寸的允许变动量，因为锻造操作中精确掌握尺寸有一定困难，外加金属的氧化和收缩等原因，使锻件的实际尺寸总有一定的误差。规定锻件的公差，有利于提高生产率。自由锻锻件的公差一般为±（1~2）mm。为了使锻工了解零件的形状和尺寸，可直接在零件图上绘制锻件图，或用双点画线画出零件主要轮廓形状和表示出名义尺寸。

（2）确定坯料尺寸 确定坯料尺寸时，首先根据材料的密度和坯料质量计算出坯料相应的体积，然后再根据塑性加工过程中体积不变原则和采用的基本工序类型（如拔长、镦粗等）的锻造比、高度与直径之比等计算出坯料横截面积、直径或边长等尺寸。典型锻件的锻造比见表3-1。

表 3-1　典型锻件的锻造比

锻件名称	计算部位	锻造比	锻件名称	计算部位	锻造比
碳素钢轴类零件	最大截面	2.0~2.5	锤头	最大截面	≥2.5
合金钢轴类零件	最大截面	2.5~3.0	水轮机主轴	轴身	≥2.5
热轧辊	辊身	2.5~3.0	水轮机立柱	最大截面	≥3.0
冷轧辊	辊身	3.5~5.0	模块	最大截面	≥3.0
齿轮轴	最大截面	2.5~3.0	航空用大型锻件	最大截面	6.0~8.0

（3）选择锻造工序、确定锻造温度和冷却规范

① 选择锻造工序 自由锻中可进行的工序很多，通常分为基本工序、辅助工序和精整工序三类。基本工序有镦粗、拔长、冲孔等；辅助工序有压肩、倒棱、压钳口等；精整工序有整形、清除表面氧化皮等。

精整工序要求较高的锻件，一般在终锻温度下进行。自由锻工序是根据锻件的形状和要求来确定的，对一般锻件的大致分类及所采用的工序，如表3-2所示。

表 3-2　锻件分类及锻造用工序

锻件类别	图例	锻造用工序
盘类锻件		镦粗、冲孔、压肩、整修
轴及杆类锻件		拔长、压肩、整修
筒及环类锻件		镦粗、冲孔、拔长、整修

续表

锻件类别	图例	锻造用工序
弯曲类锻件		拔长、弯曲
曲拐轴类锻件		拔长、分段、错移、整修
其他复杂锻件		拔长、分段、镦粗、冲孔、整修

② 锻造温度范围及加热冷却范围　常用金属材料的锻造温度范围见表 3-3。

表 3-3　常用金属材料的锻造温度范围

合金种类		始锻温度/℃	终锻温度/℃
碳素钢	15,25,30	1200～1250	750～800
	35,40,45	1200	800
	60,65,T8,T10	1100	800
合金钢	合金结构钢	1150～1200	800～850
	低合金工具钢	1100～1150	850
	高速钢	1100～1150	900
有色金属	H68	850	700
	硬铝	470	380

为缩短加热时间，对塑性良好的中小型低碳钢坯料，把冷的坯料直接送入高温的加热炉中，尽快加热到始锻温度，这样不仅可以提高生产率，还可以减小坯料的氧化和钢的表面脱碳，并防止过热。但快速加热会使坯料产生较大的热应力，甚至可能会导致内部裂纹，因此对热导率和塑性较低的大型合金钢坯料，常采用分段加热，先将坯料随炉温升到 800℃，并适当保温以待坯料内部组织和内外温度均匀，然后再快速升温至始锻温度并在此温度保温，待坯料内外温度均匀后出炉锻造。

锻造后锻件的冷却也须注意，锻好后的锻件仍有较高的温度，冷却时由于表面冷得快，内部冷得慢，锻件表里收缩不一，可能会使一些塑性较低的或大型复杂锻件产生变形或开裂等缺陷。

锻件冷却方式常有下列 3 种：直接在空气中冷却（空冷），此种方式多用于碳含量小于 0.5% 的碳钢和碳含量小于 0.3% 的低合金钢中小型锻件；在炉灰或干砂中缓冷，此种方式多用于中碳钢、高碳钢和大多数低合金钢中的中型锻件；随炉缓冷，即锻后随即将锻件放入 500～700℃ 的炉中随炉缓冷，用于中碳钢和低合金钢的大型锻件以及高合金钢的重要锻件。

（4）自由锻件结构技术特征　锻造一般是固态成形的生产过程，由于受固态材料本身的塑性和外力的限制，加之自由锻过程的特点，自由锻件的几何形状受到很大限制，所以在保证使用性能的前提下，为简化锻造过程，保证锻件品质，提高生产效率，在零件结构设计时尽量满足自由锻的技术特征要求。零件结构设计时应注意以下原则。

① 自由锻件上应避免锥体、曲线或曲线交接以及椭圆形、工字形截面等结构。这是因为锻造这些结构要专用设备，锻件成形也比较困难，锻造过程复杂，操作极不方便，如图3-17所示。

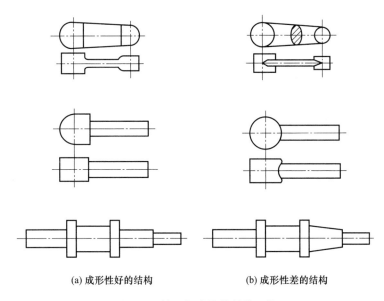

(a) 成形性好的结构　　　　　(b) 成形性差的结构

图 3-17　轴、杆类锻件结构比较

② 自由锻件上应避免加强筋、凸台等结构。因为这些结构难以用自由锻获得，若采用特殊工具或技术措施来生产，必将大大增大锻件成本，降低生产率。如图3-18所示。

③ 当锻件的横截面有急剧变化或形状较复杂时，可将其设计成几个简单件构成的组合件，锻造后再用焊接或机械连接方法将简单件连成整体件。如图3-19所示。

二、模锻

模锻是在高强度锻模上预先制出与零件形状一致的模腔，锻造时使金属坯料在模腔内受压产生塑性变形而获得所需形状、尺寸以及内部质量锻件的加工方法。在金属坯料受压变形过程中，由于模腔对其流动的限制，因而锻造终了时能得到和模腔形状相符的锻件。

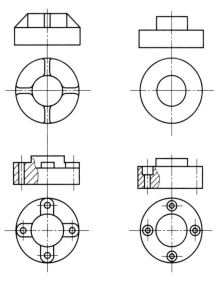

(a) 成形性差的结构　　(b) 成形性好的结构

图 3-18　盘类锻件结构比较

与自由锻相比，模锻具有如下优点。

① 生产效率较高。模锻时，金属的变形在模腔内进行，故能较快获得所需形状。

模锻能锻造形状复杂的锻件，并可使金属流线分布更为合理，力学性能较高。

② 模锻件的尺寸较精确、表面质量较好、加工余量较小，可节省金属材料，减少切削

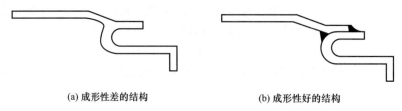

(a) 成形性差的结构　　　　　　　　(b) 成形性好的结构

图 3-19　复杂锻件结构比较

加工工作量。在批量足够的条件下，能降低零件成本。

③ 模锻操作简单、劳动强度低。对工人技术水平要求不高，易于实现机械化、自动化。

④ 但模锻时锻件是整体变形，变形抗力较大，因而模锻生产受模锻设备吨位限制，模锻件的质量一般在 150kg 以下。又由于制造锻模成本很高、锻压设备投资较大、工艺灵活性较差、生产准备周期较长，因此，模锻适合于中小型锻件的大批大量生产，不适合单件小批量生产以及大型锻件的生产。

模锻按使用设备的不同可分为锤上模锻、压力机上模锻。

1. 锤上模锻

锤上模锻是将上模固定在锤头上，下模紧固在模垫上，通过随锤头作上下往复运动的上模，对置于下模中的金属坯料施以直接锻击，来获取锻件的锻造方法。

锤上模锻所用的设备有蒸汽-空气模锻锤、无砧座锤、高速锤等。蒸汽-空气模锻锤是生产中应用最广泛的模锻锤，其结构与自由锻造的蒸汽-空气锤相似，但由于模锻生产精度要求较高，模锻锤的锤头与导轨之间的间隙比自由锻锤的小。砧座加大可提高稳定性，且与机架直接连接，这样使锤头运动精确，保证上下模准确合模。

（1）锤上模锻的工艺特点

① 锻件是在冲击力作用下，经过多次连续锤击在模膛中逐步成形的，且因惯性力的作用，金属沿高度方向的流动和充填能力较强。

② 锤头的上下行程、打击速度均可调节，能实现轻重缓急不同的打击，因而可进行制坯工作。

③ 锤上模锻的适应性广，可生产多种类型的锻件，可以单膛模锻，也可以多膛模锻。

④ 锤上模锻优异的工艺适应性使它在模锻生产中占据着重要地位，但由于打击速度较快，对变形速度较敏感的低塑性材料（如镁合金等），进行锤上模锻不如在压力机上模锻的效果好。而且，由于模锻锤锤头的导向精度不高，行程不固定，锻件出模无顶出装置，模锻斜度大，锤上模锻件的尺寸精度不如压力机模锻件。

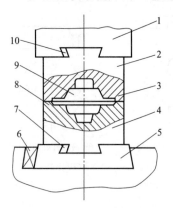

图 3-20　锤上模锻的锻模结构
1—锤头；2—上模；3—飞边槽；4—下模；5—模垫；6,7,10—紧固楔铁；8—分模面；9—模膛

（2）锤上模锻的锻模结构　锻模结构如图 3-20 所示，由带燕尾的上模 2 和下模 4 两部分组成，上下模通过燕尾和楔铁分别紧固在锤头和模垫上，上、下模合在一起在内部形成完整的模膛。

根据模膛的功能不同，模膛可分为制坯模膛和模锻模膛两大类。

① 制坯模膛　对于形状复杂的模锻件，为了使坯料基本接近模锻件的形状，以便模锻时金属能合理分布，并很好地充满模膛，必须预先在制坯模膛内制坯。制坯模膛有以下

几种。

a. 拔长模膛。作用是减小坯料某部分的横截面积，以增加其长度。拔长模膛分为开式和闭式两种，如图 3-21 所示。

b. 滚挤模膛。用来减小坯料某部分的横截面积，以增大另一部分的横截面积，从而使金属坯料能够按模锻件的形状来分布。滚挤模膛也分为开式和闭式两种，如图 3-22 所示。

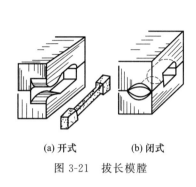

(a) 开式 　 (b) 闭式

图 3-21　拔长模膛

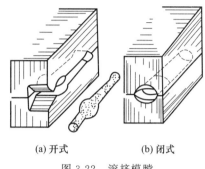

(a) 开式 　 (b) 闭式

图 3-22　滚挤模膛

c. 弯曲模膛。用来使杆类模锻件的坯料弯曲，如图 3-23 所示。

d. 切断模膛。在上模与下模的角部组成一对刃口，用来切断金属，如图 3-24 所示。它用于从坯料上切下锻件或从锻件上切下钳口，也可用于多件锻造后分离成单个锻件。

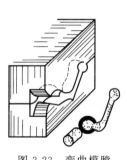

图 3-23　弯曲模膛

图 3-24　切断模膛

② 模锻模膛　模锻模膛包括预锻模膛和终锻模膛。所有模锻件都要使用终锻模膛，预锻模膛则要根据实际情况决定是否采用。

a. 终锻模膛。作用是使金属坯料最终变形到所要求的形状与尺寸。由于模锻需要加热后进行，锻件冷却后尺寸会有所缩减，所以终锻模膛的尺寸应比实际锻件尺寸放大一个收缩量，对于钢锻件收缩量可取 1.5%。

沿终锻模膛的四周需要设置飞边槽，图 3-25 为最常用的飞边槽形式。锻造时部分金属先压入飞边槽内形成毛边，毛边很薄最先冷却，可以阻碍金属从模膛中流出，促使金属充满

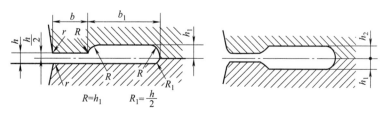

$R = h_1$　　$R_1 = \dfrac{h}{2}$

图 3-25　常用的飞边槽形式

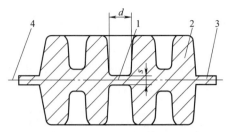

图 3-26 带有飞边槽与冲孔连皮的模锻件
1—冲孔连皮；2—锻件；3—飞边；4—分模面

整个模膛，同时容纳多余的金属，还可以起到缓冲作用，能够减弱对上下模的打击，防止锻模开裂。飞边在锻后利用压力机上的切边模去除。

对于具有通孔的锻件，由于不能靠上下模的凸起部分把金属完全挤掉，故终锻后在孔内留下一薄层金属，称为冲孔连皮。在冲模上把冲孔连皮和飞边冲掉后，才能得到有通孔的模锻件。图 3-26 为带有飞边槽与冲孔连皮的模锻件。

b. 预锻模膛。作用是在制坯的基础上，进一步分配金属，使之更接近终锻形状和尺寸，以便终锻时金属容易充满终锻模膛，避免形成皱褶、充不满等缺陷，同时减少终锻模膛的磨损，延长锻模的使用寿命。预锻模膛的形状和尺寸与终锻模膛相近似，只是模锻斜度和圆角半径、高度较大，且一般不设飞边槽。但采用预锻模膛后易引起终锻时偏心打击与错模，且增加了锻模材料与制作量，因此只有当锻件形状复杂、成形困难，且批量较大的情况下，设置预锻模膛才是合理的。

根据模锻件的复杂程度不同，所需的模膛数量不等，可将锻模设计成单膛锻模或多膛锻模。弯曲连杆模锻件所用多膛锻模如图 3-27 所示。

2. 压力机上模锻

锤上模锻目前虽然应用非常广泛，但模锻锤在工作中存在振动和噪声大、劳动条件差、能耗多、热效率低等缺点。因此，近年来大吨位模锻锤有被模锻压力机逐步取代的趋势。压力机上模锻主要有热模锻曲柄压力机（又称热模锻压力机）上模锻、摩擦压力机上模锻和平锻机上模锻。

（1）热模锻曲柄压力机上模锻　热模锻曲柄压力机简称热模锻压力机，如图 3-28 所示。上下锻模分别安装在滑块 9 和工作台 10 上，曲柄连杆机构将曲柄 7 的旋转运动转换成滑块 9 的上下往复直线

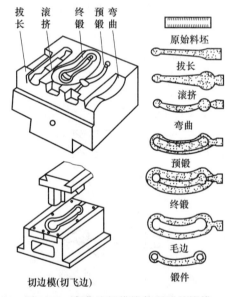

图 3-27 弯曲连杆模锻件所用的锻模

运动，使坯料在上下锻模形成的模膛中锻压成形，顶杆 11 在顶料连杆 12 与凸轮 13 的带动下从模膛中顶出锻件，实现自动取件。曲柄压力机的吨位一般为 2000～120000kN。

热模锻压力机上模锻具有如下特点。

① 生产效率高。滑块行程固定，每个模膛在滑块的一次行程中完成成形。

② 锻件精度高。滑块行程固定，且又具有良好的导向装置和自动顶件机构，锻件余量、公差和模锻斜度都比锤上模锻小。

③ 可使用组合模具。因工作过程中滑块速度较慢（0.25～0.5m/s），具有静压力作用性质，故可采用镶块式组合锻模，使模具制造简单，更换容易，且可节省贵重金属。

④ 静压振动、噪声小，劳动条件好。

⑤ 由于静压力惯性小，且滑块行程固定，不论在什么模膛内都是一次成形。因此，不易使金属充满模膛。

应进行多膛单压模锻，使变形分步进行，并采用预锻工步，也不宜在热模锻压力机上进

行拔长和滚挤制坯。而且坯料表面的氧化皮不易清除，影响锻件表面质量。热模锻压力机结构复杂、造价高，一般只适于大批量生产。

（2）摩擦压力机上模锻　螺旋压力机是利用飞轮在外力作用下旋转积蓄足够的能量，再通过螺杆传递给滑块向下运动使坯料模锻形成的。螺旋压力机按其驱动方式不同分为摩擦压力机、电动螺旋压力机和液压螺旋压力机三大类。飞轮运动分别是利用摩擦盘压紧飞轮轮缘产生的摩擦力矩来驱动的、靠特制的可逆电动机的电磁力矩直接推动电动机转子上的飞轮旋转工作和液压缸的推力推动的。

螺旋压力机的特点是锻锤冲击惯量大，导向好，有顶出装置，不需要蒸汽动力，是比较万能的模锻设备。螺旋压力机上模锻只出少量飞边，出模角很小，锻后由顶杆将锻件顶出。对于中小型锻件的单模膛锻造效果很好，特别适合镦锻气门、螺栓等带杆零件的头部。形状复杂的锻件可在其他设备上预先制坯，然后在螺旋压力机上终锻。

摩擦压力机如图 3-29 所示。上下锻模分别安装在滑块 7 和机座 10 上。两个旋转的摩擦盘 4 可沿轴向移动，分别与飞轮 3 靠紧，借助摩擦力带动飞轮 3 以不同

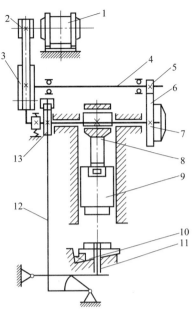

图 3-28　热模锻压力机

1—电动机；2，3—带轮；4—传动轴；
5，6—齿轮；7—曲轴；
8—连杆；9—滑块；10—楔
形工作台；11—顶杆；12—顶
料连杆；13—凸轮

转向转动，与飞轮连接的螺杆 1 也就随飞轮作不同方向的转动，由于与螺杆 1 配合的螺母 2 固定在机架上，螺杆 1 在转动的同时便会带动与之相连的滑块沿导轨 9 上下滑动。模锻时，坯料在上下锻模形成的模膛内靠飞轮、螺杆和滑块向下运动时所积蓄的能量锻压成形。由于滑块运行有一定速度（0.5～1.0m/s），具有一定冲击作用，因此摩擦压力机具有锻锤和压力机双重工作特性。使用较多的摩擦压力机为 $3\times10^3\sim4\times10^3$ kN，最大吨位可达 1.6×10^4 kN。

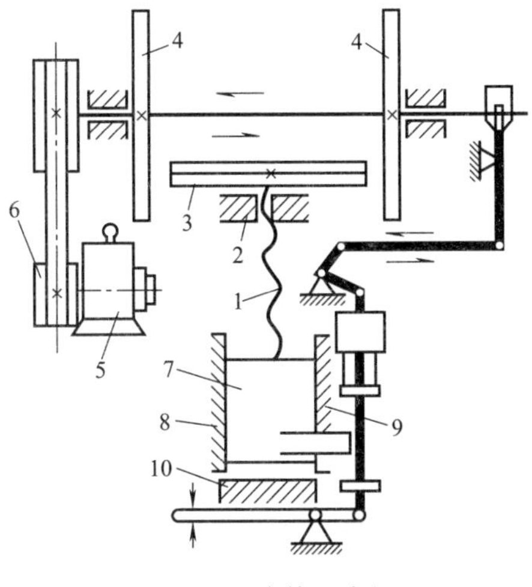

摩擦压力机上模锻具有以下特点。

① 适应性强。滑块行程和锻压力（具有一定冲击作用）不固定，因而可实现轻打、重打、在一个模膛内进行多次锻打。不仅能满足模锻各种主要成形工序的要求，还可进行弯曲、切飞边和冲孔连皮、校正、精压和精锻等工序。

② 利于对变形速度敏感金属材料的模锻。滑块运行速度低，锻击频率也低，金属变形过程中的再结晶可以充分进行，因而特别适于锻造再结晶速度慢、对变形速度敏感的金属材料，如低塑性合金钢和有色金属。

③ 可使用组合模具。由于工作速度低，设备又带有下顶料装置，可采用组合式模具，不仅使模具制造简化、节约材料、降低成本。还可以锻制出

图 3-29　摩擦压力机

1—螺杆；2—螺母；3—飞轮；4—摩擦盘；
5—电动机；6—带；7—滑块；
8，9—导轨；10—机座

形状更复杂，余量、敷料和模锻斜度都很小的模锻件，并可将杆类锻件直立起来进行局部镦粗。

④ 摩擦压力机承受偏心载荷的能力差，一般只能用单腔锻模进行多击模锻。对于形状复杂的锻件，需要在自由锻设备或其他设备上制坯。

摩擦压力机具有结构简单、造价低、投资少、使用维修方便、基建要求不高、工艺用途广泛等优点，许多中小型企业锻造车间都拥有这类设备，但摩擦压力机传动效率低（仅为 $10\%\sim15\%$），锻造能力有限，故多用于中小型锻件的中小批模锻生产，如螺栓、齿轮、三通阀体、配气阀、铆钉、螺钉、螺母等。

（3）平锻机上模锻 平锻机也是以曲柄连杆机构为主传动机构，除主滑块外还有副滑块，滑块作水平运动，故称平锻机，如图 3-30 所示。曲柄连杆机构通过主滑块 3 带动凸模 4 作纵向运动，同时曲柄 2 又通过凸轮 8、杠杆 7 带动副滑块和活动凹模 6 作横向运动。坯料在由凸模 4、固定凹模 5、活动凹模 6 构成的模腔内锻压成形。平锻机的规格为 $5\times10^3\sim3.15\times10^4$ kN，可加工直径 $25\sim230$ mm 的棒料。

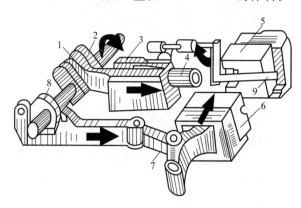

图 3-30　平锻机
1—连杆；2—曲柄；3—主滑块；4—凸模；5—固定凹模；
6—副滑块和活动凹模；7—杠杆；8—凸轮；9—坯料

平锻机上模锻具有以下特点。

① 扩大了模锻适用范围。平锻模有两个分型面，可以锻出模锻和热模锻压力机上模锻无法锻出的锻件，如侧面有凹挡的双联齿轮。最适合在平锻机上模锻的锻件是长杆大头件和带孔环形件，如汽车半轴、倒车齿轮等。模锻工步以局部镦粗与冲孔为主，也可进行切飞边、切断、锯料、弯曲等。

② 锻件精度高。平锻件尺寸精确，表面粗糙度值小，生产率高，易于实现机械化操作。

③ 材料利用率高。可锻出无飞边、无冲孔连皮、外壁无斜度的锻件，材料利用率可达 $85\%\sim95\%$。

④ 平锻机对非回转体及中心不对称的锻件较难锻造，坯料表面氧化皮不能自动脱落，需预先清除。平锻机机构复杂，造价昂贵，投资较大，适用于大批量生产。

三、胎模锻

胎模锻是在自由锤锻或压力机上安装一定形状的模具进行模锻件加工的方法。胎模锻是为了适应中小批量锻件生产而发展起来的一种锻造工艺，兼具有模锻和自由锻的特点。通常采用自由锻的方式制坯，然后在胎膜中成形。锻造时胎模不固定在锤头或砧座上，按加工过程需要，随时放在上下砧铁上进行锻造，因此，胎模结构较简单，制造容易，如图 3-31（a）所示。由于锻件形状不同，胎模的类型也有多种，图 3-31（b）所示为用于终锻的合模结构，它由上、下模块组成合型后形成的空腔为模腔，模块上的导销和销孔可使上、下模腔对准。锻造时，先把下模放在下砧铁上，再把加热的坯料放在模腔内，然后将上模合上，用锻锤锻打上模背部，待上、下模接触，坯料便在模腔内锻成锻件，锻件周围的一薄层毛边，在锻后予以切边去除。

胎模锻是介于自由锻与模锻之间的一种锻造方法。它既有自由锻造工艺灵活、工具简单的特点，又有模锻利用模膛成形，锻件形状复杂、尺寸准确、生产效率高的特点。在模锻设备较少，大部为自由锻锤的生产中，利用自由锻锤进行胎模锻造，对于改善自由锻件"肥头大耳"是有好处的。胎模锻使用胎模的种类很多，生产中常用的有型捶、扣模、套模、垫模、合模等。

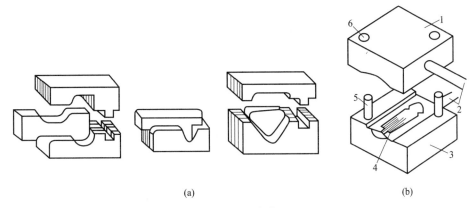

图 3-31　胎膜
1—上模块；2—手柄；3—下模块；4—模膛；5—导销；6—销孔

　　根据锻造成形的工艺特点和胎模结构的不同，胎模锻一般可分为制坯锻造、成形锻造和精整锻造三大类。

　　（1）制坯锻造　制坯锻造主要有捶形、扣形和弯曲等。使用这些方法，目的是使坯料在各个截面的体积分布合理，让坯料的形状和尺寸接近于终锻模膛，有利于终锻成形。但是，捶形、扣形和弯曲不仅仅局限于制坯，实际上常用于终锻成形。

　　① 捶形　捶形锻造是一种常用的制坯方法，操作者在锻造时将坯料放在捶模中边锻打边旋转，锻件不产生飞边，也不会有纵向毛刺。捶形又可分为制坯捶形和光杆捶形，光杆捶形多为最终锻造。捶形属于旋转体锻造。

　　② 扣形　扣形锻造是将坯料放在上、下扣模中打击成形。首先，应将坯料锻成比扣件截面稍大的锻坯，再放进扣模中锻打，取出锻件侧向拍平，如此反复锻打，直到锻成所需要的形状和尺寸。扣形有制坯扣形和成形扣形两种。扣形操作简单，但形状和尺寸精度不易控制。

　　③ 弯曲　胎模弯曲主要是把平直的锻件放在弯曲胎模上锻打，使其成为带有弧度或夹角的锻坯或锻件，或者说用来改变锻件中轴线形状和中间面形状的一种操作方法。

　　（2）成形锻造　胎模成形锻造主要分为合模锻造、垫模锻造和套模锻造。成形锻造的目的就是为了获得最终的锻件形状和尺寸。

　　① 合模锻造　合模锻造通常由上、下模及导销组成。合模锻造是将坯料放在下模膛上，盖上上模，在锤击作用下，使金属充满模膛。合模锻造类似于模锻，上下模的贴合面为锻件的分模面。在锻打过程中，金属受上下模壁的挤压充满模膛，多余的金属在分模面上形成周向飞边。合模锻造应用很广，用于各类小型锻件的焖形，尤其是形状复杂的非旋转体锻件成形。合模锻造时坯料下料尺寸精度要求不高，这是因为分模面的飞边可以起到多余金属的调节作用，坯料小飞边少，坯料大飞边就大。合模锻造生产效率高，模具寿命长。合模锻造后锻件需切除飞边。

　　② 垫模锻造　垫模（又称开式套筒模）锻造主要用于旋转体锻件的头部镦粗成形。垫

模既可以制坯，又可作为最终成形。垫模仅有下模，没有上模。加热的坯料放在模膛中，锤头直接打击坯料，使金属充满模膛。由于垫模锻造时，操作者直接将坯料插入模膛中，操作简便。且因为没有上模，模具重量轻，劳动强度较低。垫模锻造速度快，生产效率高。垫模锻造的缺点是：锤击的锻件表面要么产生飞边，要么产生余块，否则金属不容易充满模膛。垫模结构简单，机械加工容易，制造成本低，适合于小批量锻件生产。

③ 套模锻造　套模（又称闭式套筒模）锻造主要用于短轴类旋转体锻件焖形。通常套模由模套、冲头和模垫等组成。当锻件上端面有形状要求或为了增加模具强度时，往往采用套筒模锻造。冲头的作用多数是用来压制锻件上端部的形状，也有用于锻件中心冲孔。由于套模锻造属于焖形锻造，锻模受力情况复杂，常常将模具设计成复合结构。用套模锻造，全部坯料体积都转换为锻件体积，不产生任何工艺性损耗。锻件在冲头接触面周边往往会产生纵向毛刺。这种锻造的优点是金属可充分充满模膛，成形率高，锻件没有飞边，材料利用率高；缺点是若下料尺寸控制不好，锻件高度方向公差较大，模具质量大，制造成本较高，劳动强度大，操作较烦琐。

（3）精整锻造　精整锻造主要指的是整形冲孔和切边。各种胎模锻造中，有的已起整形作用，在胎模锻中很少专门使用整形工序。切边和冲孔不仅是为了冲去飞边和连皮，同时也可达到锻件整形的目的。

胎模锻造时，操作者用夹持工具将模具放置在自由锻造设备上，为满足锻件成形的需要而自由地移动模具，在锤击的作用下，实现锻造成形。胎模锻造一般在空气锤上进行，也有在压力机上进行的。大型的胎模锻造要在蒸汽锤上进行。由于大型胎模及锻件体积大，质量大，常用锻造操纵机或机械手夹持胎模进行锻造。胎模锻造有以下特点。

① 工艺性好。胎模锻造工艺灵活，几乎可以锻出所有类别的锻件。由于胎模不固定在锻压设备上，使用起来方便快捷。尤其是胎模的互换性好，是固定模具无法做到的。

② 模具成本低。胎模体积比固定模具要小得多，耗材少。大多数胎模模膛都可以采用普通机械加工方法来制造，制造成本低，因而广泛应用于机器制造业。

③ 锻造时高温锻坯与胎模接触时间较长，锻坯的凸台、尖角等部位降温快，使材料塑性降低，变形抗力增大，有时会出现金属难以充满模膛的现象。

④ 坯料入模前要清除表面的氧化皮，否则会影响锻件表面质量。

⑤ 胎模锻造主要靠人工将模具抬上搬下、上下翻动，劳动强度较大。

四、模锻工艺规程的制订

锤上模锻工艺规程的制订主要包括：绘制模锻件图；确定模锻基本变形工序；计算坯料质量和尺寸；选择模锻设备；确定锻造温度；确定锻后修整工序等。

1. 绘制模锻件图

模锻件图是以零件图为基础，结合工艺特点绘制而成的，它是设计和制造锻模、计算坯料以及检验模锻件的依据。绘制模锻件图时，应考虑以下几个问题。

（1）分模面　即上下锻模在模锻件的分界面。锻件分模面的选择合适与否关系到锻件成形、出模、材料利用率等一系列问题。分模面的选择原则如下：要保证模锻件能从模膛中顺利取出，这是确定分模面的最基本原则。通常情况下，分模面应选在模锻件最大水平投影尺寸的截面上。如图 3-32 所示，若选 a-a 面为分模面，则无法从模膛中选出锻件。

分模面的选择应注意以下几个方面。

① 分模面应尽量选在能使模膛深度最浅的位置上，以便金属容易充满模膛，并有利于

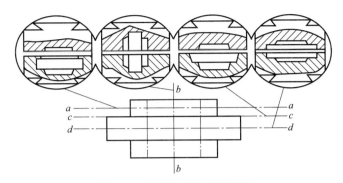

图 3-32　分模面的选择示意图

锻模制造。如图 3-32 所示的 $b\text{-}b$ 面就不适合作分模面。

② 应尽量使上下两模沿分模面的模腔轮廓一致，以便在锻模安装及锻造中容易发现错模现象，及时予以调整，保证锻件质量。如图 3-32 所示，若选 $c\text{-}c$ 面为分模面，出现错模面就不容易发现。

③ 分模面尽量采用平面，并使上下锻模的模腔深度基本一致，以便均匀充型，并利于锻模制造。

④ 使模锻件上的敷料最少，锻件形状尽可能与零件形状一致，以降低材料消耗，并减少切削加工工作量。如图 3-32 所示，若将 $b\text{-}b$ 面选作分模面，零件中的孔不能锻出，只能采用敷料，既耗料，又耗切削工时。

按上述原则综合分析，选用如图 3-32 所示的 $d\text{-}d$ 面为分模面最合理。

（2）加工余量和锻造公差　模锻件是在锻模模腔内成形的，因此其尺寸较精确，加工余量、公差和敷料均比自由锻件小得多。模锻件的加工余量和锻造公差与工件形状尺寸、精度要求等因素有关。一般单边余量为 1～5mm，公差为 0.4～3.5mm，具体可查阅 GB/T 12362—2016《钢质模锻件公差及机械加工余量》。成批零件中的各种细槽、轮齿、横向孔以及其他妨碍出模的凹部应加敷料，且直径小于 30mm 的孔一般不锻出。

模锻件水平方向尺寸公差如表 3-4 所示。模锻件内、外表面的加工余量如表 3-5 所示。

表 3-4　模锻件水平方向尺寸公差　　　　　　　　　　　　　mm

模锻件（宽）度	<50	50～120	120～260	260～500	500～800	800～1200
公差	+1.0 −0.5	+1.5 −0.7	+2.0 −1.0	+2.5 −1.5	+3.0 −2.0	+3.5 −2.5

（3）模锻斜度　为便于锻件从模腔中去除，在垂直于分模面的锻件表面（侧壁）必须有一定的斜度，称为模锻斜度，如图 3-33 所示。模锻斜度和模锻深度有关，通常模腔深度与宽度的比值（h/b）较大时，模锻斜度取较大值。对于锤上模锻，锻件外壁（冷却收缩时离开模壁，出模容易）的斜度 α_1 常取 $7°$，特殊情况下可取 $5°$ 或 $10°$。内壁（冷却收缩时夹紧模壁，出模困难）的斜度 α_2 一般比外壁斜度大 $2°\sim5°$，常取 $10°$，特殊情况下可取 $7°$、$12°$ 或 $15°$。常用金属锻件的模锻斜度范围如表 3-6 所示。

（4）模锻圆角半径　为了便于金属在模腔内流动，提高锻模强度，避免锻模内尖角处产生裂纹，减缓锻模外尖角处的磨损，提高锻模使用寿命，模锻件上所有平面的交界处均需做成圆角，如图 3-34 所示。模腔深度越大，圆角半径取值越大。一般外圆角（凸圆角）半径 r 等于单面加工余量加成品零件圆角半径，钢的模锻件外圆角半径 r 一般取 1.5～12mm，内圆角（凹圆角）半径 R 根据 $R=(2\sim3)r$ 计算所得，为了便于制模和锻件检测，圆角半径需圆整为标准值，如 1、1.5、2、2.5、3、4、5、6、8、10、12、15、20、25 和 30 等，以便使用标准刀具加工。

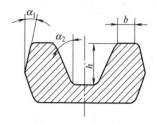

图 3-33　模锻斜度

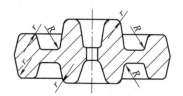

图 3-34　模锻圆角半径

表 3-5　模锻件内、外表面的加工余量（单面）　　　　　　　　　　　　　　mm

加工表面最大宽度或直径		加工表面的最大长度或最大高度					
		≤63	>63~160	>160~250	>250~400	>400~1000	>1000~2500
大于	至	加工余量 Z_1					
—	25	1.5	1.5	1.5	1.5	2.0	2.5
25	40	1.5	1.5	1.5	1.5	2.0	2.5
40	63	1.5	1.5	1.5	2.0	2.5	3.0
63	100	1.5	1.5	2.0	2.5	3.0	3.5

表 3-6　常用金属锻件的模锻斜度

锻件材料	外壁斜度	内壁斜度
铝、镁合金	3°~5°	5°~7°
钢、钛、耐热合金	5°~7°	7°、10°、12°

（5）冲孔连皮　具有通孔的零件，锤上模锻时不能直接锻出通孔，孔内还留有一定厚度的金属层，称为冲孔连皮（见图 3-26）。它可以减轻锻模的刚性接触，起缓冲作用，避免锻模损坏。冲孔连皮需在切边时冲掉或在机加工时切除。常用冲孔连皮形式是平底连皮，冲孔连皮的厚度 s 与孔径 d 有关，当 $d=30\sim80\text{mm}$ 时，$s=4\sim8\text{mm}$。对于孔径小于 30mm 或孔深大于孔径 2 倍时，只在冲孔处压出凹穴。

上述各参数确定后，便可绘制模锻件图。图 3-35 为齿轮坯模锻件图。图中双点画线为零件轮廓外形，分模面选在锻件高度方向的中部。由于轮毂外径与轮辐部分不加工，故无加

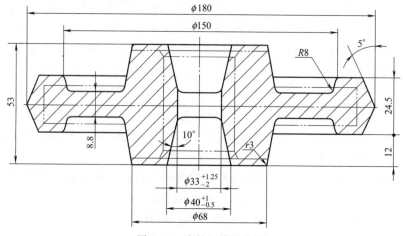

图 3-35　齿轮坯模锻件图

工余量。图中内孔中部的两条直线为冲孔连皮切掉后的痕迹。

2. 确定模锻基本变形工序

模锻基本变形工序主要根据锻件的形状与尺寸来确定。根据已确定的工序即可设计出制坯模膛。模锻件按形状可分为两类，即长轴类零件和盘类零件，如图 3-36 所示。长轴类零件的长度和宽度之比较大，例如台阶轴、曲轴、连杆、弯曲摇臂等。盘类零件在分模面上的投影多为圆形或近于矩形，例如齿轮、法兰盘等。

（1）长轴类模锻件基本工序　常用的工序有拔长、滚挤、弯曲、预锻和终锻等。

拔长和滚挤时，坯料沿轴线方向流动，金属体积重新分配，使坯料的各横截面积与锻件相应的横截面积近似相等。坯料的横截面积大于锻件最大横截面积时，可只选用拔长工序；当坯料的横截面积小于锻件最大横截面积时，应采用拔长和滚挤工序。锻件的轴线为曲线时，还应选用弯曲工序。对于小型长轴类锻件，为了减少钳口料和提高生产率，常采用一根棒料上同时锻造数个锻件的锻造方法，因此应增设切断工序，将锻好的工件分离。当大批量生产形状复杂、终锻成形困难的锻件时，还需选用预锻工序，最后在终锻模膛中锻造成形。

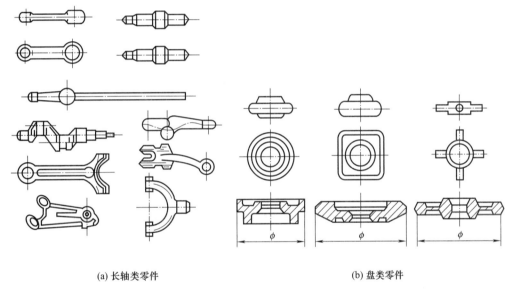

(a) 长轴类零件　　　　　　　　　(b) 盘类零件

图 3-36　模锻零件

某些锻件选用轧制材料作为坯料时，如图 3-37 所示，可省去拔长、滚挤等工序，以简化锻模，提高生产率。

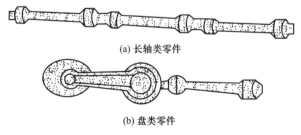

(a) 长轴类零件

(b) 盘类零件

图 3-37　轧制坯料模锻

（2）盘类模锻件基本工序　盘类模锻件的一般工序有镦粗、终锻等。对于形状简单的盘类零件，可只选用终锻工序完成成形。对于形状复杂、有深孔或有高肋的锻件，则应先镦粗，然后预锻再终锻成形。

3. 计算坯料质量与尺寸

坯料质量包括锻件、飞边、连皮、钳口料头以及氧化皮等的质量。通常，氧化皮约占锻件和飞边总和质量分数的 2.5%～4%。坯料尺寸要根据锻件形状和采用的基本变形工序计算，如盘类零件采用镦粗制坯，坯料截面积应符合镦粗规则，其高径比一般取 1.8～2.2；轴类锻件可用锻件的平均截面积乘以 1.05～1.2 得出坯料截面积。有了截面尺寸，再根据体积不变原则得出坯料长度。

4. 选择模锻设备

模锻锤吨位选择恰当，既能获得优质锻件，又能节省能量，保证正常生产，保证锻件有一定的寿命。由于模锻过程是一个短暂的动态变化过程，受到诸多因素的制约，要获得精确的理论值是很困难的。选择模锻锤类型和吨位时主要考虑设备的打击能量和装模空间（主要是导轨间距），应结合模锻件的质量、尺寸大小、形状复杂程度及所选择的基本工序等因素，并充分考虑到工厂的实际情况。因此，生产中多用经验公式确定设备吨位。

一般按锻件在分模面上的投影面积和材料性质确定模锻锤吨位：

双动模锻锤 $G=(3.5～6.3)KF$

单动模锻锤 $G_1=(1.5～1.8)G$

无砧座锤 $E=(20～25)G$

式中，G、G_1 为锤落下部分质量，kg；E 为无砧座锤的打击能量，J；F 为锻件体积包括飞边（按仓部的 50% 计算）在水平面上的投影面积，cm^2；K 为材料系数，查相关表格即可。

蒸汽-空气模锻锤的规格用落下部分的质量表示，如 1～16t，可锻造 0.5～150kg 的模锻件。

5. 确定锻造温度

模锻件的生产也在一定温度范围内进行，与自由锻生产相似。

6. 确定锻后修整工序

坯料在锻模内制成模锻件后，还需经过一系列修整工序，以保证和提高锻件质量。锻后修整工序包括以下内容。

（1）切边 切边是带飞边的模锻件终锻后切除飞边的工序。常用的切边模结构如图 3-38（a）所示。凹模固定在压力机工作台上，模孔形状与锻件轮廓相符，孔壁到端面的转角处为切边刃口。凸模端面形状与锻件上端面形状相符，由滑块带动起推压作用，锻件切边后自凹模孔落下。

（2）冲孔连皮 冲孔连皮是带孔的锻件经终锻后，冲除孔内连皮的工序。常用的冲孔模结构如图 3-38（b）所示。凹模固定在压力机工作台上，其上端面凹孔形状应与锻件下端面轮廓相符，以保证锻件对中。凸块带动，其端面形状与锻件孔形状相符，端面转角处为切除连皮的刃口。切除的连皮自凹模孔落下。

切边和冲连皮均可采用热切或冷切。热切通常在模锻后利用锻件余热进行，切断力较小，适用于尺寸较大的锻件和合金钢锻件。冷切在锻件冷却后进行，锻件不易产生变形，适用于尺寸较

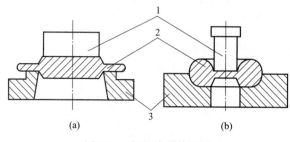

图 3-38 切边模和冲孔模

1—凸模；2—模锻件；3—凹模

小和精度要求较高的锻件。

（3）校正　校正是为消除锻件在锻后产生的弯曲、扭转等变形，使之符合锻件图技术要求的工序。由于在切边、冲孔连皮等工序中可能引起锻件变形，故精度要求较高的锻件，尤其是形状复杂的锻件，需进行校正。对于细长、扁薄、落差较大和形状复杂的模锻件，在切边、冲孔及其他工序中都可能引起变形，需要进行压力校正。校正可在锻模的终锻模腔或专用的校正模内进行。

校正也分为热校正和冷校正。热校正是热态下进行的校正，通常与模锻同一火次，模锻件热切后，随即在终锻模腔内校正。冷校正是在冷态下进行的校正，在锻件热处理和清理后进行，适用于小型结构钢锻件，以及热处理和清理过程中易产生变形的锻件。

（4）热处理和清理　模锻件经修整后，一般还需通过热处理和清理。锻件热处理常采用正火或退火，以消除过热组织或加工硬化组织，细化晶粒，提高锻件的力学性能。锻件清理是用手工、机械或化学方法消除锻件表面缺陷或氧化皮的工序，常采用水洗、酸洗、碱洗、喷砂清理、喷丸清理等方法。对于要求尺寸精度高和表面粗糙度小的模锻件，还应在精压机上进行精压。精压分为平面精压和体积精压两种，如图 3-39 所示。

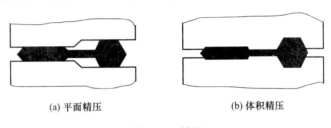

(a) 平面精压　　　　　　　　(b) 体积精压

图 3-39　精压

7. 锤上模锻件的结构工艺性

设计模锻零件时，应根据模锻特点和工艺要求，使其结构符合下列原则。

① 应具有合理的分模面，以使金属易于充满模腔，模锻件易于从锻模中去除，且敷料最少，锻模容易制造。

② 合理的模锻圆角与模锻斜度。模锻零件上，除去与其他零件配合的表面外，均应设计为非加工表面。模锻件的非加工表面之间形成的角应设计模锻圆角，与分模面垂直的非加工表面，应设计出模锻斜度，且无内凹形状。

③ 零件外形力求简单。应尽量平直、对称，避免零件截面积差别过大，或具有薄壁、高肋等不良结构。零件的凸缘太薄、太高，中间凹挡太深，金属不易充型，一般说来零件的最小截面与最大截面的高度之比应小于 0.5，否则难以用模锻方法成形［见图 3-40（a）］。若零件上存在过于扁薄部分，模锻时该部分金属容易冷却，不利于变形流动而受力，对保护设备和锻模也不利［见图 3-40（b）］。图 3-40（c）所示零件有一个高而薄的凸缘，使锻模的制造和锻件的去除都很困难，改成如图 3-40（d）所示形状则较易锻造成形。

锻件力求简单需要保证以下两点要求。

① 尽量避免深孔或多孔结构。若孔径小于 30mm 或孔深大于直径两倍时，锻出困难。如图 3-41 所示齿轮零件，为保证纤维组织的连贯性以及更好的力学性能，常采用模锻方法生产，但齿轮上的 4 个 ϕ20mm 的孔不方便锻造，只能采用机加工成形。

② 采用组合结构。对于复杂的锻件，为减少敷料，简化模锻工艺，在可能条件下，应采用锻造-焊接或锻造-机械连接组合工艺，如图 3-42 所示。

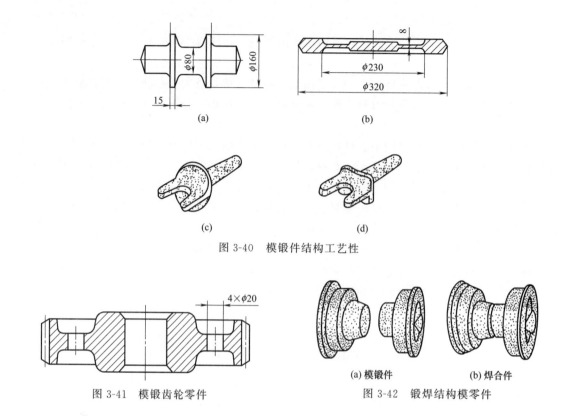

图 3-40　模锻件结构工艺性

图 3-41　模锻齿轮零件

(a) 模锻件　　(b) 焊合件

图 3-42　锻焊结构模零件

五、常用金属的锻压工艺性能

锻造用原材料主要是各种成分的碳素钢和合金钢，其次是铝、镁、钛、铜等及其合金。这些金属按加工状态分为钢锭、轧材、挤压棒材和锻坯等。大型锻件和某些合金钢的锻造一般用钢锭锻制，中小型锻件一般用轧材、挤压棒材和锻坯生产。

（1）碳钢　碳钢中的含碳量越高，则硬度、强度越高，但塑性越低。一般低碳钢和中碳钢的锻造性较好。钢中合金元素含量越多，合金成分越复杂，其塑性越差，变形抗力越大，可锻性就越差。高合金钢比碳钢及低合金钢的可锻性差。莱氏体高合金钢锻件的缺陷主要是碳化物颗粒粗大、分布不均匀和有裂纹。

（2）不锈钢　不锈钢的冷成形加工过程完全不同于低合金钢和普通碳钢，因为不锈钢强度更高、更硬、塑性更好、加工硬化速率更快。不锈钢比碳钢和低合金钢有更高的流动应力。不锈钢的锻造温度范围较窄，始锻温度较低，需要较大的锻造载荷。

奥氏体不锈钢有很高的塑性，它的形变能力比铁素体不锈钢强，允许有很大的变形量。与铁素体不锈钢相比，奥氏体不锈钢需要更大的加工应力，不仅需要更高的形变应力，而且需要提高金属开始变形时的起始应力。在奥氏体不锈钢中，加工硬化越快的钢种如 301 或者 304，能承担的形变也越大。

（3）铝合金　铝合金一般都有较好的塑性，但其流动性比钢差，在金属流动量相同的情况下，比低碳钢需多消耗约 30% 的能量。合金化程度低的铝合金如 3A21 防锈铝，在其锻造温度范围内，应力速率对其工艺塑性影响不大。合金化程度高的铝合金如 2A50、7A04，在锻造温度范围内，应变速率对其工艺塑性影响较大。铝合金的锻造温度范围很窄，一般在 100℃ 以内。

第三节 ➡ 板料成形方法

板料成形又叫板料冲压，是利用压力机和模具使板材产生分离或塑性变形，从而获得成形件或制品的一种成形方法。一般板料冲压板厚小于 6mm，且通常在常温下进行，故又称为冷冲压，只有当板厚超过 8mm 时才采用热成形。目前，几乎所有制造金属制品的工业部门中，都广泛地采用板料成形，特别是汽车、自行车、航空、电器、仪表、国防、日用器皿、办公用品等，板料成形占有重要位置。

板料成形方法的优点：①冲压件精度高，表面光洁，互换性好；②冲压件质量轻，强度、刚性较高；③操作简便，生产率高，易于自动化；④废料少，成本低。

板料成形方法的缺点：①变形冲压件的材料应有足够塑性与较低变形抗力；②有加工硬化现象，严重时使金属失去进一步变形的能力；③模具费用高，不宜单件小批生产。

冲压生产常用的冲压设备主要有剪板机和压力机两大类。剪板机用来把板料剪切成一定宽度的条料，为后续冲压生产准备坯料。压力机（冲床）用来实现冲压工序，制成所需形状和尺寸的成品零件。压力机分为机械式压力机（曲柄压力机）和液压压力机两大类。曲柄压力机按机身结构不同，可分为开式压力机（机身呈"C"字形，操作空间三面敞开）和闭式压力机（框型机架，正面和背面操作）。压力机的主要技术参数以公称压力来表示，公称压力（kN）指压力机滑块在下止点前工作位置所能承受的最大工作压力。小型压力机多为开式，常用规格为 63～2000kN；大中型压力机多为闭式，常用规格为 1000～6300kN。

冷冲压过程的一般流程为：

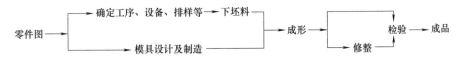

板料成形按特征分为分离（又叫冲裁）过程和成形过程两大类。

一、板料分离工艺

分离工艺是使坯料一部分相对于另一部分分离而得到工件或者坯料，如落料、冲孔、切断、修整等。分离工艺用于生产有孔的、形状简单的薄板（一般为铝板小于 3mm，钢板小于 1.5mm）件以及作为成形过程的先行工序或者为成形过程制备坯料。

分离过程所得到的制品精度较好，通常不需切削加工，表面品质与原材料相同；所用设备为机械压力机。

1. 落料与冲孔

落料是从板料上冲出一定外形的零件或坯料，冲下部分是需要的。冲孔是在板料上冲出孔，冲下部分是废料。为能顺利地完成冲裁过程，要求凸模和凹模都应有锋利的刃口，且凸模与凹模之间应有适当的间隙 Z。

（1）金属板料冲裁成形过程 冲裁成形过程如图 3-43 所示，开始时，金属板料被凸模下压略有弯曲，凹模上的板料略有上翘，随着冲压力加大，在较大剪切应力作用下，金属板料在刃口附近因塑性变形产生加工硬化，并且在刃口边出现应力集中现象，使得金属的塑性变形进行到一定程度时，沿凸、凹模刃口处开始产生裂纹，当上下裂纹相遇重合后，坯料即被分离。

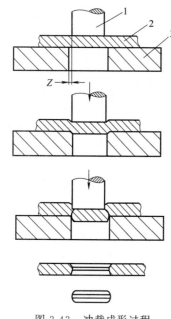

图 3-43 冲裁成形过程
1—凸模；2—坯料；3—凹模

冲裁过程包括弹性变形阶段、塑性变形阶段还有断裂分离阶段。冲裁件剪断分离后，其断裂面分成两部分，塑性变形过程中，由冲头挤压切入所形成的表面光滑，表面品质佳，为光亮带；在弹性变形阶段由表面材料被冲头牵连拉入所形成的塌角成为圆角带；在剪断分离时所形成的断裂表面较粗糙，为剪裂带。

（2）凸、凹模间隙　冲裁间隙是指冲裁模的凸模和凹模刃口之间的间隙。冲裁间隙分单边间隙和双边间隙，单边间隙用 C 表示，双边间隙用 Z 表示。凸、凹模间隙不仅影响冲裁件的断面质量，而且影响模具寿命、卸料力、冲裁力、冲裁件尺寸精度等。

间隙过小，凸模刃口附近的剪裂纹较正常间隙时向外错开，上下裂纹不能很好重合，导致毛刺增大。间隙过大，凸模刃口附近的剪裂纹较正常间隙时向内错开，因此光亮带小一些，剪裂带和毛刺均较大，如图 3-44 所示。冲裁过程中，凸模与冲孔之间，凹模与落料之间均有摩擦，间隙越小，摩擦越严重。实际生产中，模具受到制造误差和装配精度的限制，凸模不可能绝对垂直于凹模平面，间隙也不会均匀分布，所以过小的间隙对延长模具使用寿命很不利。

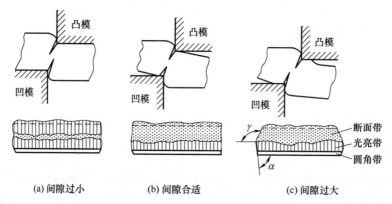

(a) 间隙过小　　　(b) 间隙合适　　　(c) 间隙过大
图 3-44　间隙对工件断面质量的影响

合理的间隙对冲裁断面质量很重要。当冲裁件断面品质要求较高时，应选取较小的间隙值。冲裁件断面品质无严格要求时，应尽可能加大间隙，以利于提高冲模寿命。

合理间隙 Z 的数值按经验公式计算：

$$Z = mt$$

式中　t——材料厚度；

m——与材质及厚度有关的系数。

实用中，板材较薄时，m 可按如下数据选用：

低碳钢、纯铁　　　$m = 0.06 \sim 0.09$

铜合金、铝合金　　$m = 0.06 \sim 0.10$

高碳钢　　　　　　$m = 0.08 \sim 0.12$

当板料厚度 $t > 3mm$ 时，因冲裁力较大，应适当放大系数 m。对冲裁件断面无特殊要求时，系数 m 可放大 1.5 倍。

（3）凸、凹模刃口尺寸确定

① 落料模

凹模尺寸＝落料件尺寸

凸模尺寸＝凹模尺寸－最小合理间隙值

凹模磨损增大落料尺寸，凹模应接近落料件的最小极限尺寸。

② 冲孔模

凸模尺寸＝冲孔尺寸

凹模尺寸＝凸模尺寸＋最小合理间隙值

凸模磨损减小冲孔尺寸，凸模应接近冲孔件的最大极限尺寸。

设计落料模时，凹模尺寸即为落料件尺寸，用缩小凸模刃口尺寸来保证间隙值；设计冲孔模时，凸模刃口尺寸为孔的尺寸，用扩大凹模刃口尺寸来保证间隙值。

冲模在工作中必有磨损，落料件尺寸会随凹模刃口的磨损而增大，而冲孔件尺寸则随凸模的磨损而减小，为保证零件的尺寸要求，提高模具的使用寿命，落料时取凹模刃口的尺寸应靠近落料件公差范围的最小尺寸，而冲孔时则取凸模刃口的尺寸靠近孔的公差范围内的最大尺寸。

2. 冲裁力计算

冲裁力是选用设备吨位和检验模具强度的一个重要依据。对于平刃冲模的冲裁力按下式计算：

$$F = Lt\sigma_b$$

式中，F 为冲裁力；L 为冲裁周边长度；σ_b 为材料抗拉强度。

此外，分离工序还包括切断和修整。切断是用剪刀或冲模将坯料或其他型材沿不封闭轮廓进行分离的工序，切断用于制取形状简单、精度要求不高的平板类工件或下料。如果零件的精度和表面粗糙度的要求较高，则需要用修整工序将冲裁后的孔或落料件的周边进行修整，以切掉普通冲裁时在冲裁件断面上存留的剪裂带和毛刺，以提高冲裁件的尺寸精度和降低表面粗糙度。

二、板料成形过程

成形是使坯料发生塑性变形而形成一定形状和尺寸的工件的过程。成形过程主要有拉深、弯曲、翻边、成形、收口等工序。

1. 拉深

拉深是将平板料放在凹模上，冲头推出金属板料通过凹模形成空心零件的过程。如图 3-45 所示，拉深过程中，凸缘直径减小，转化为侧壁，凸缘为主要变形区。该区径向受拉产生拉应变，切向（周向）受压产生压应变。

拉深过程一般可获得较好的精度，拉深时材料应具有足够的塑性，如果变形较大，需对工件进行中间退火。拉深工艺可以生产各种壳、柱状和棱柱状等零件，例如瓶盖、仪表盖、罩、机壳、食品容器等，热拉深通常用于生产厚壁筒形件，如氧气瓶、炮弹壳等。

拉深变形过程如图 3-45 所示，进行拉深时，平板坯料放在

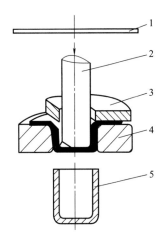

图 3-45　拉深过程示意
1—坯料；2—凸模；3—压边圈；
4—凹模；5—工件

凸模和凹模之间，并由压边圈适度压紧，以防止坯料厚度方向变形，在凸模的推压作用下，金属坯料被拉入凹模，形成空心零件。

拉深用的模具结构与冲裁模具相似，主要区别在于工作部分凸模和凹模的间隙不同，而且拉深的凸、凹模上没有锋利的刃口，凸模与凹模之间的间隙 Z 应大于板料厚度 t。一般 $Z=1.1t$，Z 过小，模具与拉深件的摩擦增大，易拉裂工件，擦伤工件表面，降低模具寿命；Z 过大，又易使拉深件起皱，影响拉深精度。凸、凹模端部的边缘都有适当的圆角，圆角过小，则容易拉裂产品。

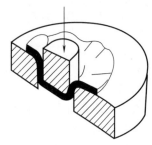

图 3-46　拉深起皱与开裂

在拉深过程中，工件的底部并未发生变形，而工件的周壁部分则经历了很大程度的塑性变形，引起了相当大的加工硬化作用，当坯料直径 D 与工件 d 相差越大，变形程度太大，金属的加工硬化作用就越强，拉深的变形阻力就越大，使得传力区底部拉应力太大，超过材料在该处的抗拉强度，产生开裂的现象，见图 3-46。为了减小摩擦，降低拉深件壁部的拉应力，减小模具的损失，拉深时通常加润滑剂。拉深过程中常见的一种缺陷为起皱，如图 3-46 所示，即法兰部分在切向应力作用下发生的现象，拉深件若严重起皱，则法兰部分的金属不能正常通过凸、凹模间隙，致使坯料被拉断而报废，轻微起皱，法兰部分勉强通过间隙，但在产品侧壁留下起皱痕迹，影响产品品质。

拉深时，工件直径和坯料直径的比值 $m=d/D$ 应在一定范围，一般取 $m=0.5\sim0.8$。若产品 m 小于最小拉深系数，则应采用多次拉深。一般拉深塑性高的金属，拉深系数 m 可以取小点，若在拉深系数限制下，较大直径的坯料不能一次被拉成较小直径的工件，则应采用多次拉深，第二次拉深如图 3-47 所示，必要时在多次拉深过程中进行适当的中间退火，以消除金属因塑性变形所产生的加工硬化，以利于下一次拉深。

对于拉深件还可以用旋压的方法制造，旋压过程特点是整体成形、剪应力状态。旋压在专用的旋压机上进行，如图 3-48 所示为旋压工件简图。旋压是将平板或空心坯料固定在旋压机的模具上，在坯料随机床主轴转动的同时，用旋轮或赶棒加压于坯料，使之产生局部的塑性变形。工作时先将预先下好的坯料 2 用顶柱 3 压在芯模 1 的端部，通常用木质的芯模固定在旋转卡盘

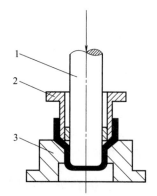

图 3-47　第二次拉深示意
1—凸模；2—压边圈；3—凹模

上，推动压杆 4，使坯料在压应力作用下变形，最后获得与芯模形状一样的成品，例如，碗形件、钟形状、灯口、反光罩等，这种方法的优点是不需要复杂的冲模，变形力较小，一般用于中小批量生产。

旋压的特点是用很小的变形力可成形很大的工件；使用设备比较简单，中小尺寸的薄板件可用普通车床旋压；模具简单，只需要一块芯模，材质要求低。旋压适用于小批生产，因其只能加工旋转体零件，局限性较大，生产率低。旋压可用专门机械，采用仿形旋压和数字控制旋压。在旋压成形的同时使板厚减薄的工艺称为变薄旋压，又称强力旋压，多用于加工锥形件、薄壁的管形件等，也可用以旋压大直径的深筒，再剖开后制成平板。

旋压加工的优点是设备和模具都比较简单（没有专用的旋压机时可用车床代替），除可成形如圆筒形、锥形、抛物面形或其他各种曲线构成的旋转体外，还可加工相当复杂形状的

旋转体零件。缺点是生产率较低，劳动强度较大，比较适用于试制和小批量生产。随着飞机、火箭和导弹的生产需要，在普通旋压的基础上，又发展了变薄旋压（也称强力旋压）。

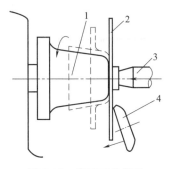

图 3-48　旋压工件简图
1—芯模；2—坯料；3—顶柱；4—压杆

2. 弯曲与卷边

弯曲是用模具把坯料弯成所需要形状的过程。可以在各种机械或液压压力机上进行。弯曲过程如图 3-49 所示，金属坯料在凸模的压力作用下，按凸、凹模的形状发生整体弯曲变形，工件弯折部分的内侧被压缩，外侧被拉伸，这种塑性变形程度的大小与弯曲半径 r 的大小有关，r 越小，变形程度越大，金属的加工硬化作用越强。

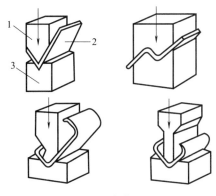

图 3-49　弯曲过程
1—凸模；2—工件；3—凹模

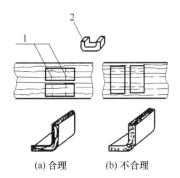

图 3-50　弯曲线与纤维分布方向
1—弯曲线；2—工件

弯曲时应注意金属板料的纤维分布方向，如图 3-50 所示。经轧制的板材具有方向性；弯曲线垂直于轧制方向时，材料的塑性流动最好。

弯曲变形主要发生在弯曲中心角范围，板料靠凸模侧受压缩短，靠凹模侧受拉伸长，如图 3-51 所示。变形区厚度方向，伸、缩变形区间，有一层金属不变形，称为应变中性层，用于计算毛坯展开长度。

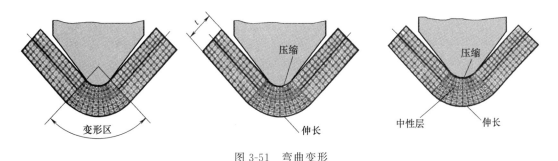

图 3-51　弯曲变形

当弯曲变形完毕后，凸模回程时，工件所弯的角度会因金属弹性变形的恢复而略有增加，称为回弹现象。回弹主要与材质有关，某些材质的回弹角度甚至高达 $10°$，所以设计模具时应考虑它的影响。减少回弹的措施如下。

① 设计加强筋（图 3-52），在材料进入模具之前材料已进行了塑性变形，增加了塑性变形成分。

② 选屈服强度 δ_s 小、弹性模量 E 大的材料或进行退火处理。

③ 补偿法（图 3-53），根据回弹趋势修正凸模或凹模。

④ 校正法（图 3-54），适合 $t>0.8r$，可在变形区整形，原理为校正力迫使弯曲内层金属产生切向伸长应变，校正后，内外层金属都处于被伸长状态，卸载后，内外回弹趋势相反，回弹量抵消。

⑤ 拉弯法（图 3-55），适用于料很薄且半径很大的工件。同校正弯曲原理，内外层回弹相互抵消。

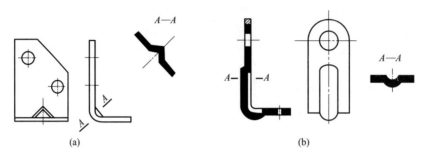

图 3-52　加强筋

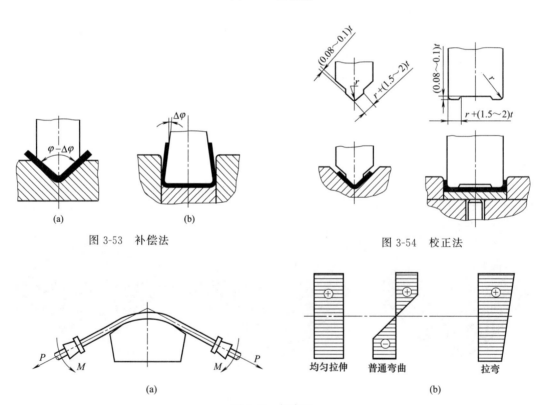

图 3-53　补偿法

图 3-54　校正法

图 3-55　拉弯法

弯曲变形程度的极限用最小弯曲半径表示。最小弯曲半径是板厚一定时，弯曲半径 r 减小、板料外侧伸长，保证不弯裂的弯曲件最小半径。不同的材质其最小弯曲半径不同，可以查表。如产品的弯曲半径小于最小弯曲半径，则需要整形工序来实现。

卷边也是弯曲的一种，板材经卷边成形可做成铰接耳，起加固和增强作用，卷边如图 3-56 所示。

弯曲工序加工顺序一般如图 3-57 所示。

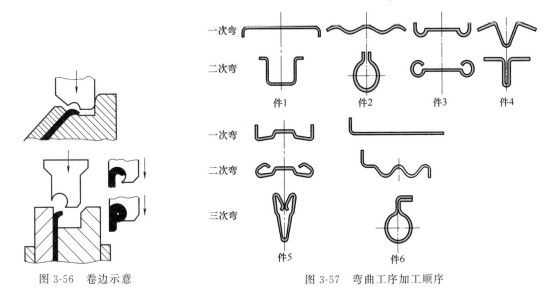

图 3-56 卷边示意

图 3-57 弯曲工序加工顺序

3. 翻边

翻边是在坯料的平面部分或曲面部分上，利用模具的作用，使之沿封闭或不封闭的曲线边缘形成有一定角度的直壁或凸缘的成形方法。翻边是冲压工艺的一种。翻边的种类很多，分类方法也不尽相同，其中按变形性质可以分为内翻边和外翻边，如图 3-58 所示。影响极限翻边系数的主要因素有材料的塑性、材料的伸长率 δ、应变硬化指数和各向异性系数。

当工件所需的凸缘高度较大，用一次翻边成形可能会使孔的边缘造成破裂，这时可以采用先拉深、后冲孔、再翻边成形的过程来实现。预制孔的加工方法决定了孔的边缘状况，孔的边缘无毛刺、撕裂、硬化层等缺陷时，极限翻边系数就越小，有利于翻边。目前，预制孔主要用冲孔或钻孔方法加工。采用常规冲孔方法生产效率高，特别适宜加工较大的孔，但会形成孔口表面的硬化层、毛刺、撕裂等缺陷，导致极限翻边系数变大。采取冲孔后进行热处理退火、修孔或沿与冲孔方向相反的方向进行翻孔使毛刺位于翻孔内侧等方法，能获得较低的极限翻边系数。用钻孔后去毛刺的方法，也能获得较低的极限翻边系数，但生产效率要低一些。

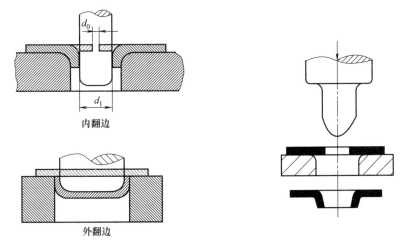

内翻边

外翻边

图 3-58 翻边简图

4. 成形和收口

成形是利用局部变形使坯料或半成品改变形状的过程，如图 3-59 所示。主要用于成形刚性筋条，或增大半成品的局部半径等。在坯料成形过程中，工件置于一模具中，对介质施加高压，能量通过介质传递到工件上使其成形。设备主要使用各类机械压力机和液压机。

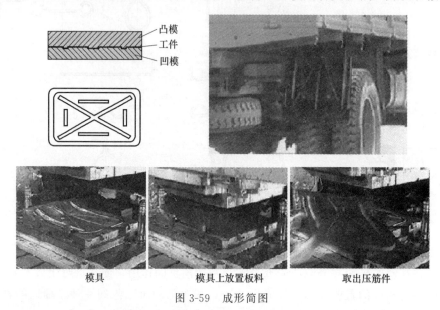

图 3-59　成形简图

收口是使工件口部缩小的过程，如图 3-60 所示，直径减小，高度增加。

5. 滚弯

滚弯是使板料（工件）送入可调上辊与两个固定下辊间，根据上下辊的相对位置不同，对板施加连续的塑性弯曲成形，改变上辊的位置可改变板材滚弯的曲率，如图 3-61 所示。还有一种滚弯是将板料一次通过若干对上下辊，每通过一对上下辊产生一定的变形，最终使板料成形为具有一定形状的截面。

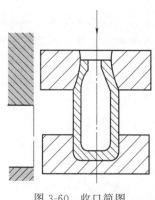

图 3-60　收口简图

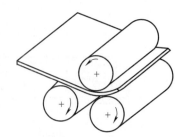

图 3-61　滚弯简图

凡属圆筒形的结构或圆弧形的构件，一般都采用滚弯来成形加工。滚弯分为二维滚弯和三维滚弯。滚弯用于生产直径较大的圆柱、圆环、容器及各种各样的波纹板以及高速公路护栏等，尤其是厚壁件，这要求材料有足够的塑性，使工件外表面不超过断裂应变，精度一般符合要求，表面品质主要取决于原材料，且设备用专门的滚弯机。

冲压零件工艺过程选择：利用板料制造各种冲压产品零件时，各种过程的选择、过程顺序的安排和各过程应用次数，都是以产品零件的形状和尺寸及每道工序中材料所允许的变形程度为依据，形状比较复杂或者特殊的零件，往往要用几个基本过程多次冲压才能完成。变形程度较大时，还要进行中间退火。图 3-62 为某零件的冲压过程，材质为 Q235。图 3-63 是黄铜弹壳的冲压过程，工件壁厚要经过多次减薄拉深，由于变形程度较大，工序间要进行多次退火。

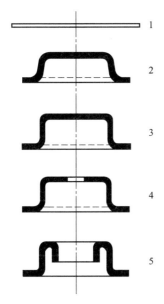

图 3-62　某零件的冲压过程

1—落料；2—拉深；3—第二次拉深；

4—冲孔；5—翻边

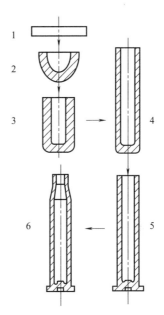

图 3-63　黄铜弹壳的冲压过程

1—落料；2—拉深；3—第二次拉深；

4—多次拉深；5—成形；6—收口

三、冲模的分类及构造

冲压成形加工必须具备相应的模具，而模具是技术密集型产品，其制造属单件小批量生产，具有难加工、精度高、技术要求高、生产成本高（约占产品成本的 10％～30％）的特点。所以，只有在冲压零件生产批量大的情况下，冲压成形加工的优点才能充分体现，从而获得好的经济效益。冲模结构是否合理对冲压生产的效率和模具寿命都有很大影响。一副质量合格的模具应满足下述基本要求：①模具零件在材料性能、加工和热处理质量上，能达到图样设计要求；②模具装配后能满足设计要求的装配质量和使用性能；③试冲制件质量合格，达到要求；④冲模有高的使用寿命和耐用度；⑤冲模制造的生产周期短，成本低，质量稳定，有好的经济技术效益。

1. 简单模

简单模是在曲柄压力机的一次行程中只能完成一个工序的冲模。图 3-64 为落料用的简单模。

2. 级进模

级进模是把两个以上冲压工序安排在一块模板上，冲压设备在一次行程内，在模具的不同工位上可以完成两个或两个以上工序的冲模。图 3-65 为落料冲孔连续模，这种冲模提高了生产效率。设计此类模具要注意各工位之间的距离，零件的尺寸、定位尺寸及搭边的宽度等。

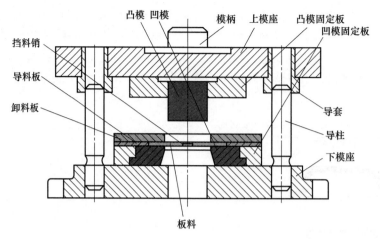

图 3-64　简单模

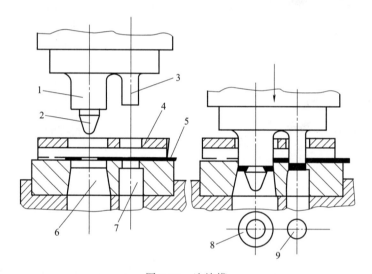

图 3-65　连续模

1—落料凸模；2—定位销；3—冲孔凸模；4—卸料板；5—坯料；6—落料凹模；7—冲孔凹模；8—成品；9—废料

连续模的特点：①生产效率高，便于实现机械化和自动化，适用于大批量生产，操作方便安全；②结构复杂，制造精度高，周期长，成本高。

3. 复合模

复合模在冲压设备的一次行程中，在模具的同一工位同时完成数道冲压工序的冲模。图 3-66 为落料冲孔复合模，此类模具的最大特点是有一个凹凸模，凹凸模的外端为落料的凸模刃口，而内孔则为冲孔的凹模，因此，冲床一次行程内可完成落料和冲孔，复合模生产效率高，冲压件相互位置精度高、工件平整程度好，其不足是冲模复杂，且凹凸模的强度受冲压件形状影响，复合模适用于产量大、精度高的冲压件。

复合模特点：结构紧凑，冲出的制件精度高，生产率也高，适合大批量生产，尤其是孔与制件外形的同轴度容易保证，但模具结构复杂，制造较困难。适用于产量大、精度高的冲压件。

4. 冲压模具零部件

（1）模具的组成

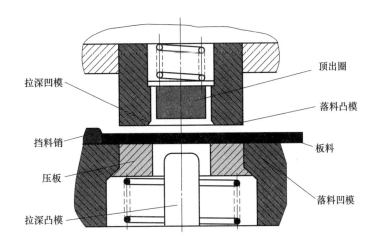

图 3-66 落料冲孔复合模

① 固定部分：是用压铁、螺栓等紧固件固定在压力机上的工作台面上，称下模。

② 活动部分：固定在压力机的滑块上，它随滑块做上、下往复运动，称上模。

（2）根据模具的作用分类

① 工作零件：完成冲压工作的零件。如凸模、凹模、凸凹模等。

② 定位零件：主要有挡料销、导正销、导料销、导料板等。保证送料时有良好的导向和送料进距。

③ 卸料及推杆零件：主要有卸料板、顶件器、压边圈、推板、推杆等。保证在冲压工序完成后将制件与废料排除，以保证下次冲压工序顺利进行。

④ 导向零件：主要有导柱、导套、导筒、导板等。

⑤ 安装、固定零件：主要有上、下模座，模柄，凸、凹模固定板，垫板、螺钉、销钉。

四、板料冲压结构技术特征

板料冲压通常都是大批量生产，因此冲压件的设计不仅要保证它的使用性能要求，而且还应具有良好的冲压结构技术特征。

（1）冲压件的精度和表面品质 对冲压件的精度要求，不应超过冲压过程所能达到的一般精度，并应在满足需要的情况下尽可能降低要求，否则将增加冲压过程的工序，提高成本，降低生产率。冲压过程的一般精度为：落料件精度不超过 IT10，冲孔件精度不超过 IT9，弯曲件精度不超过 IT9～IT10，拉深件精度在 IT9～IT10 之间。

（2）冲压件的形状和尺寸

① 落料件的外形应能使排样合理，废料最少。如图 3-67 所示，两零件在使用功能上相同，可见图 3-67（a）中无搭边排样的形状较图 3-67（b）合理，材料利用率高达 79%。

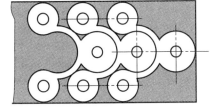

(a) 材料利用率高

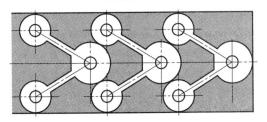

(b) 材料利用率低

图 3-67 零件形状与排样

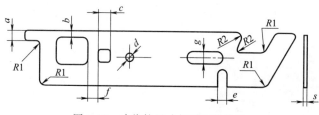

图 3-68　冲裁件尺寸与厚度的关系

② 落料和冲孔的形状和大小应使凸、凹模工作部分具有足够的强度。如图 3-68 所示，工件上孔与孔的间距不能太小，工件周边的凹、凸部分不能太窄太深，因这些结构模具制造困难、模具寿命低，所有的转角都应有一定的圆角等。

③ 弯曲件形状应尽量对称，弯曲半径不能小于材料允许的最小弯曲半径，弯曲件和拉伸件上冲孔的位置应在圆角的圆弧之处，若孔的形状和位置精度要求较高时，应在成形后再冲孔。

④ 拉深件的外形应力求简单对称且不宜太高，以便易于成形和减少拉深次数，拉深件的圆角半径在不增加成形工序的情况下，最小允许圆角半径如图 3-69 所示。否则，将增加拉深次数和整形工序，增多模具数量和提高成本等。

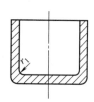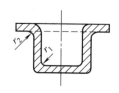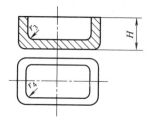

图 3-69　拉深件最小允许圆角半径

（3）结构件应尽量简化成形过程和节约材料

① 在使用功能不变的情况下，应尽量简化结构，以减少工序，节省材料，降低成本。如消声器后盖零件，原结构设计如图 3-70（a）所示，须由 8 道工序完成；改进后如图 3-70（b）所示，只需 3 道工序且材料节省 50%。

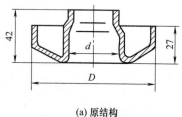

(a) 原结构　　　　　　　　　　　(b) 改进后

图 3-70　消声器后盖零件结构

② 采用冲口，以减少一些组合件。如图 3-71 所示，原设计用三个件铆接或焊接组合而成，现采用冲口（切口-弯曲）制成整体零件，节省了材料，也简化了成形过程，提高了生产率。

③ 采用冲焊结构。对于某些形状复杂或特别的冲压件，可设计成若干个简单的冲压件，然后再焊接或用其他连接方法形成整体件。如图 3-72 所示，冲焊件由两个简单冲压件 1 和 2 组成。

（4）冲压件的厚度　在强度、刚度允许的情况下，应尽量采用厚度较薄的材料来制作，以减少金

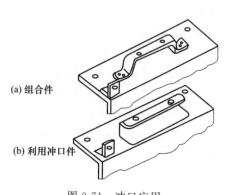

(a) 组合件

(b) 利用冲口件

图 3-71　冲口应用

属的消耗、减轻结构重量。对局部刚度不够的地方，可采用加强筋。如图 3-73 所示。

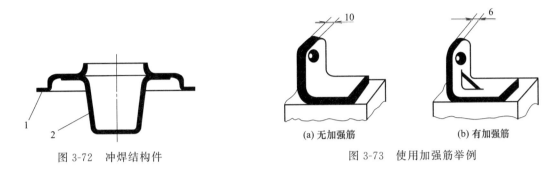

图 3-72 冲焊结构件

(a) 无加强筋   (b) 有加强筋

图 3-73 使用加强筋举例

第四节 ➡ 其他塑性成形简介

随着科技和工业的不断发展，对生产过程提出了越来越高的要求，不仅要求生产的毛坯质优，生产效率高、消耗低、无污染，且要求能生产出切削加工量少的毛坯甚至直接生产出零件。近年来，在塑性成形加工方面出现了不少新技术，如零件的挤压、辊轧成形、超塑性成形、多向锻造等，并且这些技术还在不断更新与发展。

一、挤压成形

挤压成形是用冲头或凸模对放置在凹模中的坯料加压，使之产生塑性流动，从而获得相应于模具的型孔或凹凸模形状的制件的一种压力加工方法。挤压时，坯料产生三向压应力，即使是塑性较低的坯料，也可被挤压成形。金属坯料受三向压应力作用，产生塑性变形，从模具空口挤出或充满型腔成形，获得制品。零件的基本挤压方式，如图 3-74 所示。

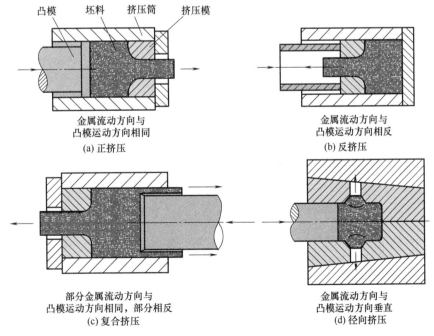

图 3-74 挤压方式

1. 按挤压方式分类

（1）正挤压 挤压时金属的流动方向与凸模的运动方向一致，正挤压法适用于制造横截面是圆形、椭圆形、扇形、矩形等的零件，也可是等截面的不对称零件。

（2）反挤压 挤压时金属的流动方向与凸模的运动方向相反，反挤压适用于制造横截面为圆形、方形、长方形、多层圆形、多格盒形的空心件。

（3）复合挤压 挤压时坯料的一部分金属流动方向与凸模运动方向一致，而另一部分金属的流动方向则与凸模运动方向相反。复合挤压法适用于制造截面为圆形、方形、六角形、齿轮形、花瓣形的双杯件、杆类零件。

（4）径向挤压 挤压时金属的流动方向与凸模的运动方向相垂直。此类成形过程可制造十字轴类零件，也可制造花键轴的齿形部分、齿轮的齿形部分等。

2. 按坯料温度分类

分为冷挤压、温挤压和热挤压三种。

（1）冷挤压 金属材料在再结晶温度以下进行的挤压。一般在室温下的挤压即为冷挤压。其主要特点如下。

① 三向压应力使材料的晶粒组织更加致密、充分提高金属塑性，使挤压件的强度、硬度及耐疲劳性能显著提高，可加工难锻金属。

② 既可生产管、棒等型材，也可生产断面复杂或具有深孔、薄壁及变断面的零件。

③ 制品精度较高，尺寸精度可达IT7～IT6，表面粗糙度 $Ra = 1.6 ～ 0.2\mu m$，实现少、无屑加工。如图 3-75 所示的零件，用冷挤压直接可得到。

④ 材料利用率、生产率高；生产方便灵活，易实现生产自动化。

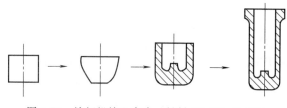

图 3-75　缝纫机梭心套壳（材料 2Cr13）冷挤压

但冷挤压变形力大，这就限制了冷压件的尺寸和质量；冷挤压模材质要求高，设备吨位大，而且为了降低挤压力，减少模具磨损，坯料常进行软化、去氧化皮和特殊润滑处理。冷挤压原来只用于生产铅、锌、锡、铝、铜等的管材、型材以及牙膏软管（外面包锡的铅）、干电池壳（锌）、弹壳（铜）等制件。20世纪中期冷挤压技术开始用于碳素结构钢和合金结构钢件，如各种截面形状的杆件和杆形件、活塞销、扳手套筒、直齿圆柱齿轮等，后来又用于挤压某些高碳钢、滚动轴承钢和不锈钢件。冷挤压件精度高、表面光洁，可以直接用作零件而不需经切削加工或其他精整。冷挤压操作简单，适用于大批量生产的较小制件（钢挤压件直径一般不大于100mm）。

（2）温挤压 坯料温度高于室温，低于再结晶温度的挤压，其特点如下。

① 坯料可不进行预先软化处理、润滑处理和中间退火等。

② 与冷挤压相比，温挤压降低了变形抗力，增加每个工序的变形程度，提高了模具的使用寿命。如图 3-76 所示，微型电机外壳的材料为不锈钢，坯料尺寸为 $\phi25.8 \times 14mm$[图 3-76（a）]，若采用冷挤压则需要多次挤压才能成形，生产率低，但若将坯料加热到260℃，采用温挤压，则只需要两次挤压即可成形，其过程为：第一次用复合挤压得到尾部$\phi21$，如图 3-76（b），第二次用正挤压即得零件，如图 3-76（c）所示。

③ 温挤压零件的精度和力学性能低于冷挤压零件。

④对于一些冷挤压难以塑性成形的材料，均可采用温挤压。

（3）热挤压 再结晶温度以上的挤压。其特点如下。

(a) 坯料

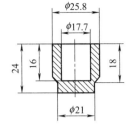

(b) 复合挤压

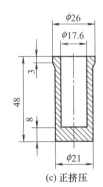

(c) 正挤压

图 3-76 微型电机外壳温挤压过程

① 变形抗力小、塑性好。

② 由于加热温度高，氧化脱碳及热胀冷缩等问题会大大降低产品的尺寸精度和表面品质。

③ 一般用于高强（硬）度金属材料的毛坯成形，如高碳钢、高强度结构钢、高速钢、耐热钢等。

热挤压广泛用于生产铝、铜等有色金属的管材和型材等，属于冶金工业范围。钢的热挤压既用以生产特殊的管材和型材，也用以生产难以用冷挤压或温挤压成形的实心和孔心（通孔或不通孔）的碳钢和合金钢零件，如具有粗大头部的杆件、炮筒、容器等。热挤压件的尺寸精度和表面光洁度优于热模锻件，但配合部位一般仍需要经过精整或切削加工。

二、辊轧成形

用辊轧过程生产某些机器的毛坯或零件，具有原料省、生产率高、产品品质好、成本低等优点。常见辊轧有辊锻、横轧、斜轧等。

（1）辊锻 使坯料通过装有圆弧形模块的一对相对旋转的轧辊时，受压而变形的生产方法。如图 3-77 所示，它与轧制不同的是这对模块可装拆更换，以便生产不同形状的毛坯或零件。

辊锻不仅可作为模锻前的制坯工序，还可直接辊锻出制品，如各种扳手、钢丝钳、镰刀、锄头、犁铧、麻花钻、连杆、叶片、刺刀、铁道道岔等。

（2）辊环轧制（扩孔） 辊环轧制是用来扩大坯料的外径和内径，以得到各种环状毛坯或零件的轧制过程，如图 3-78 所示，用它代替锻造方法生产环形锻件，可节省金属 15% 左右。这种方法生产出来的环类件，

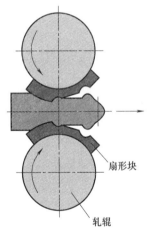

扇形块

轧辊

图 3-77 辊锻示意

其横截面可以是多种形状的，如火车轮箍、大型轴承圈、齿圈、法兰等。

（3）横轧 轧辊轴线与坯料轴线互相平行的轧制方法。

① 齿轮齿形轧制 齿轮轧制是一种净形或近似净形加工齿形的新技术，如 3-79 所示。在轧制前将坯料外缘加热，然后将带齿形的轧轮做径向进给，迫使轧轮与坯料对辗，在对辗过程中，坯料上一部分金属受压形成齿谷，相邻部分的金属被轧轮齿部"反挤"而形成齿顶。直齿和斜齿均可用热轧成形。

② 螺旋斜轧 又称螺旋轧，带螺旋槽的轧辊轴线相互交叉，同向旋转，轧坯做螺旋运动（绕自身轴反转，并轴向向前），同时受压塑性变形，获得制品。如钢球轧制［见图 3-80（a）］、

周期性毛坯轧制［见图 3-80 (b)］、冷轧丝杆、带螺旋线的高速钢滚刀毛坯轧制等。

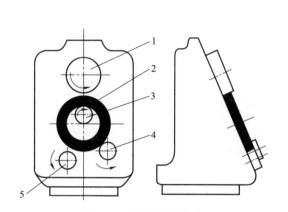

图 3-78　辊环轧制示意

1—驱动辊；2—毛坯；3—从动轮；4—导向辊；5—信号辊

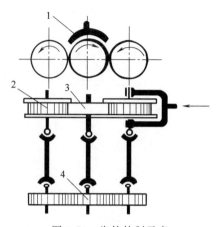

图 3-79　齿轮轧制示意

1—感应加热器；2—轧轮；3—坯料；4—导轮

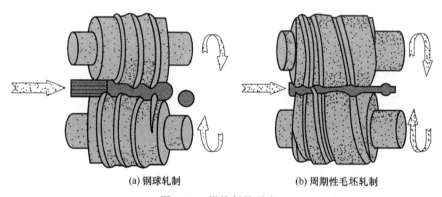

(a) 钢球轧制　　　　　　　　(b) 周期性毛坯轧制

图 3-80　螺旋斜轧示意

③ 楔横轧　楔横轧是用两个外表面镶有楔形凸块并作同向旋转的平行轧辊对沿轧辊轴向送进的坯料进行轧制成形的方法，如图 3-81 所示，楔横轧还有平板式、三轧辊式和固定弧板式 3 种类型。

楔横轧的变形过程主要是靠轧辊上的楔形凸块压延坯料，使坯料径向尺寸减小，长度尺寸增加。它具有产品精度和品质较好，生产效率高，节省材料，模具寿命高，易于实现机械化和自动化等特点。但楔横轧限于制造阶梯类等回转体毛坯或零件，如图 3-82 所示。

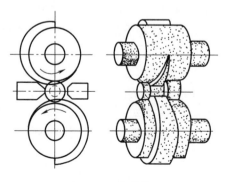

图 3-81　楔横轧

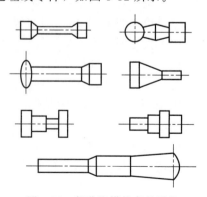

图 3-82　部分楔横轧产品形状

三、超塑性成形

（1）概念　在特定的条件下，即在低的应变速率，一定的变形温度（约为热力学熔化温度的一半）和稳定而细小的晶粒度（0.5～5μm）的条件下，某些金属或合金呈现低强度和大伸长率的一种特性。其伸长率可超过100%以上，如钢的伸长率超过500%，纯钛超过300%，铝锌合金超过1000%。目前常用的超塑性成形的材料主要有铝合金、镁合金、低碳钢、不锈钢及高温合金等。

（2）超塑性成形的特点

① 超塑性状态下的金属在拉伸变形过程中不产生缩颈现象，变形应力可比常态下金属的变形应力降低几倍至几十倍。

② 可获得形状复杂、薄壁的工件，且工件尺寸精确。

③ 超塑性成形后的工件，具有较均匀而细小的晶粒组织，力学性能均匀一致；具有较高的抗应力腐蚀性能；工件内不存在残余应力。

④ 在超塑性状态下，金属材料的变形抗力小，可充分发挥中、小型设备的作用。

⑤ 超塑性成形前或过程中需对材料进行超塑性处理，还要在超塑性成形过程中保持较高的温度。

（3）超塑性成形的应用

① 板料深冲。如图3-83（a）所示，工件直径小但很长，若用普通拉深，则需多次拉深及中间退火，若用锌铝合金等超塑性材料则可一次拉深成形，且产品品质好，性能无方向性［见图3-83（b）］。

② 超塑性挤压。超塑性挤压主要用于锌铝合金、铝基合金及铜基合金。

③ 超塑性模锻。超塑性模锻主要用于镍基高温合金及钛合金。

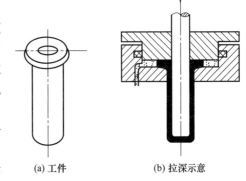

(a) 工件　　　　(b) 拉深示意

图 3-83　超塑性板料拉深

四、多向模锻

在具有多个分模面的封闭模腔内进行模锻，称为多向模锻。它的工序过程是：在可分凹模闭合后，几个冲头从不同方向或先后对毛坯进行挤压，从而在压机的一次行程中获得多分枝、多空腔的无飞边锻件。多向模锻技术属于大塑性变形方法的一种，它是通过形变，使材料随外加载荷轴向变化而不断被压缩和拉长，通过反复形变达到细化晶粒、改善性能的效果。除了多向模锻外，等径角挤压以及高压扭转等方法也属于大塑性变形范畴。

这种变形方式对材料变形时流变应力行为和显微组织演变有很大的影响。这种变化有利于晶粒不断被压缩和拉长。多向模锻初期，材料内部高密度位错将晶粒分割成若干拉长单元体，同时在初期晶界附近形成一些大晶界亚晶界。这种不均匀变形还会引发初始晶粒周边晶格旋转，造成部分大角度亚晶界形成，随着变形道次和应变量累加，晶内位错滑移和位错吸收将导致亚晶界位相差增大，晶粒将不断细化。

如图3-84所示，它是俄罗斯科学院超塑性问题研究所Salishchev等人对脆性较大的TiAl金属间化合物的研究中发展起来的。它的特点是：首先，对试样进行热机械变形以获得细晶组织；然后，通过超塑性变形提高组织的均匀性；最后，在保证超塑性变形的温度-

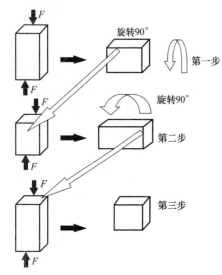

旋转90°
第一步

旋转90°
第二步

第三步

图3-84 多向模锻技术示意

变形速率条件下，对试样进行热机械形变以获得纳米晶组织。用该方法制得的材料晶粒尺度可以小于100nm。

（1）多向模锻技术特点 与轧制、镦粗等单向成形工艺比，该工艺的特点是形变过程中外加载荷轴向是旋转变化的。多向模锻的主要优点如下。

① 由于多向分模，因此可锻出异常复杂、精度高、无飞边、无斜度或小斜度的锻件，节约原材料和机械加工工时。

② 由于多向分模采用挤压成形，金属流线分布理想，因而提高了锻件的力学性能，尤其对中空零件采用多向模锻，其力学性能高于实心零件，有的能提高30％以上。

③ 由于多向模锻能显著提高金属的塑性和变形程度，因而使用范围较广，不仅用于一般钢材和有色金属，也用于特种合金。

总之，多向模锻能强烈细化组织，使材料的力学性能得到很大提高。同时，由于外加载荷轴向变化使得各方向变形和力学性能趋于均匀，避免了挤压、轧制等其他常规成形工艺出现的各向异性。由于多向模锻具有以上特点，因此在航空、石油、化工、汽车拖拉机制造、原子能工业中，有关中空架体、活塞、轴类、筒形件、大型阀体、管接头、飞机起落架、发动机机匣、盘轴组合件等锻件，已开始采用多向模锻的工艺进行生产。

（2）多向模锻的分类 根据可分凹模和冲头的动作，多向模锻有如下几种形式。

① 上下凹模先闭合，左右冲头再同时对毛坯进行挤压，模锻成形后，左右冲头退出，然后上下凹模分开，取出锻件。

② 上下凹模闭合后，上下冲头和左右冲头同时或先后对毛坯进行挤压，模锻成形，冲头退出后上下凹模分开，取出锻件。

③ 左右凹模闭合后，上下冲头对毛坯进行挤压，模锻成形后，先退出上下冲头，然后左右凹模分开，取出锻件。

④ 左右凹模先闭合，上下冲头同时或先后对毛坯进行挤压，模锻成形后，冲头退出，然后左右凹模分开取出锻件。

（3）多向模锻技术注意事项 应注意的主要问题如下。

① 由于多向模锻是在三向压应力状态下工作，变形力很高，因而多向模锻设备的吨位较一般设备的吨位应取大一些。

② 多向模锻工作时，如果夹紧分模的夹紧力不够，就会沿分模面产生毛刺甚至不能成形，因此，多向模锻时，对夹紧分模必须具有足够的夹紧力。

③ 多向模锻时，由于各冲头并不能严格同步，因而金属变形时各处温度是不均匀的，锻造坯料尺寸的计算应注意严格分配，必要时，应增加预锻工序。

④ 多向模锻时要注意锻模的预热、冷却和润滑。锻造前，模具一般应预热至250～350℃。锻造过程中，模具要经常注意冷却，不能超过500～600℃。每次锻造，模具表面均应涂润滑剂，并用压缩空气吹刷均匀。如图3-85所示，经多向模锻的机匣表面精度高，材料利用率提高30％以上，实现了无飞边的锻造。

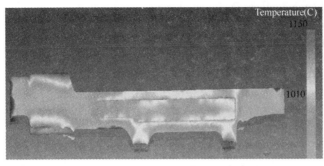

图 3-85　多向模锻机匣模拟及产品

五、旋转锻造

旋转锻造也称径向锻造，简称旋锻，是一种用于棒料、管材或线材精密加工的近净成形工艺，它一般采用两个或两个以上的锤头，使其环绕在坯料外径旋转的同时，也对坯料施加高频率的径向锻打，在锤头的打击下工件实现径向压缩、长度方向发生延伸变形。旋转锻造由于是打击成形，不同于轧制连续成形，但它又不同于传统的锻造成形，它打击的次数非常多，而每次打击的面很类似轧制，所以人们还是把它归于轧制成形中。20 世纪旋锻起源于美国，起初旋锻技术的应用范围仅仅限于对管件缩小直径而进行拉延，其中主要应用方向之一就是身管的成形，随后由于德国为了用空心圆柱毛坯成形复杂的零件而使其得到进一步发展。德国标准 DIN8586 将旋锻法定义为一种减小金属棒料或管料的截面直径的自由成形方法，它以两个或多个锤头，部分或全部地环绕于要减小的截面，在绕其转动的同时进行径向的下压进给。旋转锻造广泛应用于汽车、拖拉机、机床、机车等各种机器的台阶轴生产，包括直角台阶与带锥度的轴类件；带台阶的空心轴及内壁异形材；各种气瓶、炮弹壳的收口等。

基本的旋转锻造方法一般分为两种：一种是"进料锻造法"〔见图 3-86（a）〕，此方法锻造时锤头绕坯料旋转的同时并对坯料作短冲程、高频率的锤打，从模具入口端直接送进坯料，直到成形出所需的锻件长度为止，该方法多用于成形单向细长台阶轴，台阶的各过渡锥角一般较小，最

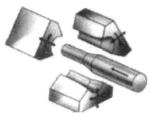

(a) 进料锻造　　　　　　　**(b) 凹进锻造**

图 3-86　旋转锻造示意

大不超过 20°；另一种是"凹进锻造法"〔见图 3-86（b）〕，锤头既能围绕坯料旋转锻打和对坯料作短冲程、高频率锤击，又可以实现"开合"动作，主要应用于双向台阶（凹档）和中间变细的轴类件锻制，台阶间的过渡坡短而陡峭。与传统锻造技术相比，旋转锻造成形的产品具有明显的连续纤维流线，且材料成形时受到三向压应力作用，使材料更加致密，有助于提升产品的强度和疲劳寿命性能。

在旋锻过程中，送进坯料与旋转模具接触时的摩擦使坯料除具有轴向运动外还伴随着绕自身轴的回转运动；锤头的连续张合使坯料与锤头之间存在着滑动，以致坯料的旋转速度比锤头的旋转速度慢很多，这转速差使得锤头每次锻打在坯料表面的不同位置上，有利于锻件

的圆整度、受力均匀、金属流线的形成，从而提高了锻件性能。

旋锻时金属材料的流动与旋转方法、锤头内腔结构等有关，图 3-87 所示为棒材进料式旋锻时的金属流动趋势。

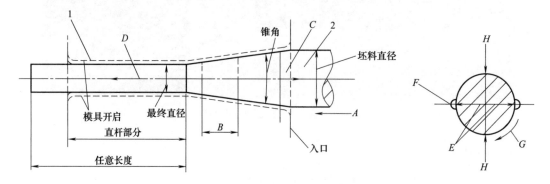

图 3-87　旋锻时棒料的金属流动

1—模具；2—棒材；A—棒料进给方向；B—进给量；C—轴向反流；D—轴向顺流；
E—径向流动；F—毛边；G—金属被动旋转；H—锻打方向

① 在旋锻过程中，材料沿轴向流动；横向截面上，材料的径向流动（E）有增大截面宽度的趋势，受锤头内腔椭圆和后角等结构的限制，材料横向流动量较少。

② 由于模具为锥形喇叭开口，存在部分材料沿棒料送进的相反方向流动（C）从而出现反流量大于顺流量的趋势；当锤头锥角过大时，锥面部分的材料会产生滑动，会产生严重的轴向振动，因此锤头锥角控制在 20° 以内。

③ 有绕自身轴向回转的趋势。在旋转过程中锤头不断张合，由于坯料有旋转，在闭合时锤头与坯料接触瞬间的摩擦效应带动了材料绕自身轴线回转趋势。若送进的材料没有这个回转动作，将引起锻件圆度误差和产生毛边，甚至使锻件被黏附在模具上。

复习思考题 ▶▶▶

3-1　试阐述说明相较于铸造成形，金属材料的固态塑性成形不具有广泛适应性的原因。

3-2　试阐述说明冷变形和热变形各有何特点？举例说明两者的应用范围。

3-3　试阐述说明锻造加工中的平砧拔长和 V 形砧的区别。

3-4　试阐述说明提高金属材料可锻性最常用且有效的办法。

3-5　试阐述说明绘制锻件图和自由锻件图的不同之处。

3-6　试阐述说明锻件图的用途，与零件图相比，它有何不同？

3-7　试阐述说明开式模锻的锻模中为什么要设置飞边槽？它包括哪些部分？有何作用？

3-8　试阐述说明模锻件为什么要考虑模锻斜度和圆角半径？锤上模锻带孔的锻件时，为什么不能锻出通孔？

3-9　改进图 3-88 中自由锻零件的结构工艺性，并说明理由。

3-10　若将图 3-89～图 3-91 所示零件分别按照单件小批量、成批量和大批量的锻造生产毛坯，试求：

（1）根据生产批量选择锻造方式；

（2）由选取的锻造方法绘制相应的锻件图；

（3）确定所选锻造过程的工序并计算坯料的质量和尺寸。

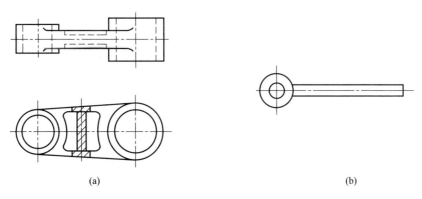

(a)
(b)

图 3-88 自由锻零件

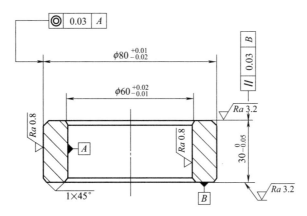

图 3-89 外圈（材料：GCr15）

模数	2.5
齿数	68
齿形角	20°
齿形精度	IT7

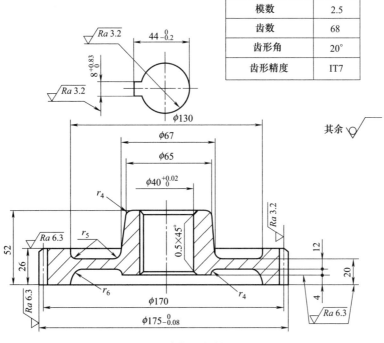

图 3-90 齿轮（材料：40Cr）

125 ◀◀◀

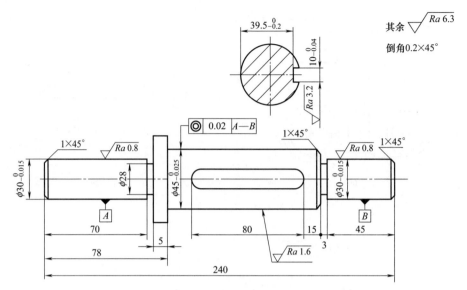

图 3-91　轴（材料：45）

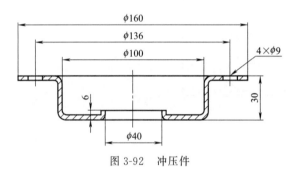

图 3-92　冲压件

3-11　冲孔、落料件的模具刃口尺寸计算原则有何不同？

3-12　如图 3-92 所示冲压件，采用厚 1.5mm 低碳钢进行批量生产，试确定冲压的基本工序。

3-13　试阐述说明板料弯曲后产生回弹的主要原因，在模具结构设计上应该如何减少或者避免弯曲回弹？

3-14　试阐述说明旋压成形具有哪些特点？与拉深成形相比有何不同？适宜加工何种类别的零件？

3-15　针对同一筒形制件（图 3-93），试分析拉深、挤压及旋压加工时的区别。

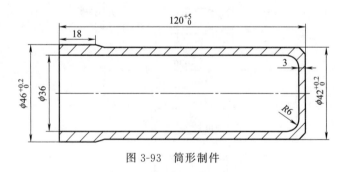

图 3-93　筒形制件

3-16　试阐述说明轧制、挤压和拉拔工艺各自特点，以及它们分别主要用于生产哪些类别的产品？

3-17　试阐述说明什么是单工序模、复合模以及连续模？

3-18　试举例说明几种常见的辊轧成形，试比较其优缺点。

3-19　试阐述说明什么是金属的超塑性？金属超塑性变形有什么特点？

3-20　试阐述说明旋锻、自由锻与模锻三者之间的区别，并简述各自的适用范围。

第四章

金属材料连接成形

导入案例 ▶▶

射电望远镜

500m 口径球面射电望远镜（Five-hundred-meter Aperture Spherical Telescope），简称 FAST，框架采用无缝焊接技术全焊接而成，位于贵州省黔南布依族苗族自治州平塘县克度镇大窝凼的喀斯特洼坑中，工程为国家重大科技基础设施，"天眼"工程由主动反射面系统、馈源支撑系统、测量与控制系统、接收机与终端及观测基地等几大部分构成。500m 口径球面射电望远镜被誉为"中国天眼"，是世界上目前口径最大、波段最全的一台全方位可动的高性能射电望远镜，是具有我国自主知识产权、世界最大单口径、最灵敏的射电望远镜。综合性能是著名的射电望远镜阿雷西博的十倍。截至 2018 年 9 月 12 日，500m 口径球面射电望远镜已发现 59 颗优质的脉冲星候选体，其中有 44 颗已被确认为新发现的脉冲星。

资料来源：http：//news. sciencenet. cn/

在制造金属结构和机器的过程中，经常需要将两个或者两个以上的构件组合起来，而构件的组合必须通过一定的连接方式，才能形成完整的产品。

金属的连接有多种方法，按照拆卸时是否损坏被连接件可分为可拆连接或不可拆连接两种。

（1）可拆连接 可拆连接的特点是不必损坏被连接件或起连接作用的连接件就可以完成拆卸，如键连接、销连接和螺栓连接等，只需要将键（销）打出或者将螺母松开抽出螺栓，就可以完成拆卸。螺纹连接是其中最广泛的可拆连接。

（2）不可拆连接 不可拆连接的特点是指必须损坏或损伤被连接件或起连接作用的连接件才能完成拆卸，如焊接和铆接。

在钢结构中，常用的连接方法主要有铆接、胶接、胀接、焊接和螺纹连接等。焊接是使用最广泛的一种连接形式。

第一节 ➡ 焊接本质及方法分类

一、焊接的基本特点及应用

焊接（welding）是将分离的金属用局部加热或加压，或两种方法兼而使用等手段，借助于金属内部原子的结合与扩散作用牢固地连接成一体的成形方法。

与铸造相比，焊接不需要制造模样与砂型，不需要熔炼金属和浇注，生产周期短，而且可以节省材料，降低成本。在焊接广泛应用之前，金属结构件的连接靠铆接。与铆接相比，焊接具有节省材料、减轻重量；接头的密封性好，可承受高压；简化加工与装配工序，缩短生产周期，易于实现机械化和自动化生产等优点，如图 4-1 所示。与整体铸造结构或锻造结构相比，采用铸-锻-焊、铸-焊联合结构，可以化大为小、化复杂变简单的方法来制造产品，以提高工厂生产能力且保证产品结构的质量，如图 4-2 为水轮机主轴的几种设计方案。与胶接相比，焊接具有较高的强度，焊接接头的承载能力可以达到与焊接材料相同的水平。

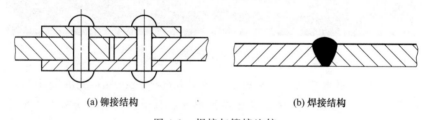

(a) 铆接结构　　　　　　　　　　　(b) 焊接结构

图 4-1　焊接与铆接比较

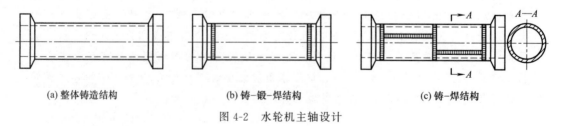

(a) 整体铸造结构　　　(b) 铸-锻-焊结构　　　(c) 铸-焊结构

图 4-2　水轮机主轴设计

综上所述，焊接具有以下优点。

① 工艺简单，节省材料。

② 生产周期短，成本较低。

③ 接头密封性好，力学性能高，承载能力可以达到与工件材质相等的水平。

④ 便于以小拼大，化大为小。

⑤ 能将不同材质连接成整体，可以制造双金属结构。

⑥ 劳动条件好，劳动强度低。

⑦ 工艺比较简单，易于实现机械化和自动化。

焊接的不足是：焊接结构不可以拆卸、更换修理不方便；焊接接头容易出现焊接缺陷，存在有焊接结构的残余应力，容易产生焊接变形；焊接接头性能不够均匀、焊接品质检验比较困难等。

焊接在现代化工业生产中具有十分重要的作用，广泛应用于机械制造中的毛坯生产和制造各种金属结构件，如高炉炉壳、建筑构件、锅炉与受压容器、汽车车身、桥梁等。此外，焊接还用于零件的修复焊补等。

二、焊接的分类

按照加热方式、工艺特点和用途不同，焊接通常分为以下三类。

（1）熔化焊接（fusion welding） 将待焊处的母材金属加热到熔化温度以上，它们在液态下相互熔合，冷却时便凝固在一起形成焊缝实现连接的焊接方法，也叫熔焊，如焊条电弧焊（shielded metal arc welding）、气焊（gas welding）。

（2）压力焊接（pressure welding） 必须对焊件施加压力（加热或不加热）以实现连接的方法，也叫压焊，如电阻焊（resistance welding）。

（3）钎焊（brazing welding） 采用比母材熔点低的金属材料作为钎料，将焊件结合处和钎料加热到高于钎料熔点但低于母材熔点的温度，利用液态钎料润湿母材，填充接头间隙并与母材相互扩散实现连接的焊接方法。

常见的焊接方法及分类如图 4-3 所示。

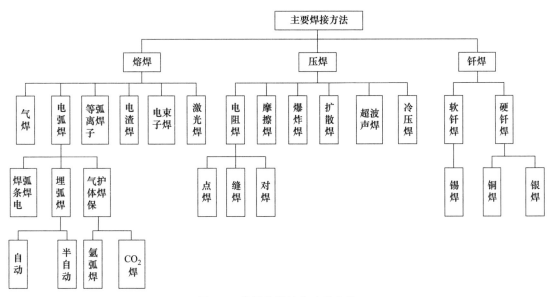

图 4-3 常见的焊接方法及分类

常用焊接方法的分类、特点及应用如表 4-1 所示。

表 4-1 常用焊接方法的分类、特点及应用

分类				概念	特点	应用
熔焊	气焊			利用气体火焰作热源进行焊接	设备简单,搬运方便,通用性强,适用没有电力供应或作业场所经常更换的地方;接头热影响区宽,焊件变形大;接头综合力学性能较差;生产率低,不易实现机械化	适于单件或小批量生产,主要焊接板厚为 0.5～3mm 的薄钢板,有色金属及其合金,钎焊刀具及铸铁补焊等
	电弧焊	焊条电弧焊		用手工操纵焊条进行焊接	操作灵活,适用范围广,设备简单。但要求操作者技术水平较高,生产率低,劳动条件差	单件小批量生产,焊接中低碳钢、低合金结构钢、不锈钢和铸铁补焊等
		气体保护焊	CO_2焊	利用 CO_2 作为保护性气体进行焊接	焊接质量高;生产率高;成本低;操作简便,适用范围广;飞溅较大,弧光较强,很难用交流电源焊接,焊接设备比较复杂	主要用于焊接低碳钢和强度等级不高的低合金结构钢
			氩弧焊	利用氩气作为保护性气体进行焊接	焊接质量优良,焊接成形好;焊接电弧稳定,飞溅少;焊接变形小;可进行全位置焊接;设备和控制系统较复杂,焊接成本较高	用于化学性质活泼的金属材料、不锈钢、耐热钢、低合金钢和某些稀有金属
		埋弧焊		将引弧、送进和移动焊丝、电弧移动等由机械化和自动化来完成,且电弧在焊剂层下燃烧	焊丝上无涂料,可用大电流焊接;焊缝成形美观,力学性能较高,质量好;节约焊接材料和工时,成本低;劳动强度小,劳动条件好;适应性差,只能平焊,焊接坡口加工要求较高	用于成批生产,焊接水平位置上厚度为 6～60mm 焊件的长直焊缝以及较大直径的环形焊缝
压焊	电阻焊	点焊		工件装配成搭接接头,并压紧在两柱状电极之间,形成焊点	焊接过程中必须对工件施加压力,以完成焊接 生产率高,变形小,不需填充金属,操作简单,劳动条件好,易于实现机械化和自动化。但设备较复杂,耗电量大,对焊件厚度和截面形状有一定限制	适用于大批量生产,焊接各种薄板冲压结构和钢筋构件,如汽车、仪表、生活用品
		缝焊		工件装配成搭接或对接接头,并置于两滚轮电极之间,加压、连续或断续送电,形成一条连续焊缝		适用于大批量生产,焊接焊缝较规则、有密封要求的薄壁结构,适于 3mm 以下薄板搭接,如油箱、小型容器、管道等
钎焊	软钎焊			用比母材熔点低的金属材料作钎料,利用液态钎料润湿母材,填充接头间隙并与母材相互扩散实现连接	加热温度低,接头组织和力学性能变化小,焊件变形小;可焊接同种或异种金属;焊接过程简单、生产率高;设备简单易实现自动化;接头强度低,常用搭接接头提高承载能力	软钎焊主要用于焊接工作温度较低、受力较小的焊件。硬钎焊适用于焊接工作温度较高、受力较大的焊件
	硬钎焊					

第二节 ➡ 焊接成形理论基础

一、焊接电弧

焊接电弧是在电极和工件之间的气体介质中长时间的气体放电现象,即在局部气体介质中有大量电子流通过的导电现象。

电弧具有电压低、电流大、温度高、能量密度大、移动性好等特点,所以是较理想的焊接电源。产生电弧的电极可以是金属丝、钨丝、碳棒或焊条,一般焊条电弧焊采用焊条。电弧稳定燃烧时的电压称为电弧电压,电弧长度(焊条与工件之间的距离)越长,电弧电压也

越高，一般情况下电弧电压为 $16\sim35V$，电弧的温度可达 5000K 以上，可以熔化各种金属。

当使用直流电焊接时，焊接电弧由阴极区、阳极区和弧柱区三个部分组成，如图 4-4 所示。阴极区发射电子，要消耗一定的能量，温度稍低。阳极区因接受高速电子的撞击而获得较高的能量，因而温度升高。从阴极奔向阳极的高速电子在弧柱中与粒子产生强烈的碰撞，将大量的热量释放给弧柱区，所以弧柱区有很高的温度。钢焊条焊接钢材时，阴极区的平均温度为 2400K，阳极区的平均温度为 2600K。弧柱区的长度几乎等于电弧长度，温度可达 $6000\sim8000K$。

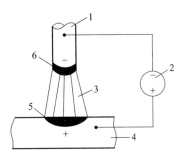

图 4-4 电弧的构造
1—电极；2—直流电源；3—弧柱区；
4—工件；5—阳极区；6—阴极区

焊接电弧所使用的电源叫弧焊电源，一般由电焊机提供。电弧的热量与焊接电流与电弧电压的乘积成正比。电流越大，电弧产生的总热量就越大。焊条电弧焊中只有 $65\%\sim85\%$ 的热量用于加热和熔化金属，其余的热量则散失在电弧周围和飞溅的金属液滴中。

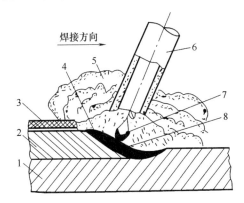

图 4-5 手工电弧焊的冶金过程
1—焊件；2—焊缝；3—渣壳；4—熔渣；
5—气体；6—焊条；7—熔滴；8—熔池

二、电弧焊的冶金过程及特点

（1）电弧焊的冶金过程 熔化焊的本质是小熔池熔炼与铸造，是金属熔化与结晶的过程。电弧焊时，焊接区各种物质在高温下相互作用，产生一系列变化的过程称为电弧焊冶金过程。手工电弧焊的冶金过程如图 4-5 所示，电弧在焊条与被焊工件之间燃烧，电弧热使工件和焊条同时熔化成为熔池，焊条金属液滴借助重力和电弧气体吹力的作用不断进入熔池中。电弧热使焊条的药皮熔化（或燃烧），与熔融金属起物理、化学作用，形成的熔渣不断从熔池中浮出。药皮燃烧所产生的 CO_2 气流围绕电弧周围，熔渣和气流可防止空气中的氧、氮等侵入，从而保护熔池金属不与其他物质发生化学反应。

（2）电弧焊的冶金过程特点 电弧焊焊接钢材的过程是进行熔化、氧化、还原、造渣、精炼和渗合金等一系列物理化学的冶金过程。焊接的冶金过程与一般冶炼过程比较，具有以下特点。

① 焊接电弧和熔池金属的温度高于一般的冶炼温度，金属蒸发、氧化和吸气现象严重。

② 由于熔池体积小，周围又是温度较低的冷金属，因此熔池处于液态的时间很短，冷却速度快，不利于焊缝金属化学成分的均匀和气体、杂质的排除，从而产生气孔和夹渣等缺陷。

由于电弧焊的冶金特点，不利因素较多，在液相时产生以下一系列冶金反应。

① 氧化。氧主要来源于空气，空气中的氧在高温电弧中分解出氧原子（O）。电弧越长，侵入熔池的氧愈多，氧化愈严重，吸氧亦愈多。

② 吸气。熔池在高温时溶解大量气体，冷却时，熔池冷却极快，使气体来不及排出而存在于焊缝中形成气孔。焊缝中气相成分主要是 CO、CO_2、H_2、O_2、H_2O。其中，对金属有不利影响的是 H_2、O_2、N_2。

③ 蒸发。熔池中的液态金属和落入熔池的焊条熔滴的各种元素在高温下，有时接近或达到沸点会强烈蒸发。由于各种元素成分和沸点不同，因此蒸发的数量也不同，其结果是改变了焊缝的化学成分，降低了接头的性能。

（3）电弧焊冶金过程采取的技术措施

① 采取保护措施，限制有害气体进入焊接区。

② 渗入有用合金元素以保护焊缝成分。在焊条药皮（或焊剂）中加入锰铁等合金，焊接时可渗合到焊缝金属中，以弥补有用合金元素的烧损，甚至还可以增加焊缝金属的某些合金元素，以提高焊缝金属的性能。

③ 进行脱氧、脱硫和脱磷。焊接时，熔化金属除可能被空气氧化外，还可能被工件表面的铁锈、油垢、水分或保护气体中分解出来的氧所氧化，所以焊接时必须仔细清除上述杂质，并且在焊条药皮（或焊剂）中加入锰铁、硅铁等用以脱氧。

三、焊接接头的组织和性能

熔化焊接是在局部进行的、短时高温的冶炼、凝固过程。焊接时，热源沿着工件逐渐移动并对工件进行局部加热，故在焊接过程中，焊缝及其周围的母材经历了一个加热和冷却的过程。由于温度分布不均匀，焊缝经历一次复杂的冶金过程。焊缝附近区域受到一次不同规范的热处理，引起相应的组织和性能的变化，从而直接影响焊接质量。

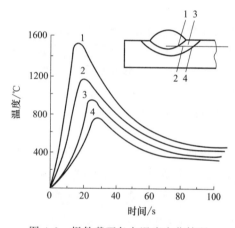

图 4-6 焊件截面各点温度变化情况

1. 焊接工件上温度的变化与分布

在电弧热作用下，焊接接头的金属都经历由常温状态加热到一定温度，然后再逐渐冷却到常温的过程。图 4-6 为焊接时焊件截面上不同点的温度变化情况。焊接时，随着各点金属所在位置的不同，其最高加热温度是不同的，因热传导需要一定时间，所以各点达到该点的最高温度的时间也是不同的。离焊缝越近的点其加热速度越大，被加热的最高温度也越高，冷却速度也越大。

2. 焊接接头的组成和性能

熔化焊的焊接接头由焊缝（welding bead）、熔合区和热影响区（heat-affected zone）组成。

（1）焊缝的组织和性能　焊接组织是指由熔池金属冷却结晶得到的铸态组织。焊缝是由熔池金属结晶形成的焊件结合部分，其金属的结晶是从熔池底壁开始的。由于结晶时各个方向冷却速度不同，因而形成的晶粒是柱状晶，柱状晶粒的生长方向与最大冷却方向相反，垂直于熔池底壁。由于熔池金属受电弧吹力和保护气体的吹动，熔池壁的柱状晶成长受到干扰，使柱状晶呈倾斜层状，晶粒有所细化。熔池结晶过程中，由于冷却速度很快，已凝固的焊缝金属中的化学成分来不及扩散，易造成合金元素分布的不均匀。如硫、磷等有害元素易集中到焊缝中心区，将影响焊缝的力学性能。所以焊条芯（焊丝）必须采用优质钢材，其中硫、磷的含量应很低。此外，由于焊接材料的合金化作用，焊缝金属中锰、硅等合金元素的含量可能比基体金属高，所以焊缝金属的力学性能一般不低于基体金属。

（2）焊接热影响区的组织和性能

在电弧热的作用下，焊缝两侧处于固态的母材发生组织或性能变化的区域，称为焊接热影响区。由于焊缝附近各点受热情况不同，其组织变化也不同，不同类型的母材金属，热影响区各部位也会产生不同的组织变化。图4-7为低碳钢焊接接头的组织变化示意图。按热影响组织变化特征，可分为熔合区、过热区、正火区和部分相变区。

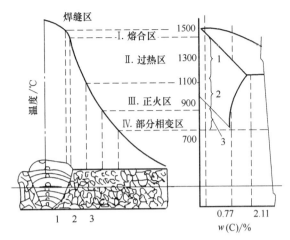

图4-7 低碳钢焊接接头的组织变化

① 熔合区 焊接接头中焊缝与母材交接的过渡区，这个区域的焊接加热温度在液相线和固相线之间，又称半熔化区。焊接过程中仅部分金属被熔化，熔化的金属将凝固成铸态组织，而未熔化的金属因加热温度过高而成为过热粗晶组织。因而熔合区的塑性、韧度差，强度低，成为裂纹和局部脆性破坏的源点。这一区域很窄，只有0.1～0.4mm，是焊接接头中力学性能最差的薄弱部位。

② 过热区 过热区紧靠熔合区，低碳钢过热区的最高加热温度在1100℃至固相线之间，母材金属加热到这个温度，结晶组织全部转变成为奥氏体，奥氏体急剧长大，冷却后得到过热粗晶组织，因而，过热区的塑性和冲击韧度很低。焊接刚度大的结构或碳的质量分数较高的易淬火钢材时，易在此区产生裂纹。

③ 正火区 该区紧靠过热区，是焊接热影响区内相当于受到正火热处理的区域。低碳钢此区的加热温度在 A_{c3}～1100℃。由 Fe-C 相图可知，此温度下金属发生重结晶加热，形成细小的奥氏体组织。由于焊接过程中金属的热传导，使该区的冷却速度较空冷快，相当于进行一次正火处理，使晶粒细小而均匀。因此，一般情况下，焊接热影响区内正火区的力学性能高于未经热处理的母材金属。

④ 部分相变区 紧靠正火区，是母材金属处于 A_{c1}～A_{c3} 的区域。加热和冷却时，该区结晶组织中只有珠光体和部分铁素体发生重结晶转变，而另一部分铁素体仍为原来的组织形态。因此，已相变组织和未相变组织在冷却后晶粒大小不均匀对力学性能有不利影响。

综上所述，熔区和过热区是焊接接头中力学性能很差的区域，对焊接接头有不利影响，应尽量缩小这两区间的范围，以减小和消除其不利影响。

热影响区是不可避免的，但为了提高焊接品质希望它愈小愈好。

焊接接头各区域的大小及组织性能的变化程度，决定于焊接方法、焊接规范、接头形式、焊后冷却速度等因素。采用不同焊接方法焊接低碳钢时，其热影响区的平均尺寸有很大差别，见表4-2。

表4-2 焊接方法对低碳钢焊接热影响区平均尺寸的影响

焊接方法	各区平均尺寸/mm			热影响区总宽度/mm
	过热区	正火区	部分相变区	
焊条电弧焊	2.2～3.0	1.5～2.5	2.2～3.0	5.9～8.5
埋弧自动焊	0.8～1.2	0.8～1.7	0.7～1.0	2.3～3.9
电渣焊	18～20	5.0～7.0	2.0～3.0	25～30
气焊	21	4.0	2.0	27
电子束焊	—	—	—	0.05～0.75

3. 改善焊接接头组织性能的方法

在焊接过程中热影响区是不可避免的。对于普通焊接结构件，热影响区造成的不利影响对使用功能影响不大，因此焊后不用特别处理。但对于重要结构件，则必须采取措施，保证焊接性能。

① 一般采用焊后退火或正火热处理，改善焊缝及热影响区的组织性能。

② 采用多层焊，利用后层对前层的回火作用，使前层的组织和性能得到改善。

③ 尽量选择低碳、低硫、低磷含量的钢材作为焊接结构材料。

④ 合理地选用焊接方法、接头形式与焊接工艺规范等，使其脆性降低，晶粒细化。

四、焊接应力与变形

1. 焊接应力

焊接过程中对焊件进行了局部的不均匀加热是产生焊接应力和变形的根本原因。图 4-8 为低碳钢平板对接焊时产生的应力和变形示意。焊接时，由于对焊件进行局部加热，焊缝区被加热到很高温度，离焊缝愈远，被加热的温度愈低。根据金属材料热胀冷缩特性，焊件各部位因温度不同将产生大小不等的伸长。如各部位的金属能自由伸长而不受周围金属的阻碍，其伸长应如图 4-8（a）中虚线所示。但钢板是一个整体，各部位的伸长必须相互协调，不可能各处都能实现自由伸长，最终平板整体只能协调伸长 Δl。因此，被加热到高温的焊缝区金属因其自由伸长量的限制而承受压应力（－），当压应力超过金属的屈服点时产生压缩塑性变形，以使平板整体达到平衡。同理，焊缝区以外的金属则承受拉应力（＋），所以整个平板存在着相互平衡的压应力和拉应力。焊后冷却时，金属随之冷却，由于焊缝区金属在加热时已经产生了压缩塑性变形，所以冷却后的长度要比原来尺寸短些，所短少的长度应等于压缩塑性变形的长度，见图 4-8（b）中虚线，而焊缝区两侧的金属则缩短至焊前的原长 l。但实际上钢板是一个整体，焊缝区收缩量大的金属将与两侧收缩量小的金属相互协调，最终共同收缩到比原长 l 短 $\Delta l'$ 的位置。收缩变形 $\Delta l'$ 称为"焊接变形"。此时焊缝区受拉应力（＋），两边金属内部受到压应力（－）并互相平衡。这些应力焊后残余在构件内部，称为"焊接残余应力"，简称焊接应力。

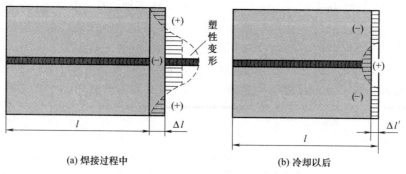

(a) 焊接过程中　　　　　　　　　　(b) 冷却以后

图 4-8　低碳钢平板对接焊时产生的应力和变形示意

2. 焊接变形

当焊接材料因刚性不足，承受不了焊接应力就会产生变形，通过变形来削弱应力。如果焊接应力超过焊接材料的强度极限，焊接件不仅发生变形，而且还会产生裂纹，尤其是低塑性材料更易开裂。焊接变形的本质是焊缝区的压缩塑性变形，而焊件因焊接接头形式、焊接位置、钢板厚度、装配焊接顺序等因素不同，会产生各种不同形式的变形。常见焊接变形的基本形式如表 4-3 所示。

表 4-3　常见焊接变形的基本形式

变形形式	示　意　图	产　生　原　因
收缩变形	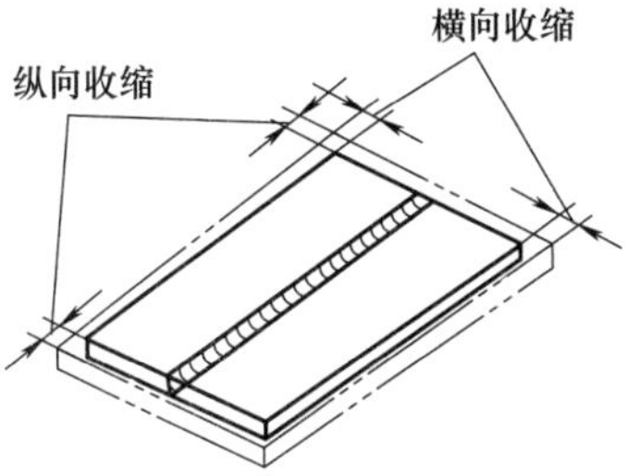 纵向收缩　横向收缩	由焊接后焊缝的纵向(沿焊缝长度方向)和横向(沿焊缝宽度方向)收缩引起
角变形	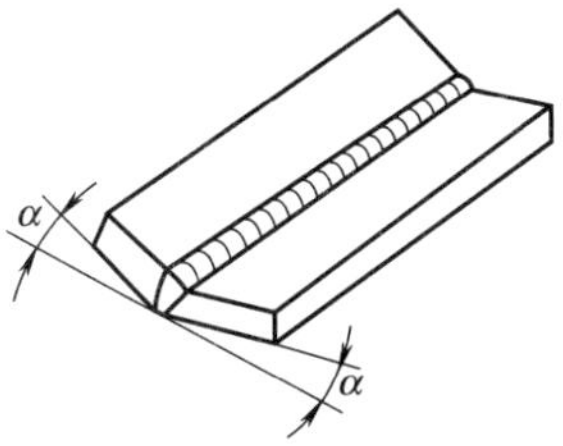 α	由于焊缝横截面形状上下不对称,焊缝横向收缩不均匀引起
弯曲变形	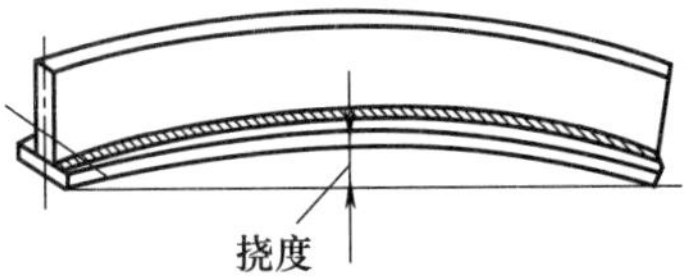 挠度	T 形梁焊接时,焊缝布置不对称,由焊缝纵向收缩引起
扭曲变形	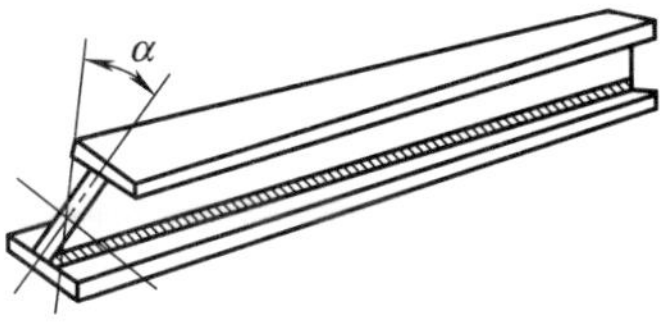 α	工字梁焊接时,由于焊接顺序和焊接方向不合理引起结构上出现扭曲
波浪变形		薄板焊接时,焊接应力使薄板局部失稳而引起

3. 预防和减少焊接应力和变形的措施

（1）焊前预热　预热可使焊缝部分金属和周围金属的温差减小，焊后又可比较均匀地同时冷却收缩，从而减小焊接应力和变形，一般小于 400℃。

（2）选择合理的焊接顺序

① 尽量使焊缝能自由收缩，以减少焊接残余应力。合理地选择焊接顺序可以减少焊接应力的产生，如果按图 4-9（a）的 1、2 次序进行焊接就要增加内应力，特别是在焊缝交叉处（A）易产生裂缝；反之，如按图 4-9（b）的次序 1、2 进行焊接，可减少内应力。

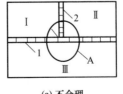

(a) 不合理

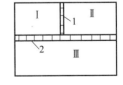

(b) 合理

图 4-9　焊接顺序

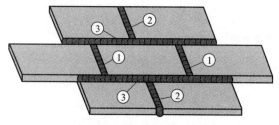

图 4-10　大型平板的拼焊顺序

拼焊时，先焊错开的短焊缝，后焊直通的长焊缝。如图 4-10 所示，若先焊纵向焊缝③，再焊横向焊缝①和②，则焊缝①和②在横向和纵向的收缩都受到阻碍，焊接应力增大，焊缝交叉处和焊缝上都极易产生裂纹。故应先焊①和②焊缝，再焊③焊缝比较合理。

② 对称焊缝采用分散对称焊工艺。如构件的对称两侧都有焊缝，应该设法使两侧焊缝的收缩量能互相抵消或减弱。例如，X 形坡口焊缝的焊接顺序如图 4-11 所示；工字梁与矩形梁的焊接顺序如图 4-12 所示。

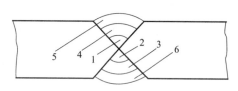

图 4-11　X 形坡口焊缝的焊接顺序

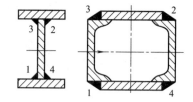

图 4-12　工字梁与矩形梁的焊接顺序

焊接长焊缝时，为了减少焊接变形，常采用"逆向分段焊法"，即：把整个长焊缝分为长度为 150~200mm 的小段，分段进行焊接，每一段都朝着与总方向相反的方向施焊，如图 4-13 所示。

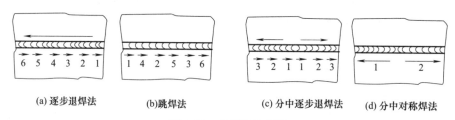

(a) 逐步退焊法　　　(b)跳焊法　　　(c) 分中逐步退焊法　　　(d) 分中对称焊法

图 4-13　长焊缝的焊接

（3）加热"减应区"法　在焊接结构上选择合适的部位加热后再焊接，可大大减少焊接应力。所选的加热部位称"减应区"。例如，图 4-14 框架中部的杆件断裂焊接。焊接时选框架左右两杆中部作为"减应区"进行局部加热，使其伸长，并带动焊接部位产生与焊缝收缩方向相反的变形。焊接冷却时，加热区和焊缝一起收缩，减少了焊缝自由收缩时的拘束，使焊接应力降低。

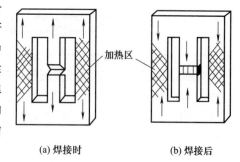

(a) 焊接时　　　　　(b) 焊接后

图 4-14　加热"减应区"法

（4）反变形法　经过计算或凭实际经验预先判断焊后的变形大小和方向，或焊前进行装配时，将焊件安置在与焊接变形方向相反的位置［见图 4-15 （b）］。或在焊前使工件反方向变形，以抵消焊接后所发生的变形［见图 4-15 （d）］。

（5）刚性固定法　采用夹具、胎具等强制手段，以外力固定被焊工件来减少焊接变形［见图 4-16 （a）］。此种方法能有效防止角变形和薄板结构的波浪形变形，但会产生较大的焊

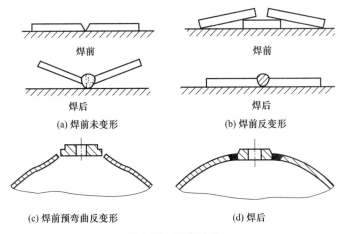

(a) 焊前未变形   (b) 焊前反变形

(c) 焊前预弯曲反变形   (d) 焊后

图 4-15   反变形法

接应力。因此，刚性固定法只能适用于塑性较好的一些低碳钢，且焊后应迅速退火处理以消除内应力，对塑性差的材料如淬硬性较大的钢材及铸铁不能使用，否则焊后易产生裂纹。对一些大型或结构较为复杂的焊件，也可以先组装后焊接，即先将焊件用点焊或分段焊定位后，再进行焊接［见图 4-16（b）］。这样可以利用焊件整体结构之间的相互约束来减少焊接变形，但同样会产生较大的焊接应力。

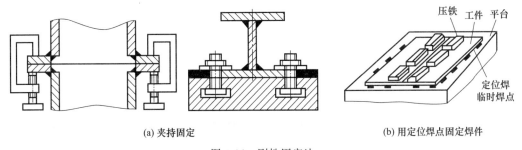

(a) 夹持固定   (b) 用定位焊点固定焊件

图 4-16   刚性固定法

4. 焊后减少与消除焊接应力的措施

焊接时，工件不可避免地要产生内应力。在保证结构有足够承载能力情况下，应尽量减少焊缝数量、焊缝长度及焊缝截面积；要使结构中所有焊缝尽量处于对称位置。厚大件焊接时，应开两面坡口进行焊接，避免焊缝交叉或密集。尽量采用大尺寸板料及合适的型钢或冲压件代替板材拼焊，以减少焊缝数量，减少变形。实际上有些减少变形的方法同时也可以减少内应力，如设计焊接结构时应尽可能减少焊缝数量、长度和截面尺寸，焊缝避免密集和交叉，尽量利用型材和冲压件等。常见的焊后消除应力的方法有以下几种。

① 锤击焊缝法。焊后用圆头小锤对红热状态下的焊缝进行锤击，可以延展焊缝，从而使焊接应力得到一定的释放。

② 焊后热处理法。焊后进行去应力退火。去应力退火过程可以消除焊接应力，即将工件均匀加热到 $580 \sim 680 \, ℃$，保温一定时间后空冷或随炉冷却。整体高温回火消除焊接应力的效果最好，一般可将 $80\% \sim 90\%$ 以上的残余应力消除掉。对于大型焊件，可以采用局部高温退火来降低应力峰值。

③ 机械拉伸法。对焊件（焊缝）进行加载，使焊缝区产生微量塑性拉伸，降低残余应力。

5. 焊接变形的矫正方法

焊接变形的矫正实质上就是使焊件结构产生新的变形，以抵消焊接时已产生的变形。生产中常用的矫正方法有机械矫正法和火焰加热矫正法两种。

① 机械矫正法。用手工锤击、矫正机、辊床、压力机等机械外力，使焊件产生与焊接变形反向的塑性变形而达到矫正（见图 4-17）。此法适用于塑性较好、厚度不大的焊件。

② 火焰加热矫正法。火焰矫正变形是利用金属局部受热后的冷却收缩来抵消已经产生的焊接变形。加热位置通常以点状、线状和三角形加热变形伸长部分，使之冷却产生收缩变形，如图 4-18 所示。火焰加热矫正法主要用于低碳钢和部分普通低碳钢，加热温度一般为 $600\sim800℃$。

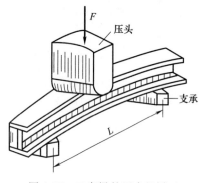

图 4-17 工字梁的压力机矫正

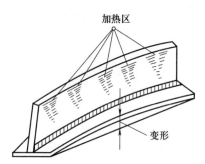

图 4-18 T 形梁的火焰加热矫正

五、焊接缺陷及防止

1. 焊接接头的缺陷

在焊接结构生产中，由于结构设计不当，原材料不符合要求，接头准备不仔细、焊接过程不合理或焊后操作等原因，常使焊接接头产生各种缺陷。常见的焊接缺陷有焊缝外形尺寸不符合要求、焊瘤、气孔、夹渣、咬边、裂纹和未焊透等缺陷（见表 4-4），以未焊透和裂缝的危害性最大。

表 4-4 常见的焊接缺陷

缺陷名称	示意图	特　　征	产生原因
焊瘤		焊缝边缘上存在多余的未与焊件熔合的堆积金属	焊条熔化太快，电弧过长，电流过大，运条不正确，焊速太慢
气孔		焊缝的表面或内部存在气泡	焊件不洁，焊条潮湿，电弧过长，焊速过快，含碳量高
夹渣		焊缝内部存在着非金属夹杂物或氧化物	施焊中焊条未搅拌熔池，焊件不洁，电流过小，焊缝冷却太快，多层焊时各层熔渣未清除干净
咬边		在焊件与焊缝边缘的交界处有小的沟槽	电流过大，焊条角度不对，运条方法不正确，电弧过长

缺陷名称	示意图	特　征	产　生　原　因
裂纹		在焊缝和焊件表面或内部存在裂纹	焊件含碳、硫、磷高，焊接结构设计不合理，焊缝冷速太快，焊接顺序不正确，焊接应力过大，存在咬边、气泡、夹渣、未焊透
未焊透		被焊金属和填充金属之间在局部未熔合	装配间隙太小，坡口间隙太小，运条太快，电流过小，焊条未对准焊缝中心，电弧过长

2. 焊接缺陷的防止

防止焊接缺陷的主要途径：一是制订正确的焊接技术指导文件；二是针对焊接缺陷产生的原因在操作中采取防止措施。

焊缝尺寸不符合要求应从恰当选择坡口尺寸、装配间隙及焊接规范入手，并辅以熟练操作技术。采用夹具固定、定位焊和多层多道焊有助于焊缝尺寸的控制和调节。

为了防止咬边、焊瘤、气孔、夹渣、未焊透等缺陷，必须正确选择焊接规范参数。手工电弧焊规范参数中，以电流和焊速的控制影响最大，其次是预热温度。

各类焊接裂纹都是由于冶金因素和应力因素造成的，因此防止焊接裂纹也必须从这两方面入手。所有防止和减少拉应力的措施都能防止和减少焊接裂纹。在冶金方面，为了防止热裂纹应控制焊缝金属中有害杂质的含量，碳素结构钢用焊芯（丝）应使 $w(C) \leqslant 0.10\%$，$w(S)$、$w(P) \leqslant 0.03\%$，焊接高合金钢时要控制更严。此外，焊接时应选择合适的技术参数和坡口参数。

为了防止焊缝中气孔的产生，必须仔细清除焊件表面的污物。

预防夹渣，除了保证合适的坡口参数和装配品质外，焊前清理是非常重要的，包括坡口面清除锈蚀、污垢和层间清渣。

六、焊接质量检验

对焊接接头进行必要检验是保证焊接质量的重要措施。焊接检验贯穿于焊接生产过程始终，包括焊前、焊接生产过程中和焊后成品检验。焊前检验的主要内容有原材料检验、技术文件、焊工资格考核等。焊接过程中的检验主要检查各生产工序的焊接参数执行情况，以便发现问题及时补救，通常以自检为主。焊后成品检验是检验的关键，通常包括三个方面：无损检验（如 X 光检验、超声波检验等）、成品强度试验（如水压试验、气压试验）、致密性检验（如煤油试验、吹气试验等）。

焊接质量的检验主要分为外观检验和焊接内部无损检验。外观检验主要检查外观缺陷和几何尺寸。内部无损检验主要检验内部缺陷。几乎所有的焊接产品都需要进行焊后的质量检验。

焊接质量检验方法分为破坏性检验和非破坏性检验两种，生产中主要采用非破坏性检验方法。破坏性检验主要包括焊缝的化学成分分析、金相组织分析和力学性能测试等，主要用于科研和新产品的试生产。非破坏性检验又称无损检验，是指在不破坏被检查材料或成品的性能、完整性的条件下进行检测缺陷的方法。常用的非破坏性检验方法有以下几种。

1. 外观检验

焊缝的外观检验用肉眼或借助样板、低倍放大镜（5～20 倍）检查，用以判断焊接接头的外表质量。它能测定焊缝的外形尺寸和鉴定焊缝有无气孔、咬边、焊瘤、裂纹等表面缺陷，是一种最简单但不可缺少的检查手段。

2. 致密性检验

致密性检验是指检查有无漏水、漏油和漏气等现象的试验。对储存气体、液体、液化气体的各种容器、反应器和管路系统应进行致密性检验。常用的致密性检验方法有以下三种。

（1）水压试验　主要用于承受较高压力容器和管道。试验时，先将容器灌满水，然后将水压提高至工作压力的 1.2～1.5 倍，并保持 5min 以上，再降压至工作压力，并用圆头小锤沿焊缝轻轻敲击，检查焊缝的渗漏情况。

（2）气压试验　主要用于检查低压容器、管道和船舶舱室等的密封性。试验时，将压缩空气注入容器或管道，在焊缝表面涂抹肥皂水，以检查渗漏位置。也可以将容器或管道放入水槽，然后向焊件中通入压缩空气，观察是否有气泡冒出。

（2）煤油试验　用于不受压的焊缝及容器的检漏。方法是在焊缝一侧涂上白垩粉水溶液，待干燥后，在另一侧涂刷煤油。若焊缝有穿透性缺陷，则会在涂有白垩粉的一侧出现明显的油斑，由此确定缺陷的位置。如在 15～30min 内未出现油斑，即可认为合格。

3. 焊接表面缺陷检验

（1）磁粉探伤　磁粉探伤的原理是将被检验的铁磁焊件置于外加磁场中磁化，使其内部磁力线通过，并在检验处撒上细磁铁粉，若焊件无缺陷，磁力线在其中分布是均匀的，磁铁粉无聚集现象；若焊缝表面或近表面（深 1～6mm）处有裂纹、气孔、夹渣等缺陷存在，则该处磁阻较大，磁力线会在工件内发生弯曲，并且一部分磁力线会绕过缺陷暴露在焊件的表面，形成漏磁场，漏磁处就会吸附磁铁粉，使磁铁粉按缺陷形状和长度聚集，故可以判断缺陷的位置、形状和大小。此方法只适用于磁性材料制作的薄壁工件和导管，能较好地发现表面裂纹、一定深度和一定大小的未焊透但难以发现气孔和隐藏较深的缺陷。

（2）渗透探伤　渗透探伤是指利用带有荧光染料或红色染料渗透剂的渗透作用，显示缺陷痕迹的无损检验方法。渗透探伤适于检查工件表面难以用肉眼发现的缺陷（表层以下缺陷无法检出），常用荧光探伤和着色探伤两种检验方法。

① 荧光探伤　荧光探伤原理是利用渗透矿物油的氧化镁粉，在紫外线的照射下，能发出黄绿色荧光的特性，使缺陷显露出来。通常，采用煤油作为渗透剂，苯甲酸二丁酯作为荧光增白剂的助溶剂。发光颜色若为黄绿色的可见光，有助于发现微小的缺陷。荧光探伤适用于小型零件，可发现宽度为 0.01mm、长度不小于 2mm 的裂纹。

② 着色探伤　着色探伤原理与荧光探伤一样，不同的是着色探伤采用着色剂取代荧光粉来显示缺陷，适用于大型非铁磁性材料的表面缺陷。常用的渗透剂以煤油、变压器油和苯为基础，再加入饱和的苏丹 4 号红色染料配制而成。显像剂一般由氧化镁、氧化锌、二氧化钛等白色粉末和其他容易挥发的化学剂组成。着色检验的灵敏度比荧光探伤高，其灵敏度一般为 0.01mm，深度不小于 0.03mm。

4. 焊接内部无损探伤

（1）超声波探伤　金属探伤的超声频率一般在 20000Hz 以上。超声波传播到两介质的分界面上时，能被反射回来。当超声波通过探头从焊件表面进入内部遇到缺陷或焊件底面时，分别发生反射。反射波信号被接收后在荧光屏上显示脉冲波形，根据脉冲波形的高低、间隔、位置，可以判断缺陷的有无、位置和大小，但不能确定缺陷的形状和性质。超声波探伤主要用于探测表面光滑、形状简单的厚大焊件的内部缺陷，常与射线探伤配合使用。

（2）射线探伤　射线探伤是利用 X 射线或 γ 射线照射焊缝，根据底片感光程度检查焊接缺陷。由于焊接缺陷的密度比金属小，故在缺陷处底片感光度大，显影后底片上会出现黑色条纹或斑点，根据底片上黑斑的位置、形状、大小即可判断缺陷的位置、大小和种类。X射线宜用于厚度 50mm 以下焊件，γ 射线宜用于厚度 50～300mm 焊件。

上述各种检验方法均可依照有关产品技术条件、检验标准及产品合同的要求进行。焊缝内部检验方法的比较如表 4-5 所示。

表 4-5　几种焊缝内部检验方法的比较

检验方法	能检验出的缺陷	可检验的厚度	灵敏度	其他特点	质量判断
磁粉检验	表面及近表面的缺陷（微细裂缝、未焊透、气孔等）	表面及近表面，深度不超过 6mm	与磁场强度大小及磁粉质量有关	被检验表面最好与磁场正交，限于磁性材料	根据磁粉分布情况判定缺陷位置，但深度不能确定
着色检验	表面及近表面的开口缺陷（微缩裂纹、气孔、夹渣、夹层等）	表面	与渗透剂性能有关，可检出 $0.005 \sim 0.01$mm 的微裂纹，灵敏度高	表面应打磨到 $Ra = 12.5\mu m$，环境温度在 15℃ 以上可用于非磁性材料，适于各种位置单面检验	可根据显示剂上的红色条纹形象地看出缺陷位置、大小
超声波检验	内部缺陷（裂纹、未焊透、气孔及夹渣）	焊件厚度的上限几乎不受限制，下限一般应大于 8～10mm	能检验出直径大于 1mm 的气孔夹渣，检验裂缝较灵敏，对表面及近表面的缺陷不灵敏	检验部位的表面应加工达 $Ra = 6.3 \sim 10.6\mu m$，可以单面检验	根据荧光屏上的信号，可当场判断有无缺陷、位置及其大致大小，但判断缺陷种类较难
X 射线检验	内部缺陷（裂纹、未焊透、气孔、夹渣等）	150kV 的 X 射线机可检厚度不超过 25mm；250kV 的 X 射线机可检厚度不超过 60mm	能检验出尺寸大于焊缝厚度1%～2%的各种缺陷	焊接接头表面不需加工，但正反两面都必须是可接近的	从底片上能直接形象地判断缺陷种类和分布。对平行于射线方向的平面形缺陷不如超声波检验灵敏
γ 射线检验	—	镭能源可检 60～150mm；钴 60 能源可检 60～150mm；铱 192 能源可检 1.0～650mm	较 X 射线低，一般约为焊缝厚的 3%	—	—
高能射线检验	—	9MV 电子直线加速器可检 60～300mm；24MV 电子感应加速器可检 60～600mm	一般不大于焊缝厚度的 3%	—	—

七、焊接构件结构设计

焊接结构件的焊缝布置是否合理，这对焊接品质和生产率有很大影响。对具体焊接结构件进行焊缝布置时，应便于焊接操作，有利于减小焊接应力和变形，提高结构强度。表 4-6 列举了设计焊接结构、焊缝布置的一般原则。

八、焊接接头及坡口形式的选择

焊接接头是焊接结构最基本的组成部分，接头设计应根据结构形状及强度要求、工件厚度、可焊性、焊后变形大小、焊条消耗、坡口加工难易程度等各方面因素综合考虑决定。

表 4-6　焊接结构、焊缝布置的一般原则

选择原则		示例	
		不合理	合理
焊缝位置应便于操作	手弧焊要考虑焊条操作空间		
	自动焊应考虑接头处便于存放焊剂		
	点焊或缝焊应考虑电极引入方便		
焊缝位置布置应有利于减少焊接应力与变形	焊缝应避免过分集中或交叉		
	尽量减少焊缝数量(适当采用型钢和冲压件)		
	焊缝应尽量对称布置		
	焊缝端部产生锐角处应该去掉		

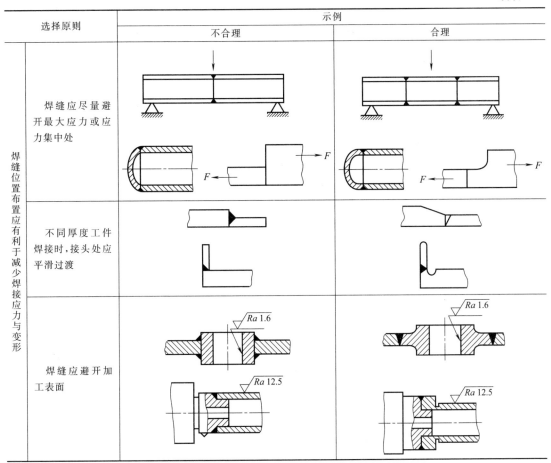

通常焊条电弧焊采用的接头形式有对接、搭接、T形接头和角接4大类。

1. 对接接头及坡口选择

焊条电弧焊对接接头形式可分为Ⅰ形坡口、Ⅴ形坡口、Ⅹ形坡口、Ⅴ形坡口和双Ⅴ形坡口5种形式。每种坡口的尺寸和所适用的钢板厚度都有明确的规定，如图4-19所示。

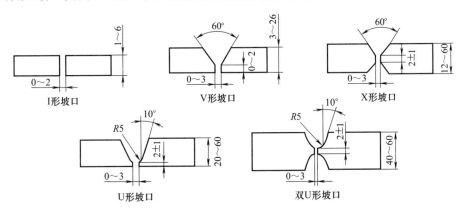

图 4-19 对接接头的坡口形式

焊条电弧焊和其他熔化焊焊接不同厚度的重要受力件时，若采用对接接头，则应在较厚的板上作出单面或双面减薄，然后再选择适宜的坡口形式和尺寸（见图4-20）。

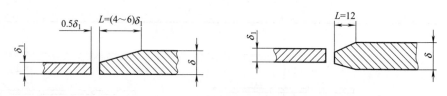

图 4-20　不同厚度的钢板对接

2. 搭接接头及坡口选择

搭接接头不需要开坡口，焊前准备和装配工作比对接接头简单得多。但是搭接接头应力分布复杂，往往产生弯曲附加应力，降低接头强度，搭接接头常用于焊前准备和装配要求简单的板类焊件结构中，如桥梁、房架等多采用搭接接头的形式，如图 4-21 所示。

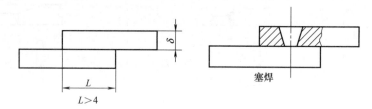

图 4-21　搭接接头

3. T 形接头及坡口形式

T 形接头广泛采用在空间类焊件上，T 形接头及坡口如图 4-22 所示。完全焊透的单面坡口和双面坡口的 T 形接头在任何一种载荷下都具有很高的强度。根据焊件的厚度，T 形接头可选 I 形（不开坡口）、单边 V 形、K 形、单边双 U 形坡口形式。

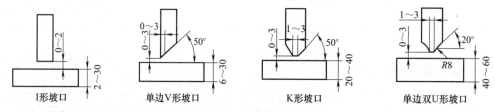

图 4-22　T 形接头的坡口形式

4. 角接头及坡口选择

角接头通常只起连接作用，不能用来传递工作载荷，且应力分布很复杂，承载能力低。根据焊件厚度不同，角接头可选择 I 形坡口（不开坡口）、K 形、单边 V 形、单边 U 形及 V 形等 5 种坡口形式，如图 4-23 所示。

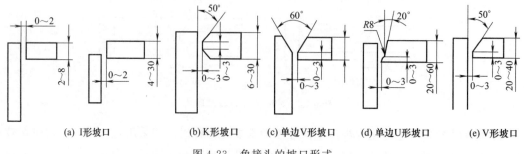

(a) I形坡口　　(b) K形坡口　　(c) 单边V形坡口　　(d) 单边U形坡口　　(e) V形坡口

图 4-23　角接头的坡口形式

九、焊接符号的表示方法

为了简化图纸上的焊缝，可以采用规定的焊缝符号来表示。焊缝符号一般由基本符号和指引线组成，必要时加上辅助符号、补充符号和焊缝尺寸。基本符号是表示焊缝截面形状的符号，表 4-7 为常用的基本符号。辅助符号是表示焊缝表面形状特征的符号，如表 4-8 所示。补充符号是为补充说明焊缝的某些特征而采用的符号，如表 4-9 所示。

表 4-7 常见焊缝的基本符号

名称	示意图	符号
I 形焊缝		 `||`
V 形焊缝		 ∨
单边 V 形焊缝		 ⊻
带钝边 V 形焊缝		 ⅄
封底焊缝		 ⌣
角焊缝	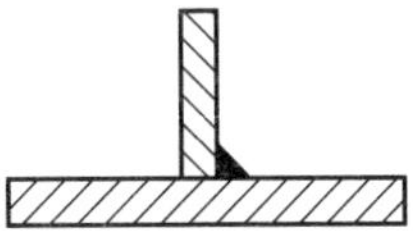	 ◺

表 4-8 焊缝的辅助符号

名称	示 意 图	符号	说明
平面符号		─	焊缝表面平齐 （一般通过加工）
凹面符号	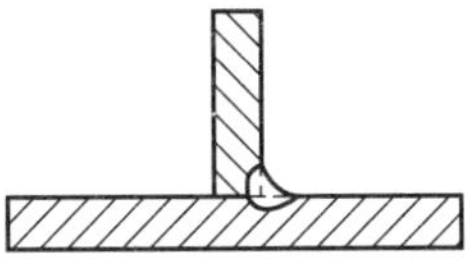	⌣	焊缝表面凹陷
凸面符号		⌒	焊缝表面凸起

表 4-9 焊缝的补充符号

名称	示 意 图	符号	说明
带垫板符号		▭	表示焊缝底部有垫板
三面焊缝符号	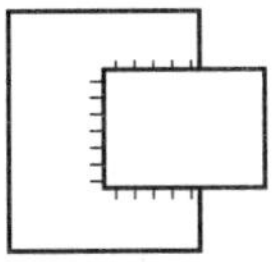	⊏	表示三面带有焊缝
周围焊缝符号	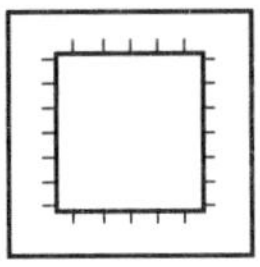	○	表示环绕工件 周围有焊缝

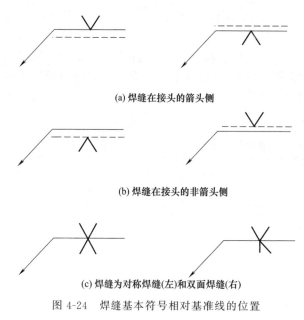

(a) 焊缝在接头的箭头侧

(b) 焊缝在接头的非箭头侧

(c) 焊缝为对称焊缝(左)和双面焊缝(右)

图 4-24 焊缝基本符号相对基准线的位置

完整的焊缝表示方法除基本符号、辅助符号、补充符号外，还包括指引线、一些尺寸符号及数据。指引线一般由带有箭头的指引线（简称箭头线）和两条基准线（一条为实线，另一条为虚线）两部分组成，如图 4-24 所示，箭头可以指向焊缝侧，也可以指向非焊缝侧。当箭头指向焊缝侧时，将基本符号标在实线侧，如图 4-24（a）所示。当箭头指向非焊缝侧时，将基本符号标在虚线侧，如图 4-24（b）所示。标注对称焊缝及双面焊缝时，可不加虚线，如图 4-24（c）所示。

图 4-25 的标注表示为平板对接焊缝，焊缝位置在箭头侧，为 V 形坡口，焊缝表面平整。图 4-26 的标注表示为 T 形接头，双面都有焊缝，为角焊缝，焊缝表面凹陷。

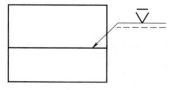

图 4-25 平板对接焊缝的标注

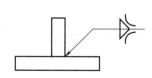

图 4-26 T 形接头焊缝的标注

第三节 ➡ 熔化焊

利用热源局部加热的方法，将两工件接合处加热到熔化状态，形成共同的熔池，凝固冷却后使分离的工件牢固结合起来的焊接称为熔化焊（fusion welding）。熔化焊适合于各种金属材料任何厚度焊件的焊接，且焊接强度高，因而获得广泛应用。熔化焊包括电弧焊、电渣焊、气焊等。

一、焊条电弧焊 (stick welding)

1. 焊条电弧焊的特点

利用电弧作为焊接热源的熔焊方法称为电弧焊。如图 4-27 所示，用手工操纵焊条进行焊接的电弧焊方法，称为焊条电弧焊。

焊接前，将电焊机的输出端分别与工件和焊钳相连，然后在焊条和被焊工件之间引燃电弧，电弧热使工件（基本金属）

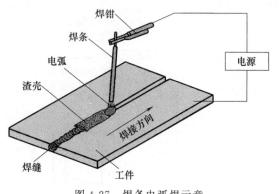

图 4-27 焊条电弧焊示意

和焊条同时熔化成熔池，焊条药皮也随之熔化形成熔渣覆盖在焊接区的金属上方，药皮燃烧时产生大量 CO_2 气流围绕于电弧周围，熔渣和气流可防止空气中的氧、氮侵入起保护熔池的作用。随着焊条的移动，焊条前的金属不断熔化，焊条移动后的金属则冷却凝固成焊缝，使分离的工件连接成整体，完成整个焊接过程。

焊条电弧焊机是供给焊接电弧燃烧的电源，常用的电焊机有交流电弧焊机、直流电弧焊机和整流电弧焊机等。直流电弧焊机的输出端有正、负极之分，焊接时电弧两端的极性不变。因此直流电弧焊机的输出端有两种不同的接线方法：将焊件接电焊机的正极、焊条接其负极称为正接，如图 4-28（a）所示；将焊件接电焊机的负极、焊条接其

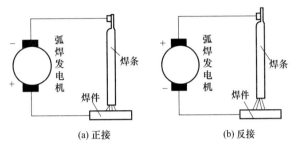

图 4-28　直流电弧焊机的不同接线法

正极称为反接，如图 4-28（b）所示。正接用于较厚或高熔点金属的焊接，反接用于较薄或低熔点金属的焊接。当采用碱性焊条焊接时，应采用直流反接，以保证电弧稳定燃烧。采用酸性焊条焊接时，一般采用交流弧焊机。

2. 焊条（welding electrode）

（1）焊条的组成和作用　电焊条由金属焊芯和药皮两部分组成。

焊芯在焊接时起两个作用：一是作为电源的一个电极，传导电流、产生电弧；二是熔化后作为填充金属，与母材（基本金属）一起形成焊缝金属。

焊芯的化学成分和杂质会直接影响焊缝质量。焊芯通常采用专用钢丝，常用的焊接钢丝牌号和化学成分见表 4-10。

表 4-10　常用的焊接钢丝牌号和化学成分

牌号	化学成分							用途
	w_O	w_{Mn}	w_S	w_{Cr}	w_{Ni}	w_W	w_T	
H08	≤0.10	0.30~0.55	≤0.03	≤0.20	≤0.30	≤0.040	≤0.040	一般焊接结构用焊条的焊芯
H08A	≤0.10	0.30~0.55	≤0.03	≤0.20	≤0.30	≤0.030	≤0.030	重要焊接结构用焊条的焊芯及埋弧焊丝
H08E	≤0.10	0.30~0.55	≤0.03	≤0.20	≤0.30	≤0.025	≤0.025	
H08Mn2Si	≤0.11	1.70~2.10	0.65~0.95	≤0.20	≤0.30	≤0.040	≤0.040	二氧化碳气体保护焊焊丝
H08Mn2SiA	≤0.11	1.80~2.10	0.65~0.95	≤0.20	≤0.30	≤0.030	≤0.030	

焊芯表面的涂料称为药皮，它是决定焊缝品质的主要因素之一。在焊接过程中，药皮的主要作用是：保证电弧稳定燃烧；造气、造渣以隔绝空气，保护熔化金属；对熔化金属进行脱氧、去硫、渗合金元素等。焊条药皮主要由碳酸钾、碳酸钠、大理石、萤石、硅铁、锰铁、钾钠水玻璃等按一定比例混合成涂料，压涂在焊芯表面上，经烘干后制成。

（2）焊条的分类　我国生产的焊条按其用途分为结构钢焊条（J）、钼及铬钼耐热钢焊条（R）、铬不锈钢焊条（G）、铬镍不锈钢焊条（A）、堆焊焊条（D）、铸铁焊条（Z）、镍及镍合金焊条（Ni）、低温钢焊条（W）、铜及铜合金焊条（T）、铝及铝合金焊条（L）和特殊用途焊条（TS）十大类，见表 4-11。其中，结构钢焊条应用最广泛。

根据药皮中熔渣酸性氧化物和碱性氧化物比例不同，焊条又分为酸性焊条和碱性焊条两大类（见表 4-12）。熔渣以酸性氧化物为主的焊条，称为酸性焊条；熔渣以碱性氧化物为主

的焊条，称为碱性焊条。酸性焊条的氧化性强，焊接时具有优良的焊接性能，如稳弧性好，脱渣力强，飞溅小，焊缝成形美观等，对铁锈、油污和水分等容易导致气孔的有害物质敏感性较低。碱性焊条有较强的脱氧、去氧、除硫和抗裂纹的能力，焊缝力学性能好，但焊接技术性能不如酸性焊条，如引弧较困难，电弧稳定性较差等，一般要求用直流电源。而且药皮熔点较高，还应采用直流反接法。碱性焊条对油污、铁锈和水分较敏感，焊接时容易生成气孔。因此，焊接接头应仔细清理，焊条应烘干。

表 4-11　焊条类别

| 类别 | 焊条按用途分类（行业标准） | | 焊条按成分分类（国家标准） | | |
	名称	代号	国家标准编号	名称	代号
一	结构钢焊条	J（结）	GB/T 5117—2012	碳钢焊条	
二	钼和铬钼耐热钢焊条	R（热）	GB/T 5118—2012	低合金钢焊条	E
三	低温钢焊条	W（温）			
四	不锈钢焊条	G（铬）　A（奥）	GB/T 983—2012	不锈钢焊条	
五	堆焊焊条	D（堆）	GB/T 984—2001	堆焊焊条	ED
六	铸铁焊条	Z（铸）	GB/T 10044—2006	铸铁焊条	EZ
七	镍及镍合金焊条	Ni（镍）	—	—	
八	铜及铜合金焊条	T（铜）	GB/T 3670—1995	铜及铜合金焊条	TCu
九	铝及铝合金焊条	L（铝）	GB/T 3669—2001	铝及铝合金焊条	TAl
十	特殊用途焊条	TS（特）			

表 4-12　焊条按熔渣特性分类一览表

分类	熔渣主要成分	焊接特性	型号举例	应用
酸性焊条	SiO_2 等酸性氧化物及在焊接时易放出氧的物质，药皮里造气剂为有机物，焊接时产生保护气体	焊缝冲击韧度差，合金元素烧损多，电弧稳定，易脱渣，金属飞溅少	E4303	适合于焊接低碳钢和不重要的结构件
碱性焊条	$CaCO_3$ 等碱性氧化物，并含有较多的铁合金作为脱氧剂和合金剂	合金化效果好，抗裂性能好，直流反接，电弧稳定性差，飞溅大，脱渣性差	E5015	主要用于焊接重要结构件，如压力容器等

　　根据 GB 5117—2012 和 GB 5118—2012，低碳钢和低合金钢焊条型号的形式为："E×××××"，其中"E"表示焊条；第一、二位数字表示熔敷金属抗拉强度的最低值；第三位数字表示焊条适用的焊接位置，"0"和"1"表示焊条适用于全位置焊接；"2"表示适用于平焊及平角焊，"4"表示适用于向下立焊；第四位数字表示焊接电流种类及药皮类型。如 E4315 所表示的焊条，熔敷金属抗拉强度的最低值为 420MPa，适用于全位置焊接；药皮类型为低氢钠型，应采用直流反接焊接。

　　焊条型号是焊接行业统一的焊条代号，其形式与含义是：焊条牌号前大写字母，表示焊条各大类。字母后面的三位数字中，前两位数字表示各大类中的若干小类，具体含义因大类不同而异。对于结构钢，这两个数字表示焊缝抗拉强度等级。第三位数字表示焊接电流种类和药皮类型，见表 4-13。

表 4-13　碳钢焊条的焊接位置、药皮类型和电流种类

焊条型号	药皮类型	焊接位置	电流种类
E43 系列-熔敷金属抗拉强度≥420MPa			
E4300	特殊型		交流或直流正、反接
E4301	钛铁矿型	平、立、仰、横	
E4303	钛钙型		
E4310	高纤维素钠型		直流反接

续表

焊条型号	药皮类型	焊接位置	电流种类
E43 系列-熔敷金属抗拉强度≥420MPa			
E4311	高纤维素钾型	平、立、仰、横	交流或直流反接
E4312	高钛钠型		交流或直流正接
E4313	高钛钾型		交流或直流正、反接
E4315	低氢钠型		直流反接
E4316	低氢钾型		交流或直流反接
E4320	氧化铁型	平	交流或直流正、反接
		平角焊	交流或直流正接
E4322		平	交流或直流正接
E4323	铁粉钛钙型	平、平角焊	交流或直流正、反接
E4324	铁粉钛型		
E4327	铁粉氧化铁型	平	交流或直流正、反接
		平角焊	交流或直流正接
E4328	铁粉低氢型	平、平角焊	交流或直流反接
E50 系列-熔敷金属抗拉强度≥490MPa			
E5001	钛铁矿型	平、立、仰、横	交流或直流正、反接
E5003	钛钙型		
E5010	高纤维素钠型		直流反接
E5011	高纤维素钾型		交流或直流反接
E5014	铁粉钛型		交流或直流正、反接
E5015	低氢钠型		直流反接
E5016	低氢钾型		交流或直流反接
E5018	铁粉低氢钾型		
E5018M	铁粉低氢型		直流反接
E5023	铁粉钛钙型	平、平角焊	交流或直流正、反接
E5024	铁粉钛型		交流或直流正、反接
E5027	铁粉氧化铁型	平、平角焊	交流或直流正接
E5028	铁粉低氢型	平、平角焊	交流或直流反接
E5048		平、仰、横、立向下	

注：1. 焊接位置栏中文字含义：平—平焊、立—立焊、仰—仰焊、横—横焊、平角焊—水平角焊、立向下—向下立焊。

2. 焊接位置栏中立和仰系指适用于立焊和仰焊的直径不大于 4.0mm 的 E5014、E××15、E××16、E5018 和 E5018M 型焊条及直径不大于 5.0mm 的其他型号焊条。

3. E4322 型焊条适宜单道焊。

（3）焊条的选用原则　通常应根据焊接结构的化学成分、力学性能、抗裂性、耐腐蚀性以及高温性能等要求，选用相应的焊条种类。再考虑焊接结构形状、受力情况、工作条件和焊接设备等选用具体的型号与牌号。一般选择原则如下。

① 等强度原则。对于承受静载或一般载荷的工件和结构，应按照母材的强度等级选用相应强度等级的焊条。同一强度等级的酸性焊条或碱性焊条的选用主要考虑焊件的结构形状、钢板厚度、载荷性质和抗裂性能而定。若焊件为结构钢时，则焊条的选用应满足焊缝和母材"等强度"，且成分相近的焊条；异种钢焊接时，应按其中强度较低的钢材选用焊条。

② 等成分原则。在特殊环境下工作的结构，如要求耐磨、耐蚀、耐高温或低温等，具有较高的力学性能，为了保证焊接接头的特殊性能要求，一般根据母材的化学成分类型按"等成分原则"选用与母材成分类型相同的焊条。若焊件为特殊钢，如不锈钢、耐热钢等时，若母材中碳、硫、磷含量较高，则选用抗裂性能好的碱性焊条。

③ 等条件原则。根据焊件的工作条件与结构特点选择焊条，如对于承受交变载荷、冲

击载荷的焊接结构，或者形状复杂、厚度大，刚性大的焊件，应选用碱性低氢型焊条。焊接一般结构，或者焊接部分无法清理干净且容易产生气孔的焊件，宜采用碱性焊条。

④ 现场协同原则。根据焊接设备、施工条件和焊接技术性能，在保证焊缝品质的前提下，应尽量选用成本低、劳动条件好的焊条，无特殊要求时应尽量选用焊接技术性能好的酸性焊条。如焊接现场缺少直流弧焊电源时，应采用交、直流两用焊条。

二、埋弧自动焊（submerged arc welding）

埋弧自动焊是电弧在颗粒状焊剂层下燃烧的自动电弧焊接方法。

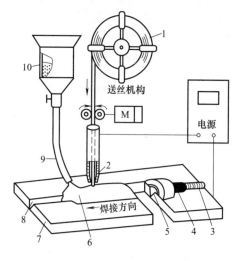

图 4-29 埋弧自动焊的焊接过程
1—焊丝；2—导电嘴；3—焊缝；4—渣壳；
5—熔覆金属；6—焊剂；7—工件；
8—坡口；9—软管；10—焊剂漏斗

（1）焊接过程 埋弧自动焊的焊接过程见图 4-29。焊接时，送丝机构送进焊丝使之与焊件接触，焊剂通过软管均匀撒落在焊缝上，掩盖住焊丝和焊件接触处。通电以后，向上抽回焊丝而引燃电弧。电弧在焊剂层下燃烧，使焊丝、焊件接头和部分焊剂熔化，形成一个较大的熔池，并进行冶金反应。电弧周围的颗粒状焊剂被熔化成熔渣，少量焊剂和金属蒸发形成蒸气，在蒸气压力作用下，气体将电弧周围的熔渣排开，形成一个封闭的熔渣泡，如图 4-30 所示，它有一定的黏度，能承受一定的压力。因此，被熔渣泡包围的熔池金属与空气隔离，同时也防止了金属的飞溅和电弧热量的损失。随着焊接的进行，电弧向前移动，焊丝不断送进，熔化后的金属逐渐冷却凝固形成焊缝。熔化的焊剂覆盖在焊缝金属上形成渣壳。最后，断电熄弧，完成整个焊接过程。未熔化的焊剂经回收处理后，可重新使用。

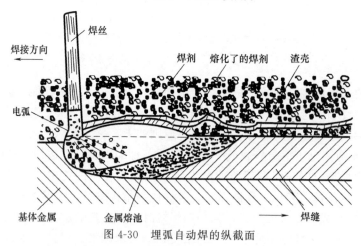

图 4-30 埋弧自动焊的纵截面

（2）焊丝与焊剂 埋弧自动焊的焊丝同手工电弧焊焊芯的作用一样，其成分标准也相同。常用焊丝牌号有 H08A、H08MnA、H10Mn2 等。

焊剂与焊条药皮的作用也相同，在焊接过程中起稳弧、保护、脱氧、渗合金等作用。焊剂按制造方法分为熔炼焊剂、陶质焊剂和烧结焊剂。

（3）埋弧自动焊的特点及应用

① 生产率高。生产率比手工电弧焊高 5～10 倍。

② 焊接品质高而且稳定。埋弧自动焊时，熔渣泡对金属熔池保护严密，有效地阻止了空气的有害影响，热量损失小，熔池保持液态时间长，冶金过程进行得较为完善，气体与杂质易于浮出，焊缝金属化学成分均匀。同时焊接规范能自动控制调整，焊接过程自动进行。因此，焊接品质高，焊缝成形美观，并保持稳定。

③ 节省金属材料。埋弧焊热量集中，熔深大，厚度在 25mm 以下的焊件都可以不开坡口进行焊接，因此降低了填充金属损耗。此外，没有手工电弧焊时的焊条头损失，熔滴飞溅很少，因而能节省大量金属材料。

④ 劳动条件好。埋弧自动焊由于电弧埋在焊剂之下，看不到弧光，烟雾很少，焊接过程中焊工只需预先调整焊接参数，管理焊机，焊接过程便可自动进行，所以劳动条件好。

但是埋弧自动焊的灵活性差，只能焊接长而规则的水平焊缝，不能焊短的、不规则焊缝和空间焊缝，也不能焊薄的工件。焊接过程中，无法观察焊缝成形情况，因而对坡口的加工、清理和接头的装配要求较高。埋弧自动焊设备较复杂，价格高，投资大。

三、气体保护电弧焊（gas shield welding）

气体保护电弧焊是利用外加气体作为电弧介质并保护电弧和焊接区的电弧焊。在气体保护电弧焊中，用作保护介质的气体有氩气和二氧化碳。CO_2 虽具有一定氧化性，但其价廉易得，且对不易氧化的低碳钢仍然具有很好的保护作用，所以应用也较普遍。

（1）氩弧焊（argon arc welding） 氩弧焊是使用氩气为保护气体的电弧焊。氩弧焊时，氩气从喷嘴喷出后，便形成密闭而连续的气体保护层，使电弧和熔池与大气隔绝，避免了有害气体的侵入，起到了保护作用。氩弧焊按所用电极不同，分为熔化极氩弧焊和不熔化极（或钨极）氩弧焊。

① 熔化极氩弧焊 熔化极氩弧焊的焊接过程如图 4-31（a）所示。它利用焊丝做电极并兼做焊缝填充金属，焊接时，在氩气保护下，焊丝通过送丝机构不断地送进，在电弧作用下不断熔化，并过渡到熔池中去。冷却后形成焊缝。由于采用焊丝作电极，可以采用较大的电流，适合于焊接厚度为 3～25mm 的焊件。

② 不熔化极氩弧焊 不熔化极氩弧焊以高熔点的钨（或钨合金）棒作为电极，焊接时，

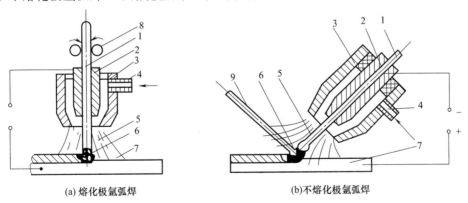

(a)熔化极氩弧焊　　　　　　　　(b)不熔化极氩弧焊

图 4-31　氩弧焊示意图

1—焊丝或电极；2—导电嘴；3—喷嘴；4—进气管；5—氩气流；

6—电弧；7—焊件；8—送丝轮；9—焊丝

钨棒不熔化，只起导电产生电弧的作用。焊丝只起填充金属作用，从钨极前方向熔池中添加，如图 4-31（b）所示，焊接方式既可手工操作，也可自动化操作。

③ 氩弧焊特点及其应用

a. 焊缝品质好，成形美观。氩气对金属熔池的保护作用非常好，焊缝不易出现气孔和夹杂。此外氩弧焊电弧稳定，飞溅小，焊缝致密，表面没有熔渣，所以氩弧焊焊缝品质好，成形美观。

b. 焊接热影响区和变形较小。电弧在保护气流压缩下燃烧，热量集中，熔池较小，所以焊接速度快，热影响区较窄，工件焊后变形小。

c. 操作性能好。氩弧焊时电弧和熔池区是气流保护，明弧可见，所以便于观察、操作、可进行全位置焊接，并且有利于焊接过程自动化。

d. 适于焊接易氧化金属。保护气氛的氧化性很弱，甚至无氧化性，几乎可以焊接所有金属，尤其适合焊接易氧化的有色金属及锆、钽、钼等稀有金属。

e. 焊接成本高。氩弧焊焊前对工件清理要求较高，同时，由于氩气昂贵，焊接成本相对较高。目前，氩弧焊主要用于焊接易氧化的非铁金属（如铝、镁、铜、钛及合金）和稀有金属，以及高强度合金钢、不锈钢、耐热钢等。在汽车工业中，氩弧焊主要用于机油盘、铝合金零部件的焊接和补焊。

（2）二氧化碳气体保护焊（carbon-dioxide arc welding） 利用二氧化碳气体作为保护气体的电弧焊称为二氧化碳气体保护焊。它以连续送进的焊丝作为电极，靠焊丝和焊件之间产生的电弧熔化金属与焊丝，以自动或半自动方式进行焊接。如图 4-32 所示，焊接时焊丝由送丝机构通过软管经导电嘴送进，CO_2 气体以一定流量从环形喷嘴中喷出。电弧引燃后，焊丝末端、电极及熔池被 CO_2 气体所包围，使之与空气隔绝，起到保护作用。

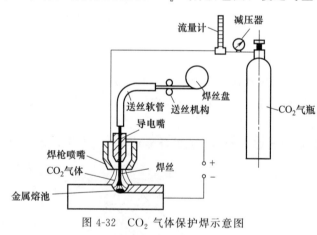

图 4-32 CO_2 气体保护焊示意图

CO_2 虽然起到了隔绝空气的保护作用，但它是一种氧化性气体。在电弧高温下可分解为 CO 和 O 进入熔池，一方面使钢中的 C、Si、Mn 等合金元素氧化烧损，焊缝增氧，力学性能下降；另一方面若焊丝中含碳量高，生成的 CO 在高温下膨胀，从液态金属中逸出时，会造成金属飞溅严重同时 CO_2 气体冷却能力强，熔池凝固快，焊缝中易产生气孔；因此为保证焊缝质量，必须使用焊接冶金过程中能脱氧和渗合金的特殊焊丝来完成 CO_2 焊。常用的 CO_2 焊焊丝是 H08Mn2SiA。

CO_2 气体保护焊特点及应用范围如下。

① 生产率高。CO_2 焊电流密度高，焊丝熔化速度快，熔敷率高；电弧挺度大，穿透力强。

② 熔深大，可以不开坡口或开小坡口，所以生产率比手工电弧焊高 1～4 倍。

③ 焊接成本低。CO_2 气体来源广、价格低，焊接成本仅为焊条电弧焊的 40%～50%。

④ 明弧焊接，便于观察、操作和控制，适合于各种空间位置的焊接，易实现机械化和自动化。例如 CO_2 电弧焊机器人已成功地应用于汽车制造等自动生产线上，取得了很好的技术经济效益。

⑤ 焊接质量好。CO₂ 气体具有较强的氧化性，使焊缝含氢量显著降低，抗裂性好，抗氢气孔能力增强。

目前 CO_2 焊主要用于焊接低碳钢、强度级别不高的普通低合金钢及对焊缝性能要求不高的不锈钢焊件。在汽车制造中，CO_2 保护焊用于车厢、后桥、车架、减震器阀杆、横梁、后桥壳管、传动轴、液压缸和千斤顶等的焊接。

四、电渣焊（electoslag welding）

电渣焊是利用电流通过液态熔渣时所产生的电阻热作为热源的一种熔化焊接的方法。根据焊接时使用电极的形状，可分为丝极电渣焊、板极电渣焊和熔嘴电渣焊等。

（1）电渣焊的焊接过程　电渣焊总是在垂直立焊位置进行焊接，丝极电渣焊的焊接过程如图 4-33 所示。电焊前，先将焊件垂直放置，在接触面之间预留 20～40mm 的间隙形成焊接接头。在接头底部加装引入板和引弧板，顶部加装引出板，以便引燃电弧和引出渣池，保证焊接品质。在接头两侧装有水冷铜滑块以利熔池冷却凝固。焊接时，先将颗粒焊剂放入焊接接头的间隙，然后送入焊丝，焊丝同引弧板接触后引燃电弧。电弧将不断加入的焊剂熔化成熔渣，当熔渣液面升高到一定高度，形成渣池。渣池形成后，迅速将电极（焊丝）埋入渣池中，并降低焊接电压，使电弧熄灭，进行电渣焊过程。由于电流通过具有较大电阻的液态熔渣，

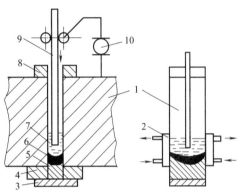

图 4-33　电渣焊示意
1—工件；2—冷却铜块；3—引弧板；4—引入板；
5—凝固层；6—熔池；7—熔渣；8—引出板；
9—焊丝；10—直流电源

产生的电阻热使熔渣升高到 1600～2000℃，将连续送进的焊丝和焊件接头边缘金属迅速熔化。熔化的金属在下沉过程中，同熔渣起一系列冶金反应，最后沉积于渣池底部，形成了金属熔池，随着焊丝不断送进，熔池逐渐上升，冷却铜滑块上移，熔池底部逐渐凝固形成焊缝。

（2）电渣焊的特点及应用

① 生产效率高，成本低。电渣焊焊件不需开坡口，只需使焊接端面之间保持适当的间隙便可一次焊接完成，因此既提高了生产率，又降低了成本。

② 焊接品质好。由于渣池覆盖在熔池上，保护作用良好，而且熔池金属保护液态时间长，有利于焊缝化学成分的均匀和气体杂质的上浮排除。因此，出现气孔、夹渣等缺陷的可能性小，焊缝成分较均匀，焊接品质好。

③ 焊接应力小。焊接速度慢，焊件冷却速度相应降低，因此焊接应力小。

④ 热影响区大。电渣焊由于熔池在高温停留时间较长，热影响区较其他焊接方法都宽，造成接头处晶粒粗大，力学性能有所降低。所以，一般电渣焊后都要进行热处理或在焊丝、焊剂中配入钒、钛等元素以细化焊缝组织。

五、电子束焊（electron-beam welding）

电子束焊是利用加速和聚焦的电子束，轰击置于真空或非真空中的焊件所产生的热能进行焊接的方法。电子束轰击焊件时 99% 以上的电子动能会转变为热能，因此，焊件被电子束轰击的部位可加热至很高温度。

电子束焊根据焊件所处环境的真空不同，可分为高真空电子束焊、低真空电子束焊和非真空电子束焊。图 4-34 为真空电子束焊接示意。在真空中，电子枪的阳极被通电加热至高温，发射出大量电子，这些热发射电子在强电场的阴极和阳极之间受高压作用而加速。高速运动的电子经过聚束装置、阳极和聚焦线圈形成高能量密度的电子束。电子束以极大速度射向焊件，电子的动能转化为热能使焊件轰击部位迅速熔化，即可进行焊接（利用磁性偏转装置可调节电子束射向焊件不同的部位和方向），焊件移动便可形成连续焊缝。

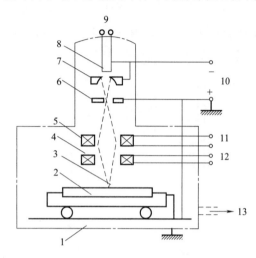

图 4-34　真空电子束焊接示意

1—真空室；2—焊件；3—电子束；4—磁性偏转装置；

5—聚焦透镜；6—阳极；7—阴极；8—灯丝；

9—交流电源；10—直流高压电源；

11,12—直流电源；13—排气装置

真空电子束焊与其他焊接方法相比有以下特点。

① 电子束能量密度很高，穿透能力强。电子束焊缝的深宽比可以达到 50∶1，焊接厚板时可以不开坡口一次焊透，比电弧焊节约能源和节省辅助材料。

② 焊接速度快，热影响区小，焊接变形小，可对精加工后的零件进行焊接。而且有利于焊缝金属的除气和净化，因而特别适合于活性或高纯度金属以及难熔金属的焊接。

③ 在真空中焊接，既可以防止熔化金属受氧、氮等有害气体侵蚀，又有利于焊缝成形。

④ 电子束焊工艺参数可在较广的范围内进行调节，控制灵活，适应性强。可焊 0.1mm 薄板，也可焊 200～300mm 厚板；能焊接各种金属材料、复合材料以及异种材料等。

⑤ 对焊接接头的装配质量要求较高，被焊工件的尺寸和形状常受到真空室的限制。

⑥ 设备复杂，成本高，使用、维修较困难。电子束产生的 X 射线需要防护。

目前电子束焊已在航空、航天、仪器仪表、原子能、机械等领域得到应用。汽车制造工业也是电子束焊接的最大用户之一，如汽车变速齿轮、卡车后桥、汽车铝合金结构件等工件的焊接。

六、激光束焊（laser-beam welding）

激光束焊接是以聚集的激光束作为能源的特种熔化焊接方法，简称激光焊接。激光焊接如图 4-35 所示。焊接用激光器有固态和气态两种，常用的激光材料为红宝石、玻璃和二氧化碳。激光器利用原子受激辐射的原理，使物质受激而产生波长均一、方向一致和强度非常高的光束，经聚集后，激光束的能量更为集中，能量密度大大增加（$10^5 W/cm^2$）。如将焦点调节到焊件结合处，光能迅速转换成热能，使金属瞬间熔化，冷凝成为焊缝。

激光焊接的方式有脉冲激光点焊和连续激光焊两种。目前，脉冲激光点焊应用较广泛，它适宜于焊接厚度为 0.5mm 以下的金属薄板和直径 0.6mm 以下的金属线材。

激光焊接的特点如下。

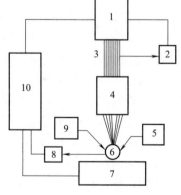

图 4-35　激光焊接示意

1—激光器；2—信号器；3—激光束；

4—聚集系统；5—辅助能源；6—焊件；

7—工作台；8—信号器；

9—观测瞄准器；10—程控设备

① 由于激光焊热量集中，作用时间极短，因此能量密度大，热影响区小，焊接变形小，焊件尺寸精度高。可以在大气中焊接，不需要采取保护措施。

② 激光束通过光学系统反射和聚集，可以对其他焊接方法很难焊接的部位进行焊接，还可以通过透明材料壁对结构内部进行焊接，如对真空管的电极连接和显像管内部接线的连接。

③ 激光焊可用于绝缘材料、异种金属、金属与非金属的焊接。

激光焊接的主要缺点是激光焊的设备昂贵，能量转化率低（5%～20%），功率较小，焊件厚度受到一定限制，所以它主要用于电子仪表工业和航空技术、原子能反应堆等领域。在汽车工业中，激光技术主要用于车身焊接、坯板拼焊和零部件焊接，如齿轮及传动部件、非金属及对电磁性有要求的汽车零件（塑料燃料箱、发动机的传感器）等。激光拼焊是在车身设计制造中，根据车身不同的设计和性能要求，选择不同规格的钢板，通过激光截剪和拼装技术完成车身某一部位的制造，例如前挡风玻璃框架、车门内板、车身底板、中立柱等。激光拼焊具有减少零件和模具数量、减少点焊数目、优化材料用量、降低零件重量、降低成本和提高尺寸精度等优点，目前已经被许多大汽车制造商和配件供应商所采用。

七、气焊（gas welding）

气焊是利用可燃气体乙炔（C_2H_2）和氧气混合燃烧时所产生的高温火焰作为热源的熔化焊接方法。

气焊时，熔焊所需热量是通过氧气和乙炔在特制的氧炔焊炬（或焊枪）中混合燃烧而产生的。改变氧气和乙炔的比例可获得 3 种类型的火焰：中性焰、碳化焰（乙炔过量）和氧化焰（氧气过量）。

① 中性焰。氧气与乙炔体积混合比为 1～1.2，乙炔充分燃烧，适合焊接碳钢和非铁合金。

② 碳化焰。氧气与乙炔体积混合比小于 1，乙炔过剩，适用于焊接高碳钢、铸铁和高速钢。

③ 氧化焰。氧气与乙炔体积混合比大于 1.2，氧气过剩，适用于黄铜和青铜的钎焊。

气焊的特点如下。

① 与焊接电弧相比，气体火焰的温度低，热量分散。因此，气焊的生产率低，变形严重，接头显微组织粗大，性能较差。

② 气焊熔池温度容易控制，容易实现单面焊双面成形。

③ 气焊还便于预热和后热，不需要电源。

目前，气焊主要用于薄钢板（厚度 0.5～3mm）、铜及铜合金的焊接和铸铁的补焊。气焊主要用于野外维修工作，在很大程度上已被电焊所代替。

第四节 ❯ 压焊

一、电阻焊（resistance welding）

电阻焊又称接触焊，是利用电流通过焊接接头的接触面时产生的电阻热将焊件局部加热到熔化或塑性状态，在压力下形成焊接接头的压焊方法。

与其他焊接方法相比较，电阻焊具有生产率高，焊件变形小，劳动条件好，焊接时不需要填充金属，易于实现机械化、自动化等特点。但是由于影响电阻大小和引起电流波动的因素均导致电阻热的改变，因此电阻焊接头品质不稳，从而限制了在某些受力构件上的应用。此外，电阻焊设备复杂，价格昂贵，耗电量大。

电阻焊按接头形式的不同，可分为点焊、缝焊、对焊 3 种，如图 4-36 所示。

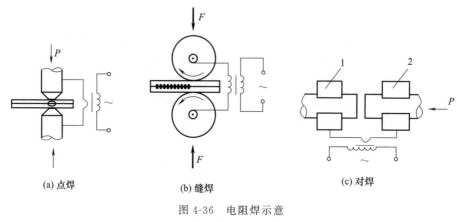

(a) 点焊　　　　　　(b) 缝焊　　　　　　(c) 对焊

图 4-36　电阻焊示意
1—固定电极；2—移动电极

1. 点焊（spot welding）

点焊是利用柱状铜合金电极，在两块搭接焊件接触面之间形成焊点，而将工件连接在一起的焊接方法。

点焊件的接头形式见图 4-37。点焊前将表面已清理好的工件叠合，置于两极之间预压夹紧，使被焊工件受压处紧密接触，然后接通电流。因接触面的电阻比焊件本身电阻大得多，该处发热量最多，工件与工件接触处产生的电阻热很快被导热性能好的铜电极和冷却水带走，因此接触处不会熔化。当两工件接触处发出的热量使该处的温度急速升高，将该处的金属熔化而形成熔核时，熔核周围的金属则被加热到塑性状态，在压力作用下形成一紧密封闭的塑性金属环。然后断电，使熔核金属在压力作用下冷却和结晶，从而获得所需要的焊点。焊完一点后，移动工件焊下一点。焊第二点时，有一部分电流可能流经已焊好的焊点，称之为分流现象。如图 4-38 所示，电流 $I_分$ 将会使第二点焊接处电流 $I_焊$ 减小，影响焊点品质，因而两焊点间应有一定的距离。其次，焊件厚度越大焊点直径也越大，两焊点间最小间距也越长。

点焊时，熔核金属被周围塑性金属紧密封闭，不与外界空气接触，故点焊焊点强度较

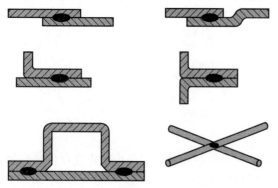

图 4-37　点焊件的接头形式

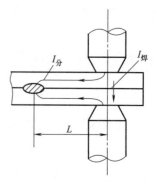

图 4-38　点焊分流现象

高、工件表面光滑，质量较好，主要用于接头不要求气密、厚度为 4mm 以下的薄板冲压结构焊接。目前，它广泛用于汽车、飞机、电子设备等薄壁构件，尤其是用于汽车制造业，如车身总成、地板、车门、侧围、后围、前桥等，据统计，每辆汽车车身上约有 5000 多个点焊焊点。

2. 缝焊（seam welding）

缝焊的焊接过程与点焊相似，只是用转动的圆盘状电极取代点焊时所用的柱状电极。焊接时，圆盘状电极压紧焊件并转动，依靠摩擦力带动焊件向前移动，配合断续通电，形成许多连续并彼此重叠的焊点，焊点相互重叠约 50% 以上。

缝焊时，焊点相互重叠 50% 以上，故焊缝强度高，密封性好。但焊接分流现象严重，所需焊接电流较大，焊接相同厚度的工件，其焊接电流为点焊的 1.5～2 倍。故缝焊主要用于焊件厚度小于 3mm、要求密封性好的薄壁构件，如汽车油箱、消音器，减震器封头与管道等。

3. 对焊（butt welding）

对焊是把焊件装配成对接的接头，使其端面紧密接触，利用电阻热加热至塑性状态，然后迅速施加顶锻力完成焊接的方法。根据焊接过程不同，又可分为电阻对焊和闪光对焊。

（1）电阻对焊（upset butt welding） 电阻对焊时，把两个被焊工件装在对焊机的两个电极夹具上对正、夹紧，并施加预压力使两工件端面压紧，然后通电。电流通过工件和接触处时产生电阻热，将两被焊工件的接触处迅速加热至塑性状态，随后向工件施加较大的顶锻力并同时断电，使接触处生产一定的塑性变形而形成接头，如图 4-39 所示。

电阻对焊操作简单，接头光滑，毛刺小，但焊前对工件端面加工和清理有较高的要求，否则端面加热不均匀，容易产生局部氧化和夹渣缺陷，质量不易保证。因此电阻对焊一般用于断面简单、直径（或边长）小于 20mm 和强度要求不高的焊件。

（2）闪光对焊（flash butt welding） 如图 4-40 所示，将焊件夹持在电极夹具上对正夹紧，先接通电源并逐渐使两工件靠近，由于接头端面比较粗糙，开始只有少数的几个点接触，由于电流密度大，这些接触点处的金属迅速被熔化，连同表面的氧化物一起向四周喷射出火花产生闪光现象。

与电阻对焊相比，闪光对焊的焊件端面加热均匀，对工件的焊前清理要求不高，因为焊接过程中，工件端面的氧化物及杂质一部分随闪光火花带出，一部分在加压时随液体金属挤出，使得接头中夹渣少，质量好、强度高（与母材相当）。该方法可焊相同金属，也可焊异种金属材料（铝-钢、铝-铜）。广泛用于汽车钢圈、排进气阀杆、刀具等的对接。其缺点是金属损耗多，工件需留出较大余量，接头处有毛刺，焊后需清理。

与其他焊接方法相比，电阻焊具有以下特点。

① 生产率高。电阻焊焊接电流大（几千安至几万安），焊接时间短（0.01s 至几秒），焊接 1～2mm 的薄板时，焊速可达每分钟 0.5～1mm，因此其非常适用于大批量生产。

② 焊接质量好，且容易控制。电阻焊冶金过程简单，焊缝金属的成分均匀，并且基本上与母材一致，加热集中，热影响区小，焊接变形小。

③ 焊接成本比较低。电阻焊采用内部热源，不需填充材料，焊接也无需保护气体，所以在正常情况下除必要的电力消耗外，几乎没有其他消耗，因此焊接成本比较低。

④ 操作简单，易于实现自动化，工作电压很低（1～12V），没有弧光和有害辐射。

但电阻焊设备复杂，耗电量大，焊件厚度和接头形式受到一定限制，且焊前工件清理要求较高。

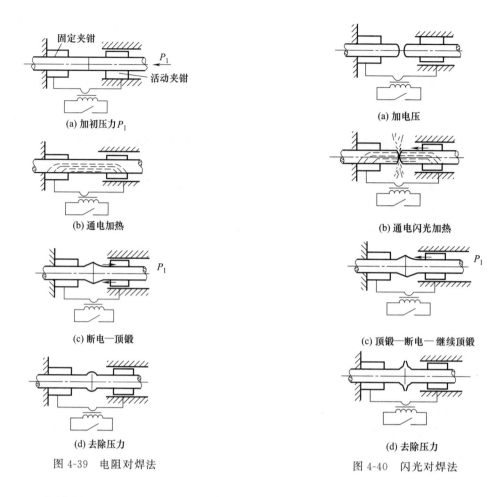

图 4-39　电阻对焊法

图 4-40　闪光对焊法

二、摩擦焊（friction welding）

摩擦焊是利用焊件接触面相对旋转运动中相互摩擦所产生的热量，使工件接触面达到热塑性状态，然后迅速顶锻加压，完成焊接的一种压力焊方法。

1. 摩擦焊焊接过程

摩擦焊焊接过程如图 4-41 所示。先把两工件同心地安装在焊机的夹头上，加一定压力使两工件紧密接触，然后使工件 1 高速旋转，工件 2 随之向工件 1 方向移动，并施加一定的轴向压力，由于两工件接触端有相对运动，发生了摩擦而产生热，在压力、相对摩擦的作用下，原来覆盖在焊接表面的异物迅速破碎并挤出焊接区，露出纯净的金属表面。随着焊缝区金属塑性变形的增加，焊接表面很快被加热到焊接温度，这时，立即刹车，同时对接头施加较大的轴向压力进行顶锻，使两焊件产生塑性变形而焊接起来。摩擦焊的接头形式如图 4-42 所示。

由于在焊接过程中摩擦界面温度一般不超过熔点，故摩擦焊属于固态焊。目前常用的摩擦焊工艺有连续驱动摩擦焊、惯性摩擦焊、线性摩擦焊、搅拌摩擦焊等。

2. 摩擦焊的特点及应用

① 焊接接头品质好且稳定。摩擦焊过程中，焊件表面的氧化膜及杂质被清除，表面不易氧化，因此接头品质好，焊件尺寸精度高。

② 焊接生产率高。由于摩擦焊操作简单，不需添加焊接材料，容易实现自动控制，生产率高。

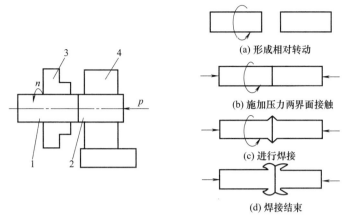

图 4-41　摩擦焊焊接过程

1—工件；2—工件；3—旋转初夹头；4—移动夹头

(a) 形成相对转动

(b) 施加压力两界面接触

(c) 进行焊接

(d) 焊接结束

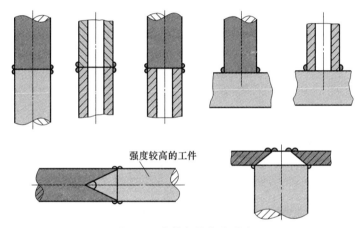

强度较高的工件

图 4-42　摩擦焊的接头形式

③ 焊接材料种类广泛。摩擦焊可焊接的金属范围较广，除用于焊接普通黑色金属和有色金属材料外，还适于焊接在常温下力学性能和物理性能差别较大，不适合熔焊的特种材料和异种材料。

④ 功率小，电能消耗少。采用内部热源，不需填充材料，焊接也无需保护气体，所以在正常情况下除必要的电力消耗外，几乎没有其他消耗。摩擦焊和闪光焊相比，节能 1/10～1/5，没有火花、没有弧光、劳动条件好。

摩擦焊接头一般是等断面的，也可以是不等断面的。摩擦焊广泛应用于圆形工件、棒料及管子的对接，可焊实心焊件的直径为 2～100mm 以上，管子外径可达几百毫米。在汽车、拖拉机、电站锅炉、航空航天、核能、海洋等领域得到较广泛的应用，例如摩擦焊可用于汽车阀杆、后桥、半轴、转向杆和随车工具等焊接。

第五节 ☯ 钎焊

钎焊（brazing welding）是利用熔点比焊件金属低的钎料作填充金属，适当加热后，钎料熔化将处于固态的焊件连接起来的一种焊接方法。

一、钎焊过程

钎焊过程是将表面清洗好的焊件以搭配形式装配在一起，把钎料放在装配间隙内或间隙附近，然后加热，使钎料熔化（焊件未熔化）并借助毛细管作用被吸入和充满固态焊件的间隙之内，被焊金属和钎料在间隙内进行相互扩散，凝固后，即形成钎焊接头。

钎焊过程中，一般都需要使用钎剂。钎剂是钎焊时使用的熔剂，它的作用是清除被焊金属表面的氧化膜及其他杂质，改善钎料对焊件的湿润性，保护钎料及焊件免于氧化。

钎焊的加热方法主要有火焰加热、电阻加热、感应加热、炉内加热、盐浴加热以及烙铁加热、电子束加热、红外线加热、激光加热等。其中烙铁加热温度很低，一般只适用于软钎焊。钎焊接头的形式如图 4-43 所示。

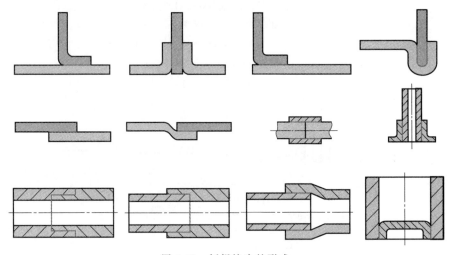

图 4-43　钎焊接头的形式

二、钎焊的分类

根据钎料熔点的不同，钎焊可分为硬钎焊和软钎焊两大类。

（1）硬钎焊（brazing）　硬钎焊是使用熔点高于 450℃ 的钎料进行的钎焊。常用的硬钎焊有铜基、银基、铝基合金。硬钎焊使用的钎剂主要有硼砂、硼酸、氟化物、氯化物等。

硬钎焊接头强度较高（一般为 200～490MPa），工作温度也较高，常用于焊接受力较大或工作温度较高的焊件。如自行车架、车刀上硬质合金刀片与刀杆的焊接。

（2）软钎焊（soldering）　软钎焊是使用熔点低于 450℃ 的钎料进行的钎焊。常用的软钎料有锡-铅合金和锌-铝合金。软钎剂主要有松香、氧化锌溶液等。软钎焊接头的强度低（一般为 60～140MPa），工作温度低，主要用于无强度要求的焊件，如各种仪表中线路的焊接。

三、钎焊的特点及应用

与一般焊接方法相比，钎焊只需填充金属熔化，具有以下特点。

① 工件加热温度较低，组织和力学性能变化很小，变形也小。接头光滑平整，工件尺寸精确。广泛应用于机械、电子、航空和航天等小而薄、精度高的零件。

② 可焊接性能差异很大的异种金属，对工件厚度的差别也没有严格限制。

③ 工件整体加热钎焊时，可同时钎焊多条（甚至上千条）接缝组成的复杂形状构件。

④ 生产率很高，设备简单，投资费用少。

但钎焊的接头强度较低，尤其是动载强度低，允许的工作温度不高，焊前清整要求严格。

钎焊适宜于小而薄、且精度要求高的零件，广泛应用于机械、仪表、电机、航空、航天等部门中。各种钎焊方法的优缺点及适用范围见表 4-14。

表 4-14 各种钎焊方法的优缺点及适用范围

钎焊方法	主要特点		用途
烙铁钎焊	设备简单、灵活性好,适用于微细钎焊	需使用钎剂	只能用于软钎焊,钎焊小件
火焰钎焊	设备简单、灵活性好	控制温度困难,操作技术要求较高	钎焊小件
金属浴钎焊	加热快,能精确控制温度	钎料消耗大,焊后处理复杂	用于软钎焊及其批量生产
盐浴钎焊	加热快,能精确控制温度	设备费用高,焊后需仔细清洗	用于批量生产,不能钎焊密闭工件
电阻钎焊	加热快,生产率高,成本较低	控制温度困难,焊件形状、尺寸受限	钎焊小件
感应钎焊	加热快,钎焊质量好	温度不能精确控制,焊件形状受限制	批量钎焊小件
保护气体炉中钎焊	能精确控制温度,加热均匀,变形小。一般不用钎剂,钎焊质量好	设备费用较高,加热慢,钎料和制件不宜含大量易挥发元素	大、小件的批量生产,多钎缝工件的钎焊
真空炉中钎焊	能精确控制温度加热均匀,变形小、能钎焊难焊的高温合金,不用钎剂,钎焊质量好	设备费用高,钎料和制件不宜含较多的易挥发元素	重要工件

第六节 常用金属材料的焊接

一、金属材料的焊接性（weldability）

（1）焊接性的概念　金属在一定的焊接技术条件下，获得优质焊接接头的难易程度，即金属材料对焊接加工的适应性称为金属材料的焊接性。衡量焊接性的主要指标有：一是在一定的焊接技术条件下接头产生缺陷，尤其是裂纹的倾向或敏感性；二是焊接接头在使用中的可靠性。

金属材料的焊接性与母材的化学成分、厚度、焊接方法及其他技术条件密切相关。同一种金属材料采用不同的焊接方法、焊接材料、技术参数及焊接结构形式，其焊接性有较大差别。

（2）焊接性的评定　影响金属材料焊接性的因素很多，焊接性的评定一般是通过估算或试验方法确定。通常用碳当量法。

实际焊接结构所用的金属材料大多数是钢材，而影响钢材焊接性的主要因素是化学成分。因此，碳当量是评估钢材焊接性最简便的方法。

碳当量是指把钢中的合金元素（包括碳）的含量，按其作用换算成碳的相对含量。表4-15 为碳当量计算公式和应用范围。常用金属材料的焊接难易程度见表 4-16。

表 4-15　碳当量计算公式和应用范围

碳当量计算公式	应用范围
国际焊接学会（IIW）推荐 $CE = C + Mn/6 + (Cr + Mo + V)/5 + (Cu + Ni)/15(\%)$	中高强度的非调质低合金高强度钢 $\sigma_b = 500 \sim 900 MPa$ 化学成分为 $w_C \geq 0.18\%$
日本工业标准（JIS）规定 $C_{cp}(JIS) = C + Mn/6 + Si/24 + Ni/40 + Cr/5 + Mo/4 + V/14(\%)$	调质低合金高强度钢 $\sigma_b = 500 \sim 1000 MPa$ 化学成分为 $w_C \leq 0.20\%$、$w_S \leq 0.55\%$、$w_{Mn} \leq 1.5\%$、$w_{Cu} \leq 0.5\%$、$w_{Ni} \leq 2.5\%$、$w_{Cr} \leq 1.25\%$、$w_{Mo} \leq 0.7\%$、$w_V \leq 0.1\%$、$w_B \leq 0.006\%$
美国焊接学会（AWS）推荐 $C_{eq}(AWS) = C + Mn/6 + Si/24 + Ni/15 + Cr/5 + Mo/4 + Cu/13 + P/2(\%)$	碳钢和低合金高强钢 化学成分为 $w_C < 0.6\%$、$w_{Mn} < 1.6\%$、$w_{Ni} < 3.3\%$、$w_{Cr} < 1.0\%$、$w_{Mo} < 0.6\%$、$w_{Cu} = 0.5\% \sim 1\%$、$w_u < 0.05\% \sim 0.15\%$

碳当量越大，钢材的焊接性越差。硫、磷对钢材的焊接性影响也很大，但在各种合格的钢材中，硫、磷一般都严格控制，所以计算的时候忽略不计。使用国际焊接学会（IIW）推荐的 CE 时，对小于 20mm 的钢材的焊接性评定方法如下。

① $CE < 0.4\%$ 时，可焊性好。一般的焊接工艺条件下，不会产生裂纹。

② $CE = 0.4\% \sim 0.6\%$ 时，钢材塑性下降，淬硬倾向明显，可焊性较差。焊前需采取预热措施才能防止产生裂纹。焊后注意缓冷。

③ $CE > 0.6\%$ 时，钢材塑性较低，淬硬倾向很强，可焊性差。焊接前后都需采取必要的工艺措施。如焊前预热，焊中采取减少焊接应力和裂纹的措施，焊后进行热处理等。

表 4-16　常用金属材料的焊接难易程度

金属及合金		焊条电弧焊	埋弧焊	CO_2保护焊	氩弧焊	电渣焊	电子束焊	气焊	电阻焊
非合金钢	低碳钢	A	A	A	B	A	A	A	A
	中碳钢	A	A	A	B	B	A	A	A
	高碳钢	A	B	B	B	B	A	A	D
铸铁	灰铸铁	A	D	A	D	B	D	B	D
低合金钢	锰钢	A	A	A	B	B	A	B	D
	铬钒钢	A	A	A	B	B	A	B	D
不锈钢	马氏体不锈钢	A	A	B	A	C	A	B	C
	铁素体不锈钢	A	A	B	A	C	A	B	A
	奥氏体不锈钢	A	A	A	A	C	A	A	A
有色金属	纯铝	B	D	D	A	D	A	B	A
	非热处理强化铝合金	B	D	D	A	D	A	B	A
	热处理强化铝合金	B	D	D	A	D	A	B	A
	镁合金	D	D	D	A	D	B	C	A
	钛合金	D	D	D	A	D	A	D	A
	铜合金	B	D	C	A	D	B	B	C

注：A—通常采用；B—有时采用；C—很少采用；D—不采用。

二、碳素钢的焊接

1. 低碳钢的焊接

低碳钢中碳质量分数小于 0.25%，塑性好，一般没有淬硬倾向，对焊接热过程不敏感，焊接性良好。通常情况下，焊接不需要采取特殊技术措施，选用各种焊接方法都容易获得优质焊接接头。但是，在低温下焊接刚性较大的低碳钢结构时，应考虑采取焊前预热，以防止裂纹的产生；焊后要进行去应力退火处理。

① 在低温环境下焊接厚度大、刚性大的结构时，应该进行预热，否则容易产生裂纹。

② 重要结构焊后要进行去应力退火以消除焊接应力。

2. 中、高碳钢的焊接

中碳钢中碳的质量分数 $w_C = 0.25\% \sim 0.6\%$，因此，碳当量偏高，随着碳的质量分数增加，焊接性能逐渐变差。焊接中碳钢时的主要问题是：焊缝易形成气孔；缝焊及焊接热影响区易产生碎硬组织和裂纹。为了保证中碳钢焊件焊后不产生裂纹，并得到良好的力学性能，通常采取以下技术措施。

① 焊前预热、焊后缓冷。焊前预热、焊后缓冷的主要目的是减少焊件焊接前后的温差，降低冷却速度，减少焊接应力，从而防止焊接裂纹的产生。预热温度取决于焊件的含碳量、焊件的厚度、焊条类型和焊接规范。焊条电弧焊时，一般预热温度在 $150 \sim 250℃$，含碳量高时，可适当提高预热温度，加热范围在焊缝两侧 $150 \sim 200mm$ 为宜。

② 尽量选用抗裂性好的碱性低氢焊条，也可选用比母材强度等级低一些的焊条，以提高焊缝的塑性。当不能预热时，也可采用塑性好、抗裂性好的不锈钢焊条。

③ 选择合适的焊接方法和规范，降低焊件冷却速度。

高碳钢中碳的质量分数大于 0.6%，焊接性比中碳钢更差，其焊接特点与中碳钢相似。这类钢的焊接一般只用于修补工作。

三、普通低合金钢的焊接

普通低合金钢在焊接生产中应用较为广泛，它按屈服强度分为 6 个强度等级。

屈服强度 $294 \sim 392MPa$ 的普通低合金钢，$w_C \leq 0.4\%$，焊接性能接近低碳钢，焊缝及热影响区的碎硬倾向比低碳钢稍大。常温下焊接，不用复杂的技术措施，便可获得优质的焊接接头。当施焊环境温度较低或焊件厚度、刚度较大时，则应采取预热措施，预热温度应根据工件厚度和环境温度进行考虑。

屈服强度大于 $441MPa$ 的普通低合金钢，$w_C > 0.4\%$，随着强度级别的提高，碳当量增加，焊接性逐渐变差，焊接时碎硬倾向和产生焊接裂纹的倾向增大。当结构刚性大，焊缝含氢量过高时便会产生冷裂纹。一般冷裂纹是焊缝及热影响区的含氢量、淬硬组织、焊接残余应力 3 个因素综合作用的结果。而氢是重要因素。由于氢在金属中的扩散、聚集和诱发裂纹需要一定的时间。因此，冷裂纹具有延迟现象，故称为延迟裂纹。

由于我国低合金钢含碳量低，且大部分含有一定的锰量，因此产生裂纹的倾向不大。焊接高强度等级的低合金钢应采取的技术措施如下。

① 严格控制焊缝含氢量。根据强度等级选用焊条，并尽可能选用低氢型焊条或使用碱度高的焊剂配合适当的焊丝。按规范对焊条进行烘干，仔细清理焊件坡口附近的油、锈、污物，防止氢进入焊接区。

② 焊前预热。一般预热温度 $\geq 150℃$。焊接时，应调整焊接规范来严格控制热影响区的冷却速度。焊后应及时进行热处理以消除内应力，回火温度一般为 $600 \sim 650℃$。如生产中不能立即进行焊后热处理，可先进行去氢处理，即将工件加热至 $200 \sim 350℃$，保温 $2 \sim 6h$，以加速氢的扩散逸出，防止产生冷裂纹。

四、不锈钢的焊接

1. 奥氏体不锈钢的焊接

奥氏体不锈钢的焊接性能良好，焊接时一般不需要采取特殊技术措施，主要应防止晶界腐蚀和热裂纹。

（1）焊接接头的晶界腐蚀　不锈钢焊接过程中温度在 450～800℃长时间停留时，晶界处将析出铬的碳化物，致使晶粒边界出现贫铬，当晶界附近的金属含铬量低于临界值 12％时，便会发生明显的晶界腐蚀，使焊接接头耐腐蚀性严重降低。因此，不锈钢焊接时，为防止焊接接头的晶界腐蚀，应该采取的技术措施如下。

① 合理选择母材。尽量使焊缝具有一定量的铁素体形成元素（如 Ti、Ni、Mo、V、Si 等），促使焊缝形成奥氏体和铁素体双相组织，减少贫铬层的发生；或使焊缝具有稳定碳化物元素 Ti、Nb 等，因 Ti、Nb 与碳的亲和力比铬强，能优先形成 TiC 或 NbC，可减少铬碳化物的形成，避免晶界腐蚀。

② 选择超低碳焊条，减少焊缝金属的含碳量，减少和避免形成铬的碳化物，从而降低晶界腐蚀倾向。

③ 采取合理的焊接过程和规范。焊接时用小电流、快速焊、强制冷却等措施防止晶界腐蚀的产生。

④ 焊后进行热处理。焊后热处理可采用两种方式进行：一种是固溶化处理，将焊件加热到 1050～1150℃，使碳重新溶入奥氏体中，然后淬火，快速冷却形成稳定的奥氏体组织；第二种是进行稳定化处理，将焊件加热到 850～950℃保温 2～4h 空冷，使奥氏体晶粒内部的铬逐步扩散到晶界。

（2）焊接接头的热裂纹　奥氏体不锈钢由于本身热导率小，线胀系数大，焊接条件下会形成较大拉应力，同时晶界处可能形成低熔点共晶，导致焊接时容易出现热裂纹。因此，为了防止焊接接头热裂纹，一般应采取的措施如下。

① 减少杂质来源，避免焊缝中杂质的偏析和聚集。

② 加入一定量的铁素体形成元素，如 Mo、Nb 等，使焊缝成为奥氏体＋铁素体双相组织，防止柱状晶的形成。

③ 采取合理的焊接过程和规范。采用小电流、快速焊、不横向摆动，以减少母材向熔池的过渡。

奥氏体不锈钢焊接方法主要有手工电弧焊、手工钨极氩弧焊、埋弧焊等。

2. 马氏体不锈钢的焊接

马氏体不锈钢焊接性能较差，焊接接头容易出现冷裂纹和淬硬脆化。因此，应采取焊前要预热、焊后进行消除残余应力的热处理。

3. 铁素体不锈钢的焊接

铁素体不锈钢焊接时，过热区晶粒容易长大引起脆化和裂纹。通常在 150℃以下预热，减少高温停留时间，并采用小线能量焊接工艺，以减少晶粒长大倾向，防止过热脆化。一般采用快速焊，收弧时注意填满弧坑，焊接电流比焊低碳钢要降低 20％左右。

五、铸铁的焊补

铸铁含碳量高，组织不均匀，焊接性能差，所以不应考虑铸铁的焊接构件。但对铸铁件生产中出现的铸造缺陷及零件在使用过程中发生的局部损坏和断裂，如能焊补，其经济效益也是显著的。铸铁焊补的主要困难有以下几个方面。

① 焊接接头易产生白口组织，硬度很高，焊后很难进行机械加工。

② 焊接接头易产生裂纹，铸铁焊补时，其危害性比形成白口组织大。

③ 在焊缝易出现气孔。铸铁含碳量高，焊接时熔池中碳和氧发生反应，生成大量 CO 气体，若来不及从熔池中排出而存留在焊缝中，便形成了气孔。

以上问题在焊补时，必须采取措施加以防止。

铸铁的焊补，一般采用气焊、手工电弧焊，对焊焊接头强度要求不高时，也可采用钎焊。铸铁的焊补过程根据焊前是否预热，可分为热焊和冷焊两类。

（1）热焊 焊前把焊件整体或局部预热到 600～700℃，焊接过程温度不低于 400℃，焊后使焊件缓慢冷却的技术方法称之为热焊。用热焊法，焊件受热均匀，焊接应力小，冷却速度低，可防止焊接接头产生白口组织和裂纹。但热焊法技术复杂，生产率低，成本高，劳动条件差，一般仅用于焊后要求机械加工或形状复杂的重要工件。

（2）冷焊 冷焊是焊前不预热或采取低温度（400℃以下）预热的焊补方法。它主要靠调整焊缝化学成分来防止焊件产生裂纹和减少白口倾向。冷焊法采用手工电弧焊具有生产率高、焊接变形小、劳动条件比热焊好等优点，但其焊接品质不易保证。因此冷焊常采用小电流、分段焊、短弧焊等技术措施来提高焊接品质。生产中冷焊多用于补焊要求不高的铸件，或用于补焊高温预热易引起变形的工件。

六、铝及铝合金的焊接

工业上用于焊接的主要是工业纯铝和不能热处理强化的铝合金（防锈铝合金），铝及铝合金的焊接性较差。

（1）铝及铝合金焊接特点

① 易氧化。铝容易氧化成 Al_2O_3。由于 Al_2O_3 氧化膜的熔点高（2050℃）而且密度大，在焊接过程中，会阻碍金属之间的熔合，易形成夹渣。

② 易形成气孔。铝及铝合金液态时能吸收大量的氢气，但在固态时几乎不溶解氢。因此，熔池结晶时，溶入液态铝中的氢大量析出，使焊缝易产生气孔。

③ 易变形、开裂。铝的热导率为钢的 4 倍，焊接时热量散失快，需要能量大或密集的热源。同时，铝的线胀系数为钢的 2 倍，凝固时收缩率达 6.5%，易产生焊接应力与变形，并可能产生裂纹。

④ 易焊穿，塌陷。铝及铝合金从固态转变为液态时，无塑性过程及颜色的变化。因此，焊接操作时，很容易造成温度过高、焊缝塌陷、烧穿等缺陷。

（2）铝及铝合金焊接方法 铝及铝合金的焊接常用氩弧焊、气焊、电阻焊和钎焊等方法。其中氩弧焊应用最广，气焊仅用于焊接厚度不大的一般构件。

氩弧焊电弧集中，操作容易，氩气保护效果好，且有阴极破碎作用，能自动除去氧化膜，焊接品质高，成形美观，焊件变形小。氩弧焊常用于焊接品质要求较高的构件中。

电阻焊时，应采用大电流，短时间通电，焊前必须彻底清除焊件焊接部位和焊丝表面的氧化膜与油污。

气焊时，一般采用中性火焰。焊接时，必须使用溶剂以溶解或消除覆盖在熔池表面的氧化膜，并在熔池表面形成一层较薄的熔渣，保护熔池金属不被氧化，排除熔池中的气体氧化物和其他杂质。

铝及铝合金的焊接无论采用哪种焊接方法，焊前都必须进行氧化膜和油污的清理。清理品质的好坏将直接影响焊缝品质。

七、铜及铜合金的焊接

（1）铜及铜合金焊接特点　铜及铜合金属于焊接性差的金属，其焊接特点如下。

① 难熔合。铜及铜合金的导热性很强，焊接时热量很快从加热区传导出去，导致焊件温度难以升高，金属难以熔化。因此，填充金属与母材不能良好熔合。

② 易变形开裂。铜及铜合金的线胀系数及收缩率都较大，并且由于导热性好，而使焊接热影响区变宽，导致焊件易产生变形。另外，铜及铜合金在高温液态下极易氧化，生成的氧化铜与铜形成易熔共晶体沿晶界分布，使焊缝的塑性和韧度显著下降，易引起热裂纹。

③ 易形成气孔和产生氢脆现象。铜在液态时能溶解大量氢，而凝固时溶解度急剧下降，焊接熔池中的氢气来不及析出，在焊缝中形成气孔；同时，以溶解状态残留在固态金属中的氢与氧化亚铜发生反应，析出水蒸气，水蒸气不溶于铜，但以很高的压力状态分布在显微空隙中，导致裂缝产生所谓氢脆现象。

（2）铜及铜合金焊接方法　导热性强、易氧化、易吸氢是焊接铜及其合金时应解决的主要问题。目前，焊接铜及其合金较理想的方法是氩弧焊。对品质要求不高时，也常采用气焊、手工电弧焊和钎焊等。

采用氩弧焊焊接紫铜和青铜的品质最好。氩弧焊不仅能有效地保护熔池不受氧化和氢的溶入，由于热量集中还能减小变形，保证焊透和母材与填充金属之间的熔合。氩弧焊时，焊丝可采用特制的含 Si、Mn 等脱氧元素的紫铜焊丝（HS201，HS202），也可用一般的紫铜丝或从焊件上剪料做焊丝，但必须使用溶剂溶解氧化铜和氧化亚铜，以保证焊缝质量。

气焊紫铜及青铜时，应采用严格的中性焰。氧过多时，铜的氧化严重；乙炔过多时，铜的吸氢严重。气焊用的焊丝及溶剂与氩弧焊相同，是黄铜常用的焊接方法。因为气焊火焰温度较低，焊接过程中锌的蒸发减少。由于锌蒸发将引起焊缝强度和耐蚀性的下降，且锌蒸气是有毒气体将造成环境污染，因此，气焊黄铜时，一般用轻微氧化焰，采用含硅、铝的焊丝，使焊接时在熔池表面形成一层致密的氧化物薄膜，覆盖在熔池表面以阻碍锌的蒸发和防止氢的侵入，从而减少焊缝产生气孔的可能性。溶剂可用硼酸和硼砂配制。

采用各种方法焊接铜及铜合金时，焊前都要仔细清除焊丝、焊件坡口及附近表面的油污、氧化物等杂质。气焊、钎焊或电弧焊时，焊前应对焊剂（气剂）、钎剂或焊条药皮作烘干处理。焊后应彻底清洗残留在焊件上的溶剂和熔渣，以免引起焊接接头的腐蚀破坏。

第七节　胶接

胶接也称黏结，是借助黏结剂在固体表面上产生黏合力，将一个物件与另一个物件牢固地连接在一起的方法。胶接与焊接、机械连接并称为材料的三大连接技术。

胶接可应用于同种及异种材料，材料的种类、厚度和形状不限，较之其他连接方法应力集中和变形小，可大幅度提高接头的强度，尤其是疲劳强度；可提高接头的密封性能，工艺简便、生产效率高、成本低；但胶接接头耐老化性、耐热性、耐溶剂性均较差；胶接工艺要求较严、质量较难检验。较之焊接、螺纹连接、铆接等传统工艺，胶接有着明显的优越性，已在工业生产中获得广泛应用。

一、黏结剂

1. 黏结剂的组成

黏结剂的作用是借助于它和材料（零件）之间的强烈的表面黏着力，使零件能够连接成永久性的结构。黏结剂有天然黏结剂和合成黏结剂两大类。天然黏结剂如动物性骨胶、植物性淀粉，用水做溶剂，组分简单，使用范围窄。合成黏结剂是应用最广泛的一种，其主要组成物如下。

（1）黏料　黏料是黏结剂的主要组分。它决定着黏结剂的性能。合成黏结剂中，黏料主要是合成树脂（如环氧树脂、酚醛树脂、聚氨酯树脂等）、合成橡胶（如丁腈橡胶），以及合成树脂或合成橡胶的混合物、共聚物等。

（2）硬化剂　硬化剂是促使黏结剂固化的组分。它是一种能使线型结构的树脂变成体型结构的硬化剂。硬化剂的性能和用量将直接影响黏结剂的技术性能（如施工方式、硬化条件等）及使用性能（如胶接强度、耐热性等）。

（3）增韧剂　增韧剂是黏结剂中改善其脆性，提高其柔韧性的成分。增韧剂根据不同类型的黏料及接头使用条件而选择。

（4）稀释剂　稀释剂是黏结剂中用来降低其黏度的液体物质。它能增加黏结剂对被粘物表面的浸润能力，并便于施工。凡能与黏料混溶的溶剂或能参加黏结剂固化反应的各种低黏度化合物皆可作为稀释剂。

（5）附加物　黏结剂中除含有上述主要组成外，还可根据需要加入一定的填料和添加剂，以改善黏结剂的某种性能。

常用的黏结剂及适用材料见表 4-17。

2. 黏结剂的选择

正确地选择黏结剂一般应遵循的原则如下。

① 黏结剂必须能与被粘材料的种类和性质相容。

② 黏结剂的一般性能应能满足胶接接头使用性能（力学性能和物理性能）的要求。同一种胶所得到的接头性能因胶接技术参数选取不同而有较大的差异，因此，在黏结剂选定后，还应遵守生产厂家提出的胶接技术规范，只有这样，才能获得优质的胶接接头。

③ 考虑胶接过程的可行性、经济性以及性能与费用的平衡。

按照上述原则选用黏结剂时，还应注意的问题如下。

① 合成黏结剂属于黏弹性材料，它的弹性模量和力学性能将随环境温度及加载速度的变化而变化。因此，弹性模量出现明显衰减的温度点对应了该黏结剂的使用温度上限。

② 合成黏结剂的变形能力比金属材料大得多，在许多场合下，胶接层变形能力的影响不能忽视。为了提高胶接接头的疲劳强度，应选用变形能力较大的黏结剂。反之，如果胶接接头的载荷较小而尺寸精度要求较高，则应选用变形能力小的黏结剂。

③ 合成黏结剂的胶层在使用过程中会吸附空气中的水分，使胶接强度降低。因此，选择用于湿热环境的黏结剂时应充分注意此点。

3. 常用黏结剂及应用

（1）环氧黏结剂　环氧黏结剂是目前使用量最大、使用最广泛的一种结构黏结剂，它是通过环氧树脂的环氧基与固化剂的活性基团发生反应，形成胶联体系，从而达到胶接目的。环氧黏结剂的胶接强度高，可粘材料的范围广，施工技术性能良好，配制使用方便，固化后体积收缩率较小，尺寸稳定，使用温度范围广，且对人体无毒性。各种牌号的环氧黏结剂既

表 4-17　常用的黏结剂及适用材料

被粘接材料	木材	织物	毛毡	皮革	纸	布	橡胶海绵	合成橡胶	天然橡胶	人造革	聚氯乙烯膜	硬聚氯乙烯	丙烯酸树脂	聚苯乙烯	赛璐珞	聚酯	酚醛树脂	瓷砖	混凝土	玻璃	金属
金属	E	V/C	V/C	C	V	C	C	C/U	C/U	N	N	N/E	N/E	E	V/E	E/C	E	E	E	E	E
玻璃	V/E	V	V	C/V	V	C/V	C	C/N	C	C	N	N/E	N/E	E		E/C	E	E	E	E	
混凝土	V/E	V	V	C/V		C/V	C	C	C	N	N		E/C		N/E	N/E	E/N	E	E/V		
瓷砖	V/E			C/V		C/V	C	C	C/N	C		N		N/E		N/C	E	E			
酚醛树脂	V/C			N/C	C	N/V	C	N/C	C	C	C	C/N	C/E	C/E	C/E	E/N	E				
聚酯	N/E			N/C	N/C	N/C		C/N		C/N		C/N	C/E	C/E	E/N	E					
赛璐珞	E/U			N/V	V	N/V		N/C		C		N	N		V						
聚苯乙烯	V/E			N/C	C/N	C/N	C/N	N/C	C		C	N/C	C/E	E/S							
丙烯酸树脂	C/N			N/C	N/C	N/C	N/C	C	C		N/C		E/A								
硬聚氯乙烯	C/V			C/V	C	C	C	C/N	C/N		N	C									
聚氯乙烯膜	C/V			C/V	C/V	C/V	C	C	C		V/C										
人造革	V/C			N/C			N	N	C	N											
天然橡胶	C	C	C	C/V	C	C	C	C	C												
合成橡胶	N/C	N/C	N/C	C/U	C	C/N	C	C/N													
橡胶海绵	N/C		N/C	N/C	C/V	C	C/N														
布	V/C	V/C	V/C	V/N	V	V/C															
纸	V/C	V/C	V/C	V	V																
皮革	V/C	V/C	N/C	N/C																	
毛毡	V	V	V/N																		
织物	V	V																			
木材	V/P																				

A:丙烯酸胶黏剂
C:氯丁橡胶胶黏剂
E:环氧胶黏剂
N:丙烯腈橡胶胶黏剂
P:酚醛胶黏剂
U:聚氨酯胶黏剂
V:乙烯系胶黏剂
S:聚苯乙烯胶黏剂

可从市场上买到，也可自行配制或根据需要对黏结剂进行改性，因此环氧黏结剂称得上是"万能胶"。其主要缺点是接头的脆性较大，耐热性不够高。

（2）聚氨酯黏结剂　聚氨酯黏结剂是以异氰酸化学反应为基础，用多异氰酸酯及含羟、胺等活性基团的化合物作为主要原料来制造的。在聚氨酯黏结剂中含有许多强极性基团，对极性基材具有高的黏附性能。这类黏结剂具有良好的胶接力，不仅加热能固化而且也可室温固化。起始黏力高，胶层柔韧，剥离强度、抗弯强度和抗冲击等性能都优良，耐冷水、耐油、耐稀酸，耐磨性也较好。但耐热性不够高，故常用作非结构型黏结剂，广泛应用于非金属材料的胶接。

（3）橡胶黏结剂 橡胶黏结剂的主体材料是天然橡胶和合成橡胶。橡胶黏结剂的接头强韧而有回弹性，抗冲击，抗振动，特别适宜交通运输机械的胶接。如丁腈橡胶黏结剂具有良好的耐油性及耐老化性能，与树脂共混对金属具有很高的胶接强度，可作为结构黏结剂。

（4）丙烯酸酯黏结剂 丙烯酸酯黏结剂是以丙烯酸酯及其衍生物为主要单体，通过自由基聚合反应或者离子型聚合反应来制备。丙烯酸酯衍生物的种类很多，还有许多与丙烯酸酯共聚的不饱和化合物。因此，丙烯酸酯黏结剂的功能是多种多样的，既可制成压敏胶，也能制造结构黏结剂。如丙烯酸酯黏结剂中的厌氧胶，在氧气存在下可在室温储存，一旦隔绝氧气，就迅速聚合而固化，把被粘的两个表面胶接起来。作为金属结构黏结剂，厌氧胶主要用于轴对称构件的套接、加固及密封，如管道螺纹、法兰面、螺栓紧固、轴与轴套等，它的胶层密封性好，耐高压和耐腐蚀。

（5）杂环高分子黏结剂 杂环高分子黏结剂又称高温黏结剂，属航空航天用高温结构黏结剂。杂环高分子黏结剂具有既耐高温又耐低温的黏结性能，是抗老化性能最好的黏结剂，但这种黏结剂固化条件苛刻，成本很贵。

二、胶接工艺

1. 胶接接头的设计

（1）接头受力形式（见图 4-44）

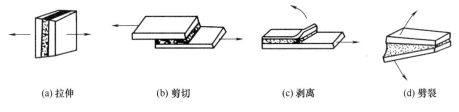

(a) 拉伸　　　　(b) 剪切　　　　(c) 剥离　　　　(d) 劈裂

图 4-44　胶接接头受力的基本类型

① 拉伸（或称均匀扯离）。此种受力状态的作用垂直于胶接平面，并均匀分布在整个胶接平面上，使黏层和被粘材料沿着作用力的方向产生拉伸变形。

② 剪切。此种受力状态的作用力平行于胶接平面，并在整个胶接平面上均匀地分布着。它使黏层和被黏材料形成剪切变形。

③ 剥离。当外力作用在胶接接头上时，被黏材料中至少有一个材料发生了弯曲变形，使作用力绝大部分集中在材料产生弯曲变形一侧的边缘区，而另一侧承受很少的正应力，从而使被黏层受到剥离力的作用。

④ 劈裂。当胶接平面两侧的作用力不在黏层平面的中心线上，且被黏材料几乎不发生弯曲变形时，黏层所受的力称为劈裂。

（2）接头设计的基本原则

① 合理设计接头形式，尽量使接头承受均匀拉伸力、剪切力，避免受剥离、不均匀扯离和劈裂力。

② 设计尽可能大的胶接面积的接头，以提高接头的承载能力。

③ 受严重冲击和受力较大的零件，应设计复合连接形式的接头，如黏-焊、黏-铆等形式，使胶接接头能承受较大作用力。

④ 接头应便于加工制造、外形美观、表面平整。

（3）接头形式　胶接接头有角接、T形接、对接和表面接 4 种形式，它们可以复合成各种具有不同特点的接头形式，如图 4-45～图 4-47 所示。

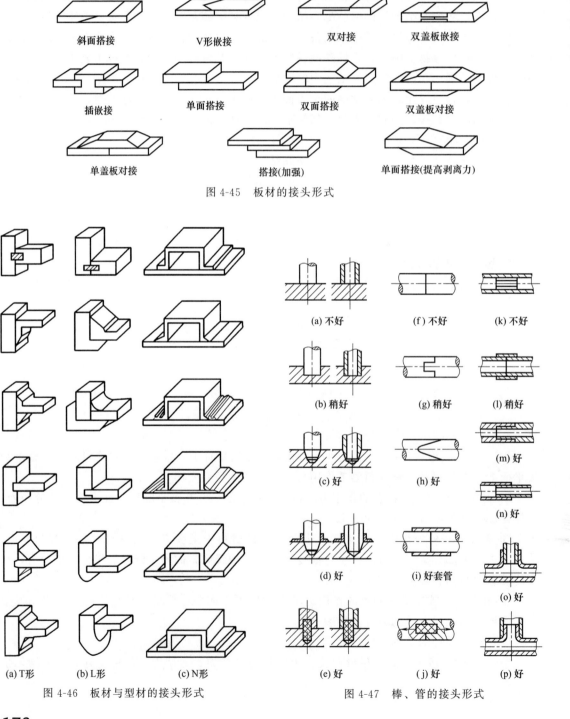

斜面搭接　　V形嵌接　　双对接　　双盖板嵌接

插嵌接　　单面搭接　　双面搭接　　双盖板对接

单盖板对接　　搭接(加强)　　单面搭接(提高剥离力)

图 4-45　板材的接头形式

(a) T形　　(b) L形　　(c) N形

图 4-46　板材与型材的接头形式

(a) 不好　　(f) 不好　　(k) 不好

(b) 稍好　　(g) 稍好　　(l) 稍好

(c) 好　　(h) 好　　(m) 好

(d) 好　　(i) 好套管　　(n) 好

(e) 好　　(j) 好　　(o) 好

(p) 好

图 4-47　棒、管的接头形式

2. 表面处理

金属材料胶接区别于焊接或铆接最主要的一点，就是存在着异质材料的界面黏附问题。为了保证胶接的品质，要求被黏材料的表面具有一定的粗糙度和清洁度，同时还要求材料表面具有一定的化学或物理的反应活性。因此，在进行胶接之前，必须进行材料表面的清洁及活性处理。常用的方法有溶剂清洗法、机械处理法、化学处理法、电化学酸洗除锈和表面化学转变处理。

3. 黏结剂的准备

按技术条件或产品使用说明书配制黏结剂。调配室温固化黏结剂应考虑固化时间，在适用期使用。多组分溶液型黏结剂在使用前必须轻轻搅拌，以防空气渗入。

4. 涂胶

涂胶操作是否正确对胶接品质影响很大。涂胶时必须保证胶层均厚，一般胶层厚度控制在 0.08～0.15mm 为宜，涂胶方法依据黏结剂的种类而异。涂完胶后，晾置时间应控制在黏结剂允许的反应开放时间范围内，同时应避免开放状态的胶膜吸附灰尘或被污染。

5. 固化

黏结剂在固化过程中要控制 3 个要素：压力、温度、时间。首先，固化加压要均匀，应有利于排出黏层中残留的挥发性溶剂。黏结剂固化时，要严格控制固化温度，它对固化程度有决定性影响。如加热固化应阶梯升温，温度不能过高，持续时间不能太长，否则会导致胶接强度下降。固化时间的长短与固化温度和压力密切相关，温度升高时，固化时间可以缩短，降低温度则应适当延长固化时间。

三、胶接品质检验

① 用肉眼或用放大镜检查胶缝中挤出的胶液，如沿整个胶缝形成均匀胶瘤，表明固化压力均匀，涂胶量适当；如果胶液仅局部挤出或全部没有挤出，表明胶层薄或固化压力不均匀；如挤出的胶液有气泡，表明涂胶后晾置时间短，或室温低，溶剂挥发不彻底。

② 用木制或金属小锤敲击黏合处，根据声音判断局部胶接情况。

③ 超声波探伤法（不适用于玻璃钢）、声阻法、激光全息照相、液晶法等可定量判断。在要求胶接品质极高的情况下，还要做部件破坏性抽验，或试样与产品在同样条件下同时处理和胶接，然后对试样做各种试验。

四、胶接的特点及应用

胶接是一项新技术，与铆接、螺栓连接和焊接连接方法相比，有以下特点。

① 胶接可以把性质不同的各种材料或模量和厚度不同的材料胶接起来，即使胶接薄板也不易发生变形，利用胶接可以制造用其他连接方法不能连接或不易连接的复杂构件。

② 黏结剂的形态和应用方法的多样性，使胶接技术适应于许多生产过程。如用一种单一的胶接组装，则既经济又快速，具有替代几种机械连接的可能性。多个工件可同时胶接，提高生产效率，降低生产成本。

③ 用黏结剂代替螺钉、螺栓或焊缝金属，可以减轻结构重量，而且还可采用轻质材料。因此，胶接可比铆接、焊接减轻结构重量约 25%～30%。

④ 胶接应力分布均匀，耐疲劳强度较高。

⑤ 胶接密封性能好，具有耐水、耐腐蚀和绝缘的性能。

⑥ 胶接过程温度低，操作容易，设备简单，成本低廉，应用范围广泛。

胶接的主要缺点是：黏结剂对金属材料的胶接强度达不到焊接的强度，特别是剥离强度差，胶接接头在长期工作过程中，黏结剂易发生老化变质，使接头强度逐渐下降。

复习思考题 ▶▶▶

4-1 简述焊接的原理、基本特点及应用。

4-2 简述电弧焊的过程及原理。

4-3 焊接接头由哪几部分组成？各部位的组织与性能是什么？如何改善焊接接头的组织性能？

4-4 产生焊接应力和变形的根本原因是什么？如何减少与消除焊接应力和变形？

4-5 图 4-48 所示的焊缝，其焊缝的布置是否合理？如果不合理，应如何修改？

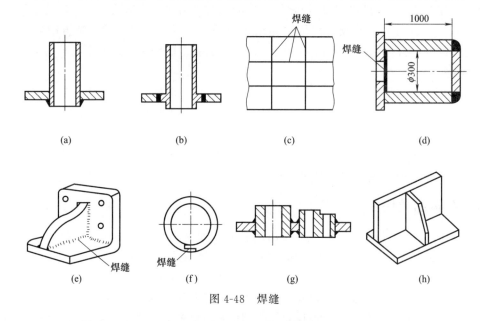

图 4-48 焊缝

4-6 焊条的组成部分是什么？各组成部分的作用有哪些？

4-7 简述埋弧自动焊的工作原理、特点及应用。

4-8 气体保护电弧焊中作为保护介质的气体有哪些？分别有何特点？

4-9 钎焊与熔化焊、压焊相比较有何差异？各有何特点及应用？

4-10 下列焊件适合采用哪种焊接方法？为什么？

（1）壁厚 10mm 的阴极铜板焊成的容器，单件生产。

（2）板厚 2mm 的低碳钢，单件生产，野外施工。

（3）壁厚 3mm 的 Q235 钢板焊成的压力容器，小批量生产。

（4）对于变速箱箱体，非加工表面有裂纹的铸铁件。

4-11 图 4-49 为钎焊的几种接头形式，试判断其接头形式的好坏？为什么？

4-12 如何判定材料的焊接性？各判定方法有何优缺点？

4-13 不锈钢焊接时，为了防止焊接接头的晶间腐蚀和热裂纹所采取的措施分别有哪些？

4-14 试讨论低合金钢结构的强化机理、焊接性问题以及主要工艺措施。

4-15 常用的塑料焊接方法有哪些？各有何特点及应用？

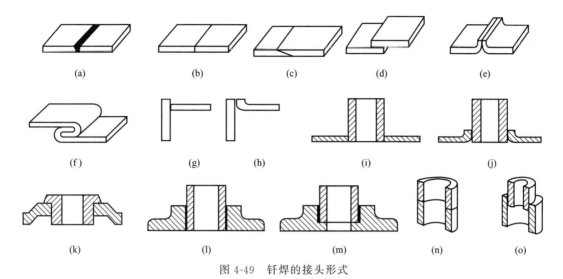

图 4-49　钎焊的接头形式

4-16　胶接的基本原理是什么？如何提高胶接的质量？

4-17　如何选用黏结剂？胶接剂的作用是什么？胶接剂的组成物有哪些？

4-18　简述胶接相对于焊接、螺纹连接、铆接等传统工艺，有何优越性？

第五章 ▶▶
非金属材料成形

💡 导入案例　　　　　　　　　　　　　　　▶▶

　　与其他金属材料相比，碳纤维的优势显而易见，其密度小于合金，可以减轻车身重量，增加车体的性能（如加速、油耗、弯道性能等），而且强度较高，使车体更加结实、坚固，发生碰撞时，碳纤维会粉碎性断开，从而吸收撞击能量，保护驾驶者。2018款BMW7系列是首次应用智能轻质结构概念"高强度碳纤维内核Carbon core"的车型。高强度碳纤维内核Carbon core的应用能够显著且有针对性地减少车身重量，同时又提高车辆的稳定性。

宝马BMW7系列轿车

资料来源：http://www.bmw.com.cn

　　由于碳纤维的价格高昂，为了让汽车拥有更多的竞争优势，选用价格相对低廉的长玻璃纤维增强改性塑料代替碳纤维，实现成本的降低。针对节能、环保和高性能新能源汽车零件轻量化的迫切需求，重庆理工大学与重庆国际复合材料有限公司通过数值模拟优化进行了一体化注塑汽车翼子板（图5-1）和车前盖（图5-2）等系列汽车零部件的开发，实现翼子板减重54％以上和车前盖减重62％以上。

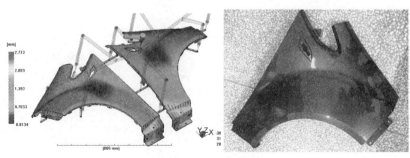

图5-1　汽车翼子板

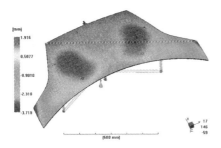

图 5-2 汽车车前盖

第一节 ⊙ 概述

非金属材料是指金属材料以外的工程材料，主要包括高分子材料、陶瓷材料等。复合材料不完全属于非金属材料，但目前常将其归于非金属材料。

高分子材料又称聚合物材料，是以聚合物为主要成分并添加多种助剂形成的材料。高分子材料按来源可分为天然高分子材料（如蚕丝、羊毛、油脂、纤维素等）和人工合成高分子材料。后者因具有较高的强度、良好的塑性、较强的耐腐蚀性、很好的绝缘性和质轻等特点，很快成为工程上发展最快、应用最广的一类新型材料。在工程上，根据物理形态和用途可将合成高分子材料分为塑料、橡胶、纤维、胶黏剂和涂料等种类。

塑料是产量最大、应用最广的一类高分子材料。塑料品种主要包括：聚丙烯（PP）、聚氨酯（PU）、聚乙烯（PE）、丙烯腈-丁二烯-苯乙烯共聚物（ABS）、聚酰胺（PA）、聚氯乙烯（PVC）、聚甲基丙烯酸甲酯（PMMA）、聚碳酸酯（PC）、聚苯乙烯（PS）、聚甲醛（POM）等。目前塑料已广泛应用于汽车、摩托车、航空、航天等交通运输、机械工业、电子工业、化学工业、建筑领域、农林渔业、包装工业及日用品等诸多领域。如用塑料制成轴瓦、滑轮、凸轮、密封环、压缩环以及在各种腐蚀介质中工作的零部件；用塑料制造飞机外壳、内饰件及仪器仪表传动零部件等。

橡胶也称为弹性体，是在很宽的温度范围（-50～150℃）内具有优异高弹性的一类高分子材料。常见的橡胶品种有天然橡胶（NR）、丁苯橡胶（SBR）、丁腈橡胶（NBR）、氯丁橡胶（CR）、丁基橡胶（IIR）、三元乙丙橡胶（EPDM）、氟橡胶（FKM）、硅橡胶等。橡胶具有优越的回弹性、伸缩性、弯曲性、气密性以及耐油性和各种耐化学药品性等独特性能，通常用于制造胶管（带）、轮胎、密封件、减震元件等。

以塑料、橡胶为代表的高分子材料成形发展历程已度过仿制、扩展和变革等阶段。

最初，由于对塑料、橡胶的本质理解不足，其成形技术只能借鉴或模仿木材、金属和陶瓷等制品的生产过程。例如塑料的中空吹塑成形是借鉴于历史悠久的玻璃容器吹制工艺；塑料的铸塑方法是借鉴金属浇铸方法而来的一种成形方法。

在 20 世纪 20 年代，随着原料品种日益增多，高分子材料生产技术及成形方法均有显著改进。

20 世纪 50 年代以后，由于航空航天等尖端科学技术以及工农业发展的需要，对塑料、橡胶制品的数量、尺寸精度和结构复杂程度等方面都提出了更高的要求，成形难度不断增加，其成形新技术也不断涌现，例如气辅注塑技术、3D 打印技术等。

第二节 ➡ 塑料的成形

一、塑料及塑料工业

塑料是以树脂为主要成分，以增塑剂、填充剂、润滑剂、着色剂等添加剂为辅助成分，加工过程中在一定温度和压力的作用下能流动成形的高分子有机材料。树脂是指受热时通常有熔融范围，受外力作用具有流动性，常温下呈固态或液态的高分子聚合物，它是塑料最基本的，也是最重要的成分，其在塑料中的含量一般为40%～100%。树脂的特性决定塑料的类型和基本性能。塑料的名称往往就是其主要成分树脂的名称。通过添加不同的助剂，可以使塑料具有质轻、比强度高、优异的电绝缘性能、优良的化学稳定性能、减摩、耐磨、减震、消音性能优良等特性。

塑料按结构及热行为可分为热塑性塑料（thermal plastic）和热固性塑料（thermoset plastic）两类。热塑性塑料是在特定温度范围内能反复加热软化和冷却硬化的塑料，其分子结构是线型或支链线型结构（变化过程可逆），如图5-3（a）、（b）所示。热固性塑料是指在受热或其他条件下能固化成不熔不溶性物质的塑料，其分子结构最终为体型结构（变化过程不可逆），如图5-3（c）所示。热塑性塑料具有重复加工性，废弃物可回收再利用；热固性塑料固化后则丧失了可加工性，废弃物也很难回收再用。

(a) 线型结构　　(b) 支链线型结构　　(c) 体型结构

图 5-3　塑料的结构示意

塑料工业包括两个生产系统，即塑料的生产和塑料制品的生产（图5-4）。塑料的生产包括树脂的生产及塑料配制等；塑料制品的生产包括原料准备、成形、机械加工、修饰、装配等。其中，机械加工是指对制件进行车、铣、钻等加工，以完成在成形过程中所不能或不易完成的工作；修饰是对制品进行涂饰、印刷或表面金属化等；装配是将各制件通过粘接、焊接或机械连接的原理连接在一起。机械加工、修饰和装配这三种工序有时统称为二次加工或后加工，不是每种塑料制品都必须完整地经过每个工序，二次加工过程常居于次要地位。塑料制品生产的主要工序是"成形"，即将各种形态的塑料（粉料、粒料、溶液或糊状

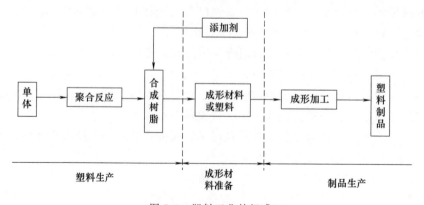

图 5-4　塑料工业的组成

物），根据其性能选择适当的成形方法制成所需形状和尺寸的制品。塑料成形方法很多，在生产中应用较广的是挤出成形、注射成形、吹塑成形、压制成形、压延成形等。热塑性塑料大多采用注射成形、挤出成形等方法，热固性塑料多采用压制成形方法。

二、塑料挤出成形

挤出成形（extrusion）又叫挤塑、挤压、挤出模塑，是塑料成形的重要方法之一，挤出制品约占热塑件塑料制品产量的一半。挤出成形是借助于螺杆或柱塞的挤压作用，使受热融化的塑料在压力的推动下连续通过口模，而成为具有恒定截面的连续制品的成形方法。连续制品包括管材、薄膜、板材与片材、单丝、撕裂膜、打包带、棒材、异型材、网、电线电缆包覆物以及塑料与其他材料的复合制品（如电线电缆）等。挤出成形多用于 PVC、PS、ABS、PC、PE、PP、PA 等热塑性塑料，而在热固性塑料加工中应用有限。

从定义看挤出过程可分为两个阶段：第一阶段是成形材料的塑化（变为可流动状态）和赋形（在压力作用下通过口模并成为与口模形状和尺寸相仿的连续体）；第二阶段是挤出的连续体的定型阶段（通过各种途径使挤出物失去塑性成为刚性固体即制品）。近年来在挤出技术方面取得了很大的进展，尤其是挤出成形计算机辅助工程（CAE）技术的应用，通过对挤出过程的模拟，分析工艺条件对制品质量的影响，从而改善产品质量、缩短产品开发周期。

与其他成形方法相比较，挤出成形具有生产过程连续、生产效率高、设备简单、劳动强度低、产品质量稳定、应用范围广等特点。挤出制品广泛应用于建筑、石油化工、轻工、机械制造以及农业、国防工业等部门。

1. 挤出工艺分类

根据塑料塑化方式的不同，挤出工艺可分为干法和湿法两种。干法也称熔融法，材料塑化通过加热达到，塑化和加压在同一设备完成，定型仅为简单的冷却，一般在螺杆式挤出机上进行。湿法也称溶剂法，是用溶剂将塑料充分软化，塑化和加压独立完成，定型需脱除溶剂并考虑溶剂回收。挤出成形多用干法；湿法仅用于硝酸纤维素和少数醋酸纤维这类易着火和过热时有危险的塑料成形。

按照挤出加压方式的不同，挤出工艺又可分为连续式和间歇式两种。前一种所用设备为螺杆式挤出机，后一种为柱塞式挤出机。螺杆式挤出机是借助于螺杆旋转产生的压力和剪切力，使物料充分配合和均匀混合，通过口模而成形，因而使用一台挤出机就能完成混合、塑化和成形等一系列工序，进行连续生产；柱塞式挤出机主要是借助于柱塞压力，将事先塑化好的物料挤出口模而成形，机筒内物料挤完后，柱塞退回，待加入熔融物料后，再进行下一次操作。由于该法生产是不连续的，而且物料必须预先塑化均匀，故此法仅用于只在成形聚四氟乙烯（PTFE）、硬质聚氯乙烯（RPVC）、高分子量聚乙烯等流动性差的塑料以及硝酸纤维素等不宜受到较大剪切作用的塑料时才采用。

2. 挤出成形设备

挤出成形设备由挤出机（主机）、机头和口模、辅机等组成（图 5-5）。

（1）挤出机 挤出机根据螺杆的数量可分为柱塞式挤出机、单螺杆挤出机、双螺杆挤出机和多螺杆挤出机等。目前，应用最多的是单螺杆挤出机和双螺杆挤出机。

单螺杆挤出机主要由传动机构、加料装置、挤出装置（料筒和螺杆）、加热冷却系统及控制系统等组成。挤出机的传动系统通常由电动机、调速装置和减速装置组成，其作用是驱动螺杆转动，保证足够的转矩和要求的转速，应满足无级调速、转速恒定、良好润滑、迅速

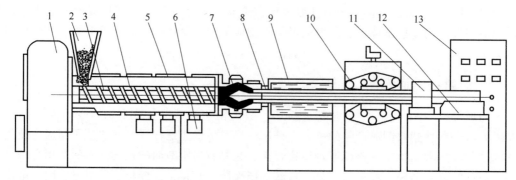

图 5-5　塑料挤出成形设备示意

1—传动装置；2—料斗；3—螺杆；4—机筒；5—加热系统；6—冷却风机；7—口模；8—定型套；9—冷却水槽；
10—牵引机构；11—切断机构；12—堆放或卷取机构；13—控制柜

制动等要求。加料装置的作用就是将物料稳定地输送给挤出机，保证落料顺畅、上料方便应作为选择加料装置时最起码的要求。加料装置基本由两部分组成，即料斗和上料部分。料斗常做成对称的圆锥形、圆柱形、圆柱-圆锥形、矩形或正方形等形状，其侧面开有视窗以观察料位，底部有开合门，控制和调节加料量。料斗可加盖，以起防尘、防湿、防异物等作用。上料方式可分为人工上料和自动上料两种：人工上料适用于小型机；自动上料方式有鼓风上料（适于输送粒料而非粉料）、弹簧上料、真空上料和运输带传送上料等。加热冷却系统位于料筒及机头外部，它通过加热和冷却不断调节料筒中塑料的温度，使其始终在工艺要求的范围内，加热和冷却系统一般分段控制。常见挤出机的加热方式有载热体（如油、蒸汽等）加热、电阻加热和电感加热，其中电阻加热使用最普遍。

挤出装置是最主要的系统，它由料筒、螺杆等组成。挤出系统的作用是将固体物料塑化为均匀的熔体，并借助螺杆的挤压作用使其通过口模被连续地挤出。螺杆是挤出系统的心脏，是挤出机中最重要的结构部件之一，由于它的转动，料筒内的塑料才发生移动，得到增压和部分的热量（摩擦热）。螺杆一般分为普通螺杆和新型螺杆。普通螺杆（图 5-6）从外观看是一根带有单头或多头右旋螺纹的轴。按结构特点和作用不同，通常将螺杆分为三段：加料段、压缩段和计量段。常见的螺杆头部呈钝尖的锥形，借以防止物料过久滞留而造成热降解；光滑鱼雷状也是螺杆头部常见的形状。料筒是挤出机中仅次于螺杆的重要部件，塑料的塑化及加压都在其中进行。料筒的工作温度一般为 80～250℃，工作压力为 5～60MPa，因此料筒应具有耐高温、耐磨损、耐腐蚀、高强度的特点。生产中使用的挤出机料筒多数为整体式结构。为更换方便，常在料筒内加一个衬套，衬套材料为经氮化处理的氮化钢，外套则用一般碳素钢或铸钢制成。衬套磨损后可卸出更换，非常方便。料筒外部有分段控制的加热和冷却装置。料筒与料斗连接处开有加料口。

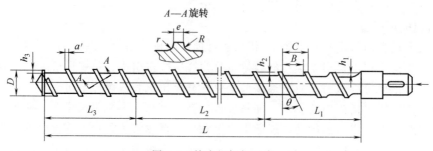

图 5-6　挤出机螺杆示意

双螺杆挤出机是在"∞"字形截面的机筒内，装有两根互相啮合或相切的螺杆。双螺杆挤出机的组成与单螺杆挤出机类似（也有传动、加料、料筒和螺杆等）。双螺杆挤出机的每根螺杆可以是整体，也可以加工成几段组装，其形状可以是平行式，也可以是锥形，两螺杆的旋转方向分为同向和异向两种。双螺杆挤出机与单螺杆挤出机比较有以下优点：由摩擦产生的热量较少；物料受到的剪切比较均匀；螺杆的输送能力较大，挤出量比较稳定；物料在机筒内停留时间较短；机筒可以自动清洗等。因此，近年来双螺杆挤出机发展较快。

（2）挤出机头和口模　机头与口模常连为一体，统称为机头，但也有机头和口模分开的情况。组成部件包括过滤网、多孔板、分流梭（有时与模芯结合成一个部件）、模芯、口模及机颈等。机头的作用是将处于旋转运动的塑料熔体转变为平行直线运动，将熔体均匀而平稳地导入口模、同时赋予必要的成形压力，使塑料易于成形和所得制品密实，还能防止外来杂质及未塑化的物料进入机头和口模，影响制品质量。口模为具有一定截面形状的通道，塑料熔体在口模中流动时取得所需形状，并被口模外的定形装置和冷却系统冷却硬化而成形。常见的口模有圆孔口模、扁平口模、环形口模、异形口模等。机头和口模部分的熔融塑料流道应光滑，呈流线型，不能有死角。流道截面不能急剧增大或减小，应有一定锥度。

（3）挤出辅机　挤出成形的辅机随挤出制品的种类不同而异，如有用于挤出板材的辅机，有用于挤出硬管的辅机，有用于挤出软管的辅机，以及挤出造粒辅机、挤出吹瓶辅机、挤出拉丝辅机等。它们的具体形式不同，但一般都包括冷却和定型装置、牵引装置、切割装置和卷取装置等基本部分。

3. 典型挤出产品成形工艺

（1）管材挤出成形　塑料管广泛用作各种液体、气体输送管，尤其是某些腐蚀性液体和气体，如自来水管、排水管、农业排灌用管、化工管道、石油管、煤气管等。管材是塑料挤出成形的主要产品之一，挤出的管材直径可从数毫米到500mm，其中以数毫米至100mm直径的管材较为常见。

挤管是将粒状或粉状塑料从料斗加入挤出机，经加热形成熔融料，螺杆旋转使熔融料通过机头的环形通道，形成管状物并冷却定形成为管材，其挤出机头见图5-5。可供生产管材的塑料原料有 PVC、PE、PP、ABS、PA、PC 等，目前国内生产的管材以 PVC、PE、PP 等材料为主。成形材料的性质不同，挤出成形工艺及设备也会有所差异。硬 PVC 管材的挤出主要采用双螺杆挤出机，其他种类塑料的挤出一般采用单螺杆挤出机。目前常见的用于管材挤出成形的机头形式有直通式、偏移式（管轴与主机轴有一定夹角）两大类。直通式机头结构简单，制造容易，是应用最广泛的一种机头形式。由于直通式机头存在分流梭（有时与芯模合为一体）支架，熔体经过时形成的熔接痕不易消除，因而对制品的外观及内在质量会产生一定的影响，适于成形 UPVC、软质 PVC、PE、PA 等管材。定型装置一般分外径定型（定径套）和内径定型（定型芯棒）两种，外径定型由于结构简单、操作方便，故更常用。冷却装置分冷却槽和喷淋水箱两种，由于冷却槽中水温不均及浮力的影响，可能使管材弯曲，而喷淋水箱中沿管周均布喷水头进行冷却，可减少管材变形。牵引装置分滚轮式和履带式两种，对于薄壁大口径管材履带式更适用。

（2）板材及片材挤出成形　塑料板、片材具有耐腐蚀、电绝缘性能优异、易于二次加工等特点，广泛用作化工容器、储罐等化工设备的衬里，电器工业中的绝缘垫板、垫片等电绝缘材料，也可作为交通工具和建筑物的壁板、隔板等内装修材料。用挤出成形方法可以生产厚度为 0.25～8mm 的片材和板材。通常厚度为 0.25～1mm 称片材，1mm 以上称板材，挤出法是生产片材和板材最简单的方法，其他尚有压延法、层压法、流延法及浇铸法等。

挤板（片）设备主要由挤出机、机头（口模）、三辊压光机、冷却输送辊、切边装置、牵引装置和切割装置组成。图 5-7 所示是板材（片材）挤出成形工艺流程，生产板材的机头主要是扁平机头，扁平机头设计的关键是使整个宽度上物料流速相等，这样才能获得厚度均匀、表面平整的板材。挤出板材和片材时，为保证熔体顺利通过扁平口模挤出，机头压力很高，约为 20～30MPa，所以，机头结构应具有足够的强度及刚性。目前常见的挤出板材及片材的机头形式有鱼尾式机头、支管式机头、衣架式机头和螺杆分配式机头。挤出机与机头之间除需加设多孔板和过滤网外，通常还需用连接器加以连接过渡，目的在于使从螺杆挤出的物料顺利、均匀地进入扁缝状口模。

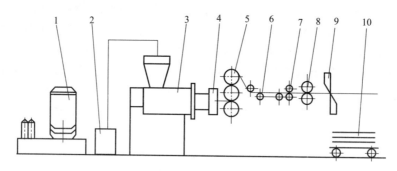

图 5-7　板材（片材）挤出成形工艺流程

1—高速混合器；2—储料槽；3—挤出机；4—机头；5—三辊压光机；6—冷却输送辊；

7—切边装置；8—牵引装置；9—切割装置；10—堆放装置

（3）其他挤出产品简介　拉伸产品分单向拉伸产品（如单丝、撕裂膜、打包带）和双向拉伸产品（如双向拉伸薄膜），其基本生产工艺过程为：熔融挤出→冷却→热拉伸→热处理。采用热拉伸的方法，通过分子取向，可以提高制品的强度。

电线包覆也需要借助挤出工艺。电线最简单的结构是在圆形截面的导线上包覆上同心圆形截面的塑料绝缘层，电线包覆过程为：金属导线由放线装置出，经矫直装置、预热装置后，喂入挤出机头中，被包覆后在牵引装置作用下，进入冷却水槽冷却，再经牵引辊引到卷取装置上卷起来。

三、塑料注射成形

注射成形（injection molding）简称（注塑），是一种间歇式的成形方法。注塑制品占塑料制品总量的 20%～30%，是塑料的主要成形方法之一。除极少数热塑性塑料由于熔融黏度太大等原因不能进行注塑外，多数热塑性塑料都可用此法成形。注射成形也可加工环氧、酚醛、尿甲醛、不饱和聚酯等热固性塑料。

注射成形是将粉料或粒料自注射机料斗加入，在加热的料筒内完成塑化；塑化均匀的物料在螺杆或柱塞的推挤作用下，通过注射机喷嘴注入温度较低的塑料模具内；经保压、冷却定型，脱模取出制品即完成了一个模塑周期。这种成形方法是一种间歇的操作过程，注射成形周期从几秒钟到几分钟不等。周期的长短取决于制品的壁厚、大小、形状、注射成形机的类型以及所采用的塑料品种和工艺条件等，注射成形制品的质量从几克到几十千克不等。注射成形生产周期短、生产效率高；能成形形状复杂、尺寸精确以及带嵌件的制品；易于实现自动化。但其设备成本高，不适合小批量生产。

1. 注射成形设备

（1）注射机　注射机按外形特征分为立式、直角式、卧式等。其中立式和直角式大多用于一次注射量在 60g 以下的小形制品。卧式适用于大、中型制品。还有带旋转台的注射机，旋转台可安装多副模具。注射机按塑化方式和注射方式可分为柱塞式和螺杆式，注射机通常由注射系统、锁模系统、液压传动及电气控制系统三部分组成。卧式螺杆式注射机是使用最广泛的注射机，其基本结构如图 5-8 所示。注射系统的作用是使固态的塑料颗粒均匀塑化成熔融状态，并以足够的压力和速度将塑料熔体注入闭合的型腔中，是注射机最主要的部分，由加料装置、料筒、螺杆（柱塞式注射机为柱塞和分流梭）及喷嘴等部件组成。锁模系统又称合模系统，其作用为开启/闭合模具，成形时提供足够的夹紧力使模具锁紧以及开模时推出模内制件。液压传动及电气控制系统是为了保证注射成形机按照成形工艺的要求（如压力、速度、温度等）和动作程序准确有效地进行工作而设置的，液压传动系统是注射机的动力系统，而电气控制系统则是控制各个动力液压缸完成开启、闭合和注射、推出等动作的系统。

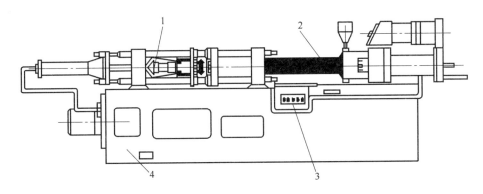

图 5-8　卧式螺杆式注射机基本结构

1—合模装置；2—注射装置；3—液压传动系统；4—电气控制系统

（2）注塑模具　注塑模具主要由浇注系统、成形零件和结构零件三大部分组成（图 5-9）。浇注系统是指塑件熔体从喷嘴进入型腔前的流道部分，包括主流道、分流道、浇

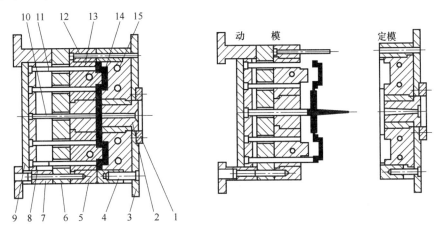

图 5-9　注塑模具结构

1—定位圈；2—主流道衬套；3—定模底板；4—定模板；5—动模板；6—动模垫板；7—动模底座；8—推杆固定板；
9—推板；10—拉料杆；11—推杆；12—导柱；13—凸模；14—凹模；15—冷却水道

口和冷料穴等；成形零件是指与塑料直接接触，并构成模腔的各种模具零部件，主要由型芯、凹模组成，其中型芯形成制品的内表面形状，凹模形成制品的外表面形状。结构零件包括完成支承、导向、侧向抽芯、侧向分型、排气、模具温度调节等功能的部件。根据不同塑料和制品，要求模具有不同的温度，因此模具通常有加热或冷却装置。一般将冷却介质（通常为水）通入模具的专用管道中用以冷却模具，而对熔融温度较高的塑料，为降低熔料冷却速度，要求对模具进行加热，加热方法有电加热、热油或热水等。为减少繁重的模具设计，缩短模具制造周期，除了型腔、浇注系统、冷却系统、侧向抽芯结构、顶出机构等外，如定位圈、定模底板、定模板、动模板、动模垫板、动模底座、推杆固定板、推板、推杆、导柱等都属于标准模架中的零部件，都可以从有关厂家订购，无需设计。

2. 注射成形过程

完整的注射成形工艺过程包括：成形前的准备、注射过程、制件的后处理等（图 5-10）。

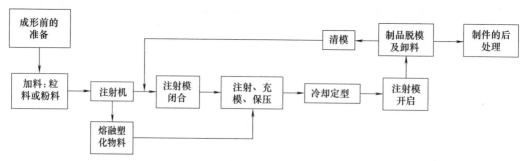

图 5-10　完整的注射成形工艺

（1）成形前的准备　成形前的准备指原料预处理、清洗机筒、预热嵌件和选择脱模剂等。原料预处理包括根据注射成形对物料的工艺特性要求检验物料的含水量、外观色泽、颗粒情况、有无杂质并测试其热稳定性、流动性和收缩率等；对于吸湿性强的物料（如 PA/PC 等），应根据注射成形工艺允许的含水量要求进行预热干燥等。生产中如需要改变塑料品种、更换物料、调换颜色，或成形过程中出现降解均应对注射机的料筒进行清洗。对于有嵌件的塑料制件，成形前可对嵌件预热，减小它在成形时与塑料熔体的温差，避免或抑制嵌件周围的塑料产生收缩应力和裂纹。注射成形生产中，有时需要对模腔进行清理或施加脱模剂，使成形后的制件容易从模内脱出，常用的脱模剂有硬脂酸锌、液体石蜡（白油）和硅油等。

（2）注射过程　注射过程包括加料与塑化、注射充模以及保压、冷却、脱模等几个步骤。

塑化是注射模塑的准备过程，是指塑料在料筒内经加热达到流动状态，并具有良好可塑性的全过程。对塑化的要求是：在两次注射的时间间隔内，提供足够数量的熔融塑料；熔融塑料的温度应均匀一致，且等于所要求的成形温度；塑料在塑化过程中应不发生或极少发生热降解。

注射是指塑化良好的熔体在柱塞（螺杆）推挤下注入模具的过程，这一过程所经历的时间虽短，但是熔体在其间所发生的变化很大而且这种变化对制件的质量有重要影响。塑料自料筒注射进入模腔需要克服一系列的流动阻力，包括熔料与机筒、喷嘴、浇注系统和模腔的外摩擦，以及熔体的内摩擦，与此同时，还要对熔体进行压实，因此注射压力通常很高。熔体进入模腔内的流动情况分为充模、压实、倒流和浇口冻结后的冷却四个阶段。倒流阶段是从柱塞（螺杆）后退时开始，到浇口处熔料冻结时为止。这时候模腔的压力比流道内高，因此，会发生熔体的倒流。如果柱塞（螺杆）后退时浇口处熔料已冻结，或者在喷嘴中装有止逆阀，倒流阶段就不存在。

（3）制件的后处理 由于成形过程中塑料熔体塑化不均以及充模后冷却速度不同，制件内经常出现不均匀的结晶、取向和收缩，导致制件内产生相应的结晶、取向和收缩应力，脱模后会使制件的力学性能、光学性能及表观质量变坏，严重时还会开裂。为了解决这些问题，可对制件进行一些适当的后处理，处理方法是使制品在定温的加热液体介质或在热空气循环烘箱中静置一段时间，其实质是利用退火时的热量加速塑料中大分子松弛，从而消除或降低制件成形后的残余应力；同时提高结晶度，稳定结晶结构，提高和改善制件的性能。

3. 注射成形工艺控制

注射成形具有三大工艺条件，即温度、压力、时间。

（1）温度 注射过程需要控制的温度有料筒温度、喷嘴温度和模具温度，前两种温度影响塑料的塑化和注射充模，模具温度主要影响塑料的流动和冷却定型。

确定料筒温度时，应保证塑料塑化均匀，能顺利地进行充模，同时又不致造成塑料降解。料筒温度的分布通常是从料斗向喷嘴方向逐步升高，为避免物料的过热分解，除应选择和控制好料筒最高温度，还应严格控制物料在料筒内的停留时间，这一点对于热稳定性较差的塑料尤其重要。喷嘴温度应略低于料筒最高温度（防流涎），不宜过低，否则会使熔料发生早凝造成喷嘴堵塞或将冷料带入模腔，最终导致成形缺陷。模具温度的设定与塑料品种有关。模温控制得当，则制件收缩趋于均匀，脱模后不易发生翘曲变形。模温还是影响制件表面质量的因素，适当地提高模温，制件的表面粗糙度值也会随之减小。

（2）压力 注射成形时需要选择与控制的压力包括塑化压力（背压）、注射压力、保压压力。

塑化压力是在螺杆式注射机中，螺杆旋转后退时螺杆顶部物料所受到的压力。增大塑化压力，有利于驱除熔体中的气体，提高熔体的致密度。但如螺杆转速不相应提高，熔体的逆流及漏流量也大大提高，导致成形周期延长，塑料热降解的可能性增大。塑化压力过小有时会使空气进入螺杆前端，注射后的制品将会因此出现黑褐色云状条纹及细小的气泡，对此必须加以避免。

注射压力是指注射时柱塞或螺杆施加于料筒内熔融塑料单位面积上的力，其作用是使料筒中的熔料克服注射机喷嘴及模具浇注系统的阻力，以一定速度、一定压力充满模腔，并将模腔中的物料压实。注射压力对熔体的流动、充模及制品质量都有很大影响。注射压力不足，则熔体很难充满模腔。注射压力过大，可能出现胀模、溢料等不良现象，并因此引起较大的压力波动，使生产操作难于稳定控制，还易使机器出现过载现象。注射压力的大小与塑料品种、制件的复杂程度、制件的壁厚、喷嘴的结构形式、模具浇口的尺寸以及注射机类型等许多因素有关。

保压压力指在注射成形的保压补缩阶段，为了对模腔内的塑料熔体进行压实以及为了维持向模腔内进行补料流动所需要的压力（通常小于或等于注射压力）。保压过程中需控制的两个主要参数是保压压力和保压时间。随着保压压力和保压时间的增大和延长，模腔压力增大，制品密度也增大，制品收缩率降低。

（3）时间 注射过程需要控制的时间（成形周期）指完成一次注射成形工艺过程所需的时间，它包含注射成形过程中所有时间，直接关系到生产效率的高低。注射成形周期的时间组成如图 5-11 所示，其中最重要的是注射时间、冷却时间。注射时间的长短与塑料的流动性能、制品的几何形状和尺寸大小、模具浇注系统的形式、成形所用的注射方式和其他一些工艺条件等许多因素有关。注射时间由流动充模时间和保压时间两部分组成。闭模冷却时间的长短受注进模腔的熔体温度、模具温度、脱模温度和制件厚度等因素的影响。确定闭模冷却时间终点的原则：制件脱模时应具有一定刚度，不得因温度过高发生翘曲和变形。在保证此原则的条件下，冷却时间应尽量短，否则不仅会延长成形周期、降低生产效率，而且对于复杂制件还会造成脱模困难。

注射成形周期
- 注射时间
  - 流动充模时间：柱塞或螺杆向前推挤塑料熔体的时间
  - 保压时间：柱塞或螺杆停留在前进位置上保持注射压力的时间
- 闭模冷却时间：模腔内制品的冷却时间(包括柱塞或螺杆后退的时间)
- 其他操作时间：包括开模、制品脱模、喷涂脱模剂、安放嵌件和闭模时间等

图 5-11　注射成形周期的时间组成

（4）典型注塑产品成形工艺举例　如表 5-1 所示。

表 5-1　典型注塑产品成形工艺

制　品	材料	注　射　工　艺
汽车挡泥板 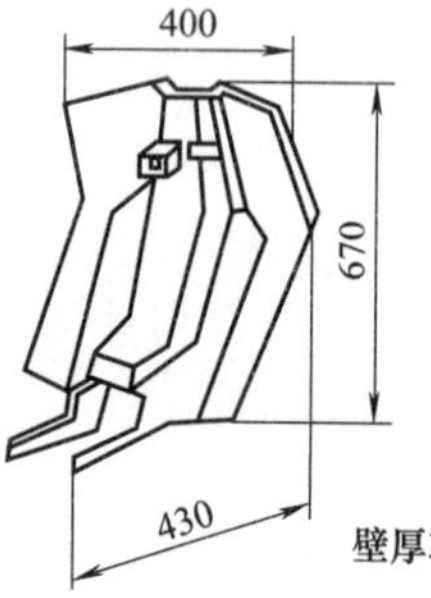 400 670 430 壁厚3	PP	注射机：J1250-5400S 模腔数：1 螺杆形式：标准型 螺杆转速：60r/min 模具温度：45℃ 成形周期：47s 其中 闭模 4s、注射 18s、塑化＋冷却 18s、开模 4s、取件 3s 日产量：1838 件
运输箱 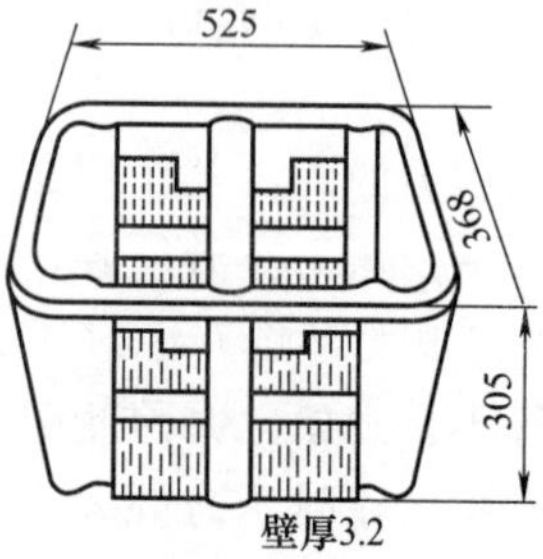 525 368 305 壁厚3.2	HDPE	注射机：J800-5400S 模腔数：1 螺杆形式：HDPE 用螺杆 RSP 螺杆速度：70r/min 模具温度：32～35℃ 成形周期：62.8s 其中 闭模 6s、注射 13.6s、塑化＋冷却 30.1s、开模 4.1s、取件 9s 日产量：1375 件

4. 其他注塑工艺

（1）热固性塑料注塑　注射成形被用于热固性塑料制品的成形始于 20 世纪 60 年代初，是热固性塑料成形技术的一次重大改革。欧、美、日等工业发达国家热固性塑料注射成形技术的应用已相当广泛，特别是日本，采用注射方法成形的热固性塑料制品约占全部热固性塑料制品的 85% 以上。我国在这方面的研究起步较晚，与上述国家的差距也较大，目前还主要局限在酚醛塑料的生产，并且采用注射方法成形的热固性塑料制品只占其总量的 3%～4%。

热固性塑料的注射成形原理类似于热塑性塑料，但由于在成形过程中热行为不同，所以又存在着本质区别。热固性塑料的注射成形原理可描述如下：将热固性成形材料自注射机料

斗加入，物料在料筒外部加热器和螺杆的剪切及摩擦作用下受热熔融，成为可流动的均匀熔体，在螺杆的挤压作用下注入温度较高的模腔，在模腔中物料发生交联反应而固化定型成为制品，脱模取出制品即完成一个成形周期。热固性塑料注射成形过程的各个步骤在名称上与热塑性塑料的基本相同。

由于热固性塑料在模腔中固化定型时会产生大量低分子气体，为保证它们能顺利从模具中排出，在成形过程中应短暂卸压。因此锁模装置应具有迅速降低合模力的执行机构，且模具需开设专门的排气槽。模具温度是影响热固性塑料固化定型的关键，直接关系制品的成形质量和生产效率。模具温度越高，所需的固化时间越短，生产效率越高。但过快的固化速度也会造成制品内部小分子挥发物难以排出，从而使制品出现起泡、组织疏松和颜色发暗等缺陷。注射成形热固性塑料制品时，模具温度高于喷嘴温度。模具必须有加热装置，并且加热装置须严格控制，保证模具成形表面温差不大于5℃。常采用的加热元件为电热棒和电热套。

(2) 夹芯注塑　夹芯注塑摒弃了传统层压及多次注塑工艺所要求的烦琐步骤，可实现各组分性能的综合，具有如下特殊功能：①可将废旧塑料作为芯层材料，将优质塑料作为壳层材料，解决废旧塑料回收利用问题，实现可持续发展；②可将具有高强度、耐热、高光洁度、耐磨等特殊表面性能的工程树脂作壳层材料，用普通聚合物材料作芯层，获取高表面性能的低成本注塑件，拓宽普通塑料的应用范围。

一般而言，夹芯注塑按其成形工艺的不同主要分为单流道成形（见图5-12）和双流道成形（见图5-13）。单流道成形技术（single channel technique）所采用的注射机一般由两个注射单元组成，其具体工艺过程如下：首先，注射壳层材料局部填充模腔，当壳层材料注射量达到要求后，转动熔料切换阀，开始注射芯层材料；最后，熔料切换阀回到起始位置，继续注射壳层材料，将流道中的芯层材料推入注塑件中并封模。双流道成形技术（two channel technique）是将两个独立的注射单元通过一个特殊的喷嘴连接起来，壳层熔体与芯层熔体分别通过外围环形喷嘴与中心喷嘴注入模腔。该成形技术的具体工艺过程如下：首先，在型腔内注入一定量的壳层材料局部填充模腔；当壳层材料注射量达到要求后，同时注射壳层与芯层材料；最后，顺序切断芯层与壳层熔体料流，利用壳层熔体封模。

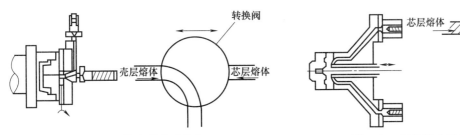

图 5-12　单流道成形技术　　　　　　图 5-13　双流道成形技术

(3) 气体辅助注塑　气体辅助注塑是一种在普通注塑基础上发展起来的新型注塑工艺，即在塑料注射成形过程中，按一定的压力和时间将高压氮气注入熔融态的塑料中，用气体保压代替树脂保压。该技术利用了气体均匀传递压力的特点，使气体辅助注塑具有传统注塑无法比拟的优越性，是塑料注塑工艺的一次革命性进步。

气辅注塑成形基本工艺过程主要包括以下几个阶段：将部分塑料熔体注入模具（欠料注射）；将一定压力和体积的惰性气体（如氮气）注入塑料熔体，气体沿阻力最小路径（高温低压区域）流动，并推动熔体进入未充填型腔最终完成充模；气体留在塑件的气体流道内，弥补成形产品体积收缩使塑件压实，直至树脂冷却（气道中各处压力相等，无保压损失）；所有气体在开模之前必须排出，否则会使塑件胀大甚至胀破；开模取件。

气辅注塑能成形壁厚不均匀的制品，使原来必须分为几个部分单独成形的制品实现一次成形；制品质轻（可比传统件轻 $10\%\sim50\%$）；翘曲变形小且外观优于发泡制品，残余应力低；制件强度和刚性增加；成形压力和所需锁模力较小（可比普通工艺少 $25\%\sim50\%$），可在较小设备上成形大制件；成形周期相对缩短；可完成中空成形不能加工的三维中空制品。

基本上所有用于注射成形的热塑性塑料、一般工程塑料和部分热固性塑料都可用于气体辅助注射成形，其中 PP、PA 和 PBT 树脂等结晶材料比较适合用于气辅注塑（有较精确熔点、较低的黏稠度、气体容易穿透）。一般应依据产品性能的要求（刚性、强度、耐化学腐蚀等）来选择原材料。由于该技术具有节省材料、消除缩痕、缩短冷却时间、降低制品内应力、表面质量高等显著优点，目前，发达国家在生产大型塑件时已广泛采用该项技术，如大型汽车塑件、大型塑料家具等，而我国在这方面与发达国家还有一定差距。

四、塑料中空吹塑成形

中空吹塑成形（blow molding）是将挤出或注射成形所得的半熔融态管坯（型坯）置于各种形状的模具中，在管坯中通入压缩空气将其吹胀，使之紧贴于模腔壁上，再经冷却脱模得到制品的成形方法。其成形过程包括塑料型坯的制造和型坯的吹塑。这种成形方法可以生产口径不同、容量不同的瓶、壶、桶等各种包装容器以及日常用品和儿童玩具等，也可生产汽车零部件如保险杠、燃油箱等。适用于中空吹塑的塑料有高密度聚乙烯（HDPE）、低密度聚乙烯（LDPE）、聚氯乙烯（PVC）、聚苯乙烯（PS）、聚丙烯（PP）、聚碳酸酯（PC）等。中空吹塑生产效率高，产品经过定向拉伸变形，抗拉强度高。

吹塑工艺根据管坯成形方法不同可分为挤出吹塑、注射吹塑；根据成形工艺不同分为普通吹塑和拉伸吹塑；根据管坯层数不同分为单层吹塑和多层吹塑。

1. 挤出吹塑（extrusion blow molding）

挤出吹塑中空成形的工艺过程是：首先通过挤出机将塑料熔融并成形管坯，再闭合模具夹住管坯，插入吹塑头，通入压缩空气。在压缩空气的作用下型坯膨胀并附着在型腔壁上成形，成形后进行保压、冷却、定形并放出制品内的压缩空气、开模取出制品、切除尾料，工艺过程如图 5-14 所示。挤出吹塑按挤出型坯的方式分为连续挤吹（型坯成形与前一型坯的吹胀、冷却、脱模同时进行）和间歇挤吹（前一型坯成形后再挤出下一型坯）。挤出吹塑成形设备简单，设备投资较少，适用的材料范围广；型坯从挤出机头流出后可直接引入吹塑模内成形，而无需再经二次加热，与注射吹塑相比，生产效率高；型坯温度均匀，在吹塑过程

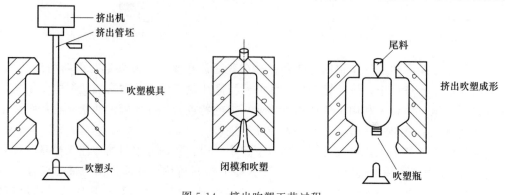

图 5-14　挤出吹塑工艺过程

中变形能力一致，制品内应力小，制品破裂减少；能生产大型容器。基于上述原因，挤出吹塑在目前中空制品的生产中占有重要的位置。热挤出型坯易在自身重力作用下发生流动，从而造成形坯平均壁厚减小、壁厚不均的现象，影响成形品的质量。挤出的型坯呈管状，要成形带底的中空制品如瓶、桶等，还必须利用吹塑模的闭合及夹紧作用对型坯封底，并切断多余的部分，这样不仅造成材料利用率降低，而且还容易在制品中造成拼缝。

2. 注射吹塑（injection blow molding）

注射吹塑工艺过程：首先采用注射方法将带底的空心型坯成形在一个带有压缩空气通道的芯模上；然后将此型坯连同芯模转移到吹塑模中，吹塑模完全闭合后，通过芯模将压缩空气引入型坯中，迫使型坯吹胀变形并紧贴在吹塑阴模内壁，保压一段时间，当制件冷却定型后即可开模将其取出。注射吹塑工艺过程如图5-15所示。注射吹塑中型坯不存在下垂现象，制品壁厚均匀；注射吹塑制品不需要进行后修饰加工，废料少；制品无合缝线，外观质量好；适合大批量生产小型精制容器和广口容器。但是型坯的制备过程较复杂，需要专门的注射模具，增大了生产投资；不宜生产带把手的容器。

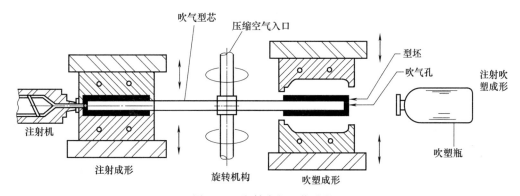

图 5-15　注射吹塑工艺过程

3. 拉伸吹塑

拉伸吹塑是在注射或挤出型坯后，先使型坯沿长度方向进行拉伸，再将取向后的型坯吹胀获得制品，分子发生了双轴取向。拉伸吹塑制品内聚合物分子链沿两个方向整齐排列，从而使制品的冲击强度、透明度、抗蠕变性及抗水汽和蒸汽的渗透性都有很大提高。注拉吹与挤拉吹相比，前者在实际生产中应用更多。拉伸吹塑工艺过程见图5-16。按照成形过程中型坯制备与拉伸吹塑两个步骤是否连续进行，拉伸吹塑分热型坯法（一步法）和冷型坯法（两步法）。热型坯法（一步法）是型坯注射完成后，趁热在同一设备上完成形坯的拉伸及吹塑。这种成形方法节能性好，并且由于生产过程连续，容易实现自动化操作，是目前常用的一种成形方法。冷型坯法（两步法）是型坯的注射及拉伸吹塑不在同一设备上进行，在两步操作之间，型坯产生热量损失，造成变形能力降低，因此要求拉吹前需再对型坯进行二次加热。这种成形方法的优点是设备结构简单，但能耗大。

4. 多层吹塑

多层吹塑是在注射吹塑和挤出吹塑基础上发展起来的一种吹塑成形方法，其成形工艺过程与前两者基本相同，不同的是多层吹塑所用型坯不再是单层的，而是两层或两层以上复合在一起的多层型坯。多层吹塑克服了单层型坯吹塑制品性能上的局限性，综合利用各组成坯

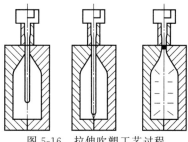

图 5-16　拉伸吹塑工艺过程

层的性能优势，使制品性能更完善、更多样化，可以提高容器气密性（化妆品、药品和食品等）。多层吹塑用型坯可采用共挤出和共注射方法制备。

五、塑料压缩成形

塑料压缩成形，即压缩模塑（compression molding），也称为压制成形，是塑料成形加工技术中历史最悠久的成形方法之一。它是将粉状、粒状、片状或纤维状的塑料放入具有一定温度的闭合模内，经加热、加压使其成形并固化的作业。压缩模塑主要用于热固性塑料制品的成形，也可用于热塑性塑料的成形加工。该方法主要用于成形形状简单、尺寸精度要求不高的制件。压制成形与注射成形相比，生产过程容易控制，使用的设备和模具简单，较易成形大件制品。但它的生产周期长、效率低、较难实现自动化，不易成形形状复杂的制件。

完整的压缩模塑工艺过程如图 5-17 所示。热固性塑料在压制成形过程中所表现出的状态变化要比热塑性塑料复杂，在整个成形过程中始终伴随有化学反应发生。成形过程主要包括流动、胶凝和硬化成形。加热初期塑料呈低分子黏流态，流动性好，随着官能团的相互反应，部分分子发生交联，此时物料流动性变小，并开始产生一定的弹性，此时物料处于胶凝状态。再继续加热，分子交联反应更趋于完善。交联度增大，树脂由胶凝状态变为玻璃态，此时树脂呈体形结构，即达到硬化状态，成形过程完成。

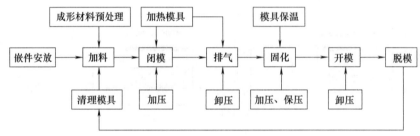

图 5-17　完整的压缩模塑工艺过程

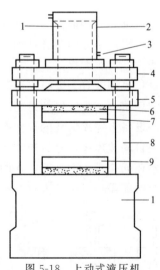

图 5-18　上动式液压机
1—柱塞；2—压筒；3—液压管线；
4—固定垫板；5—活动垫板；
6—绝热层；7—上压板；
8—拉杆；9—下压板；10—机座

压缩模塑所用的主要设备是液压机和模具。液压机按形式不同分为上动式液压机和下动式液压机，图 5-18 为上动式液压机。上动式液压机的下压板固定，上压板与主柱塞相连并上下运动；顶出机构由位于下部机座内的顶出活塞带动；下动式液压机的上压板固定，主柱塞位于下压板下并与之相连；脱模一般由安装在活动板上的机械装置完成。

压缩模塑常用模具（图 5-19）按结构特征分为溢式、不溢式和半溢式。溢式模又称敞开式模具，阴、阳模间没有配合。在模具闭合过程中，多余的物料很容易溢出，因而塑件强度不高也不密实，仅适于模塑高度不大、外形简单、质量要求不高的塑件（如扁平或近于碟形的制品）。不溢式模又称全压型模具，模具有加料室（即型腔的延续部分），阳模与加料室间存在较紧密的配合，因此，在模具闭合及以后的压制过程中物料不会或极少能从中间溢出，适合流动性较差的物料和深度较大的制品。半溢式模又称半全压型模具，半溢式模具结构与不溢式模具相似，也有加料室，阳模与加料室间也存在配合。成形时，允许多余物料从溢料槽溢出；此类模具兼具前两种模具的优点，且对加料没有太苛刻的要求，稍有过量即可，制品均匀密实、精度较好；可用于成形压缩率较大、尺寸大、外形复杂的塑件。

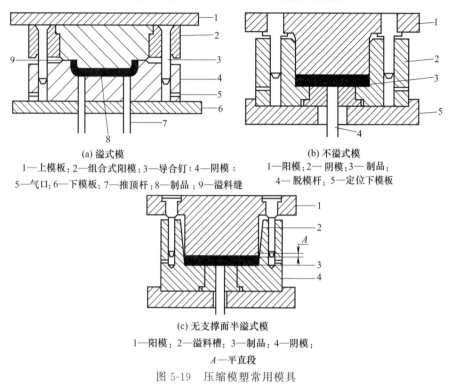

(a) 溢式模
1—上模板；2—组合式阳模；3—导合钉；4—阴模；
5—气口；6—下模板；7—推顶杆；8—制品；9—溢料缝

(b) 不溢式模
1—阳模；2—阴模；3—制品；
4—脱模杆；5—定位下模板

(c) 无支撑面半溢式模
1—阳模；2—溢料槽；3—制品；4—阴模；
A—平直段

图 5-19 压缩模塑常用模具

六、塑料压延成形

压延成形是将加热塑化的热塑性塑料通过一系列相向旋转着的水平辊筒间隙，使物料承受挤压和延展作用，而成为规定尺寸的连续片状制品的成形方法。用作压延成形的塑料大多数是热塑性非晶态塑料，其中以聚氯乙烯（PVC）用得最多，此外还有聚乙烯（PE）、ABS等。主要产品类型为薄膜、片材、人造革等。

压延制品广泛地用作农业薄膜、工业包装薄膜、室内装饰品、地板、录音唱片基材以及热成形片材。薄膜与片材的区分主要在于厚度，大抵以 0.25mm 为分界线。PVC 薄膜与片材有硬质、半硬质、软质之分，由所含增塑剂量而定。压延成形适用于生产厚度在 0.05~0.5mm 范围内的软质 PVC 薄膜和片材，以及 0.3~0.7mm 范围内的硬质 PVC 片材。

压延成形的主要设备是压延机，压延机主要由机体、辊筒、辊筒轴承、辊距调整装置、挡料装置、切边装置、传动系统、安

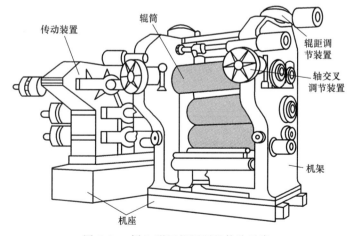

图 5-20 倒 L 形四辊压延机构造示意

全装置和加热冷却装置等组成。目前压延机辊筒已由三辊发展到六辊和多辊，按辊筒的排列方式有 L 形、倒 L 形、Z 形、S 形等多种。图 5-20 所示为倒 L 形四辊压延机构造示意。压延机是塑料压延制品加工过程的基本设备，属于重型高精度机械。

压延工艺过程可分为前、后两个阶段：前阶段是压延前的准备阶段，主要包括所用塑料的配制、塑化和向压延机供料（供料由挤出机或双辊完成）等；后阶段包括压延、牵引、轧花、冷却、卷取、切割等。PVC 压延制品生产工艺过程如图 5-21 所示。

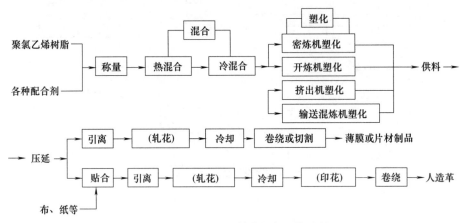

图 5-21　PVC 压延制品生产工艺过程

七、塑料热成形

热成形是以热塑性塑料片材为原料制造塑料制品的一种成形方法。目前工业上常用于热成形的塑料品种有聚苯乙烯（PS）、聚丙烯（PP）、聚酰胺（PA）、聚碳酸酯（PC）等，所用的片材通过挤出、压延、铸塑三种方法制得。片材经热成形后，一般还需要经过修剪或二次加工才能获得产品。热成形产品在包装、快餐、运输、装饰、汽车、家用电器等行业被广泛采用。热成形产品在某些领域可以替代注塑产品，具有模具费用低（只有注塑模具的1/20）、生产周期短、模具开发时间短等特点。

差压成形是最基本、最简单的热成形方法，也称夹片成形，先将片材用夹持框夹紧在模具上，用加热器对片材进行加热，至需要的温度时，停止加热，利用片材两面不同的气压（底部抽真空或顶部通空气或两者兼用），使其与模具贴合，获得所需形状后冷却脱模，再经修剪等后加工成为所需制品。其中，采用抽真空的办法制造压差的称为真空成形，采用通空气的办法获得压差的称为加压或气压成形，应根据材料特点、制件精度及模具设备的耐压能力确定差压成形方式。差压成形（图 5-22）采用的模具多为单阴模，所用模具并不局限为

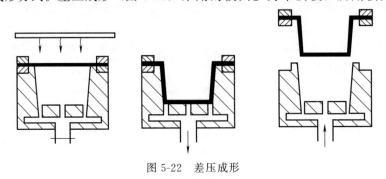

图 5-22　差压成形

单腔模，也可制成多腔模，提高生产效率。在某些情况下也可不用模具（称为自由成

形装置见图 5-23），制件的形状只能是球状壳体，壳体深度取决于片材的变形能力和气压，由光电管自动控制。所得制件壁厚均匀、表面十分光洁且少有瑕疵，塑料的光学性能很少受影响，常用于飞机部件、仪表罩和天窗等。

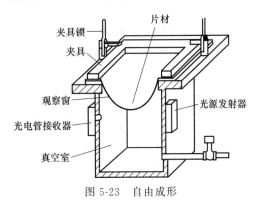

图 5-23　自由成形

热成形的另一种基本方法是覆盖成形（见图 5-24）。从广义上讲，覆盖成形可看作是差压成形的一个特例。覆盖成形所用的模具是单阳模，借助的成形压力仍为气体压力。成形过程：首先借助液压推力或机械力将阳模顶入已夹持且预热好的片材中（或移动片材夹持框使片材覆盖在阳模上）。当片材、夹持框和阳模完全扣紧后，在模具顶部抽真空，则片材贴合在阳模上，经冷却、脱模和修剪后取得制品。

图 5-24　覆盖成形

随着热成形技术的不断发展，其生产效率及自动化程度也不断提高。如图 5-25 所示为连续进料式热成形工艺流程，生产过程由电脑控制，采用卷片材连续供料，实现生产过程的自动化。

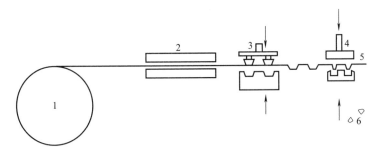

图 5-25　连续进料式热成形工艺流程

1—片料卷；2—加热器；3—模具；4—切片；5—废片料；6—制品

第三节 ⊃ 橡胶的成形

橡胶制品的生产主要包括生胶塑炼、混炼、成形及硫化等工序。

橡胶硫化前称生橡胶（简称生胶），生胶塑炼是将生橡胶在开炼机等塑炼设备中进行碾

压和撕拉，以扯断橡胶分子链降低分子量从而改善其加工性能的过程。橡胶的混炼是将各种配合剂混入并均匀分散在橡胶中的过程，其基本任务是生产出符合品质要求的混炼胶。图5-26是采用密炼机混炼胶料的工艺过程。混炼好的胶可采用不同设备及工艺成形，例如在压延机上压延得到板材、片材，在挤出机上挤出棒材、管材及各种型材，在织物上贴胶而得到胶布、管带等。

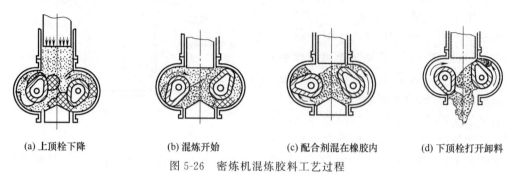

(a) 上顶栓下降　　　(b) 混炼开始　　　(c) 配合剂混在橡胶内　　　(d) 下顶栓打开卸料

图 5-26　密炼机混炼胶料工艺过程

由于生胶弹性和耐磨性不好，且遇冷变硬、遇热发黏，难以定型，上述混炼胶的半成品还要经过加热、加压硫化才能最终获得橡胶制品。橡胶在硫化过程中要经历一系列复杂的化学变化，由塑性的混炼胶变为高弹性的或硬质的交联橡胶。多数橡胶的硫化是在生胶中加入硫黄之类的硫化剂，通过反应使橡胶分子之间以硫桥的方式进行化学交联（图5-27）。直到现在，虽然橡胶不仅可用硫黄，还可用很多其他的化学交联剂和物理化学方法进行交联，但在橡胶行业中，一直习惯于将橡胶的交联称之为硫化。橡胶硫化后弹性模量与强度都大幅度提高。

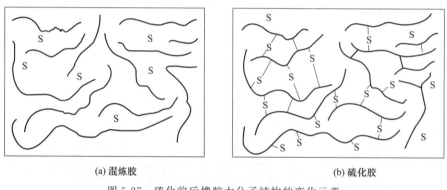

(a) 混炼胶　　　　　　　　　　　　　　(b) 硫化胶

图 5-27　硫化前后橡胶大分子结构的变化示意

本节简要介绍橡胶制品常用的成形方法，如注射成形、压出成形、压延成形、模压成形、传递成形等。

一、橡胶注射成形

注射成形又称注压成形，它是利用注压机的压力，将胶料由机筒注入模具型腔（注压模具结构示意如图5-28所示）完成成形并进行硫化的生产方法。用注射法生产橡胶制品，一般要经过预热、塑化、注射、硫化、出模等几个过程。影响注射成形的技术因素主要有螺杆转速、注射压力、温度、胶料等。

注压成形将成形和硫化合为一体，具有硫化周期短、废边少、生产效率高等优点。这种方法工序简单，机械化、自动化程度较高，有利于减轻劳动强度以及提高产品质量。目前，注压成形已广泛用于生产橡胶密封圈、带金属骨架模制品、减振制品及胶鞋等，也有试用于注射轮胎制品。

二、橡胶挤出（压出）成形

橡胶挤出（压出）成形是使高弹性的橡胶在挤出机机筒及螺杆的相互作用下连续向前运动，在此过程中不断受到剪切、混合和挤压，然后借助于口型压出各种所需形状半成品，以完成造型或其他作业的过程。在橡胶加工中，它可以用来成形轮胎胎面胶条、内胎、胎筒、纯胶管、胶管内外层胶和电线电缆等半成品以达到初步造型的目的，也可用于胶料的过滤、造粒、生胶的塑炼等。用于橡胶成形的挤出机称为橡胶挤出机，其结构与塑料挤出机基本相同，但结构参数有较大的差别。橡胶挤出可分为热喂料挤出和冷喂料挤出。

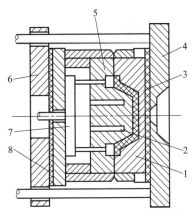

图 5-28 橡胶注压模具结构示意
1—定模；2—加热孔；3—橡胶制件；
4—定板；5—动模；6—动板；
7—顶出机构；8—绝热板

热喂料挤出过程一般包括胶料热炼、挤出、冷却等工序。胶料经混炼冷却停放后，必须进行热炼再供入挤出机加料口，热炼使混炼胶均匀性和热塑性进一步提高，易于挤出，并获得规格准确、表面光滑的制品。热炼可分为两次进行，第一次为粗炼，提高胶料的均匀性。第二次为细炼，增加胶料的热塑性。胶料热炼之后，可以从开炼机上割取胶条，通过运输皮带连续供入挤出机，也可将胶条切成一定长度由加料口加入。挤出物离开口型时，温度较高，必须冷却，其目的是：防止半成品存放时产生自硫；使胶料恢复一定的挺性，防止变形。

冷喂料挤出采用冷喂料挤出机，因而它具有节省热炼设备、易于实现机械化和自动化生产等特点，而且由于主机强化了螺杆结构的剪切和塑化作用，使胶料获得均匀的温度和可塑度。改善了挤出制品的品质，减小了表面粗糙度，压出的半成品具有较稳定一致的尺寸规格。目前，冷喂料挤出广泛应用于天然橡胶及各种合成橡胶的挤出，在电线、电缆、胶管等小型制品挤出方面逐渐取代了热喂料挤出机和热炼设备。冷喂料挤出过程与热喂料有所不同，加热前应先将各部位的温度调节到规定值。待温度稳定后，即以低速开启电机，然后加料。与热喂料一样，在冷喂料挤出过程中也要注意控制物料的可塑性、温度、挤出速度等技术因素。

三、橡胶压延成形

橡胶的压延可分为胶片的压延以及胶布的压延（纺织物挂胶）。

1. 胶片的压延

胶片的压延是利用压延机将胶料制成具有规定断面厚度和宽度的表面光滑的胶片，如胶管、胶带的内外层胶和中间层胶片、轮胎的缓冲层胶片等；当压延胶片的断面较大，一次压延难以保证品质时，可以分别压延制成两层以上的较薄的胶片；然后再用压延机贴合在一起，制成规定厚度要求的胶片；或者将两种不同配方胶料的胶片贴合在一起，制成符合要求的胶片；还可将胶料制成一定断面尺寸规格，表面带有一定花纹的胶片。因此，胶片的压延包括压片、胶片贴合和压型。压型过程可以采用两辊压延机压型、三辊压延机压型和四辊压延机压型。但不管采用哪种压延机，都必须有一个带花纹的辊筒，且花纹辊可以随时更换，以变更胶片的品种和规格。胶片压型过程如图 5-29 所示。

2. 纺织物挂胶

纺织物挂胶是利用压延机将胶料覆盖于纺织物表面，并渗透入织物缝隙的内部，使胶料

(a) 两辊压延机压型　　　　　(b) 三辊压延机压型　　　　　(c) 四辊压延机压型

图 5-29　胶片压型过程示意

和纺织物紧密结合在一起成为胶布的过程，故又称为胶布压延过程。纺织物挂胶的压延方法主要分为一般贴胶压延、压力贴胶压延和擦胶压延三种方法。

一般贴胶压延是使纺织物和胶片通过压延机等速回转的两个辊筒之间，在辊筒的挤压力作用下贴合在一起，制成胶布的挂胶方法。通常采用三辊压延机和四辊压延机进行挂胶。一般贴胶压延法的优点是压延速度快，生产效率高，对纺织物的损伤小；胶布的附胶量较大，耐疲劳性能较好，但胶料对纺织物的渗透能力差，附着力较低，胶布断面中易产生气泡。因此，主要用于浸胶处理后的帆布挂胶。

压力贴胶压延通常采用三辊压延机，其方法与贴胶技术基本相同，唯一的差别是在纺织物引入压延机的辊隙处留有适量的积存胶料，借以增加胶料对织物的挤压和渗透，从而提高胶料对布料的附着力。实际生产上常将压力贴胶法与一般贴胶法结合使用。

擦胶压延是压延时利用辊筒之间速比的作用将胶料挤擦进入纺织物缝隙中的挂胶方法。该法提高了胶料对纺织物的渗透力与结合强度，适于纺织物结构比较紧密的帆布挂胶。但容易损伤纺织物，不适于帘布挂胶。主要用于白坯帆布的压延挂胶。

四、橡胶模压成形以及传递成形

橡胶模压成形是将混炼过且经加工成一定形状和称量过的半成品胶料放入敞开的模具型腔中，闭模后在平板硫化机中加压、加热，使胶料硫化成形的方法。模压成形模具结构简单、通用性强、实用性广、操作方便，在橡胶制品生产中占有较大的比例。

传递成形的模具结构类似于模压成形模具，但其模具内除主模腔以外，还有一个与之连通的空腔。操作开始前，主模腔闭合，而将混炼过的胶条或胶块半成品放入空腔中，然后通过对接触胶料的柱塞加压，使胶料通过浇注系统进入模具主型腔中硫化定型。传递成形的优点是：胶料在转移过程中接收到相当一部分能量，有利于缩短硫化时间；制品中的金属嵌件不易移位。传递成形适用于普通模压法不能成形的薄壁、细长易弯制品以及形状复杂难于加料的橡胶制品。

第四节 ⊘ 塑料制件的结构设计

一、常用塑料特性

要想获得优质的塑件并顺利成形，塑件本身必须具有良好的结构工艺性。塑件的设计视塑料成形方法和塑料品种性能不同而有所差异，表5-2给出了常用塑料的特性以供参考。塑件设计原则是在保证使用性能的前提下，尽量选用价格低廉的塑料并使塑件结构尽可能简单、成形方便，且在塑件成形后尽量不再进行机械加工。在设计塑件时，应考虑到模具的总体结构，使模具型腔易于制造，模具抽芯和推出机构简单。塑件形状应有利于模具分型、排气、补缩和冷却。

表 5-2　常用塑料的特性

名称	成形性	机械加工性	耐冲击性	韧性	耐磨性	耐蠕变性	挠性	润滑性	透明性	耐候性	耐溶剂性	耐药性	耐燃性	热稳定性	耐寒性	耐湿性	尺寸稳定性	备注
聚乙烯	好	好	好		好		较好	较好			较好	较好			好	较好		价格低
聚丙烯	好	好	较好		较好		较好				较好	较好				较好		价格低
聚氯乙烯	好	较好			较好		较好		较好	较好		较好	较好			较好	较好	价格低
聚苯乙烯	好								较好						较好	较好		价格低
ABS	好	好	好	较好					较好						较好	较好		价格较低
聚碳酸酯	较好	好	好	好	较好	较好			较好	较好			较好	较好	较好		较好	
聚酰胺	较好	好	较好	好	好	较好				较好		较好		较好	较好		较好	
聚甲醛	较好	好	较好	好	较好	较好	较好			较好	较好		较好					
酚醛树脂	好	较好			较好	好		较好			较好		较好	较好	较好			好
脲醛树脂	好				较好					较好	较好		较好	较好	较好			好
环氧树脂	较好	较好		较好	较好	较好			较好	较好			较好	较好				
聚氨酯	较好	较好	较好	较好	较好		较好			较好		较好				好	较好	

二、塑料制件的尺寸和精度

影响塑件尺寸精度的因素很多，如模具制造精度及其使用后的磨损，塑料收缩率的波动，成形工艺条件的变化，塑件的形状，飞边厚度的波动，脱模斜度及成形后塑件尺寸变化等。通常考虑到模具的加工难度和模具制造成本，在满足塑件使用要求的前提下应尽量把塑件尺寸精度设计得低一些。和金属零件一样，塑件也有公差要求，目前国内主要依据《塑料模塑件尺寸公差》（GB/T 14486—2008，见表 5-3）。按此标准规定，塑件精度分为八个等级，其中 1、2 两级属于精密技术级，只有在特殊要求下使用。对于未注公差尺寸者建议采用标准中的 8 级精度。该标准只规定标准公差值，而基本尺寸的上下偏差可根据塑件的性质来分配。对于孔类尺寸可取表中数值冠以（＋）号；对于轴类尺寸可取表中数值冠以（－）号；对于中心距尺寸取表中数值一半再冠以（±）号。

塑件尺寸精度还与塑料品种有关，根据收缩率的不同，常用塑料的精度等级可分为高精度、一般精度、低精度三种，如表 5-4 所示。选择精度等级时，应考虑脱模斜度对尺寸公差的影响。表 5-4 反映了在实践总结和讨论分析的基础上，不同塑料在同样工艺难度下所能达到的不同精度等级标准。

塑料制件的表面质量包括表面粗糙度和表观质量。塑件表面粗糙度的高低，主要与模具型腔表面的粗糙度有关。目前，注射成形塑件的表面粗糙度通常为 $Ra0.02\sim1.25\mu m$，模腔表壁的表面粗糙度应为塑件的 $1/2$，即 $Ra0.01\sim0.63\mu m$。塑件的表观质量指的是塑件成形后的表观缺陷状态，如常见的缺料、溢料、飞边、凹陷、气孔、熔接痕、银纹、斑纹、翘曲与收缩、尺寸不稳定等。它是由塑件成形工艺条件、塑件成形原材料的选择、模具总体设计等多种因素造成的。

表 5-3 模塑件尺寸公差表 (GB/T 14486—2008)

mm

标注公差的尺寸公差值

公差等级	公差种类	>0~3	>3~6	>6~10	>10~14	>14~18	>18~24	>24~30	>30~40	>40~50	>50~65	>65~80	>80~100	>100~120	>120~140	>140~160	>160~180	>180~200	>200~225	>225~250	>250~280	>280~315	>315~355	>355~400	>400~450	>450~500	>500~630	>630~800	>800~1000
MT1	a	0.07	0.08	0.09	0.10	0.11	0.12	0.14	0.16	0.18	0.20	0.23	0.26	0.29	0.32	0.36	0.40	0.44	0.48	0.52	0.56	0.60	0.64	0.70	0.78	0.86	0.97	1.16	1.39
MT1	b	0.14	0.16	0.18	0.20	0.21	0.22	0.24	0.26	0.28	0.30	0.33	0.36	0.39	0.42	0.46	0.50	0.54	0.58	0.62	0.66	0.70	0.74	0.80	0.88	0.96	1.07	1.26	1.49
MT2	a	0.10	0.12	0.14	0.16	0.18	0.20	0.22	0.24	0.26	0.30	0.34	0.38	0.42	0.46	0.50	0.54	0.60	0.66	0.72	0.76	0.84	0.92	1.00	1.10	1.20	1.40	1.70	2.10
MT2	b	0.20	0.22	0.24	0.26	0.28	0.30	0.32	0.34	0.36	0.40	0.44	0.48	0.52	0.56	0.60	0.64	0.70	0.76	0.82	0.86	0.94	1.02	1.10	1.20	1.30	1.50	1.80	2.20
MT3	a	0.12	0.14	0.16	0.18	0.20	0.22	0.26	0.30	0.34	0.40	0.46	0.52	0.58	0.64	0.70	0.78	0.86	0.92	1.00	1.10	1.20	1.30	1.44	1.60	1.74	2.00	2.40	3.00
MT3	b	0.32	0.34	0.36	0.38	0.40	0.42	0.46	0.50	0.54	0.60	0.66	0.72	0.78	0.84	0.90	0.98	1.06	1.12	1.20	1.30	1.40	1.50	1.64	1.80	1.94	2.20	2.60	3.20
MT4	a	0.16	0.18	0.20	0.24	0.28	0.32	0.36	0.42	0.48	0.56	0.64	0.72	0.82	0.92	1.02	1.12	1.24	1.36	1.48	1.62	1.80	2.00	2.20	2.40	2.60	3.10	3.80	4.60
MT4	b	0.36	0.38	0.40	0.44	0.48	0.52	0.56	0.62	0.68	0.76	0.84	0.92	1.02	1.12	1.22	1.32	1.44	1.56	1.68	1.82	2.00	2.20	2.40	2.60	2.80	3.30	4.00	4.80
MT5	a	0.20	0.24	0.28	0.32	0.38	0.44	0.50	0.56	0.64	0.74	0.86	1.00	1.14	1.28	1.44	1.60	1.76	1.92	2.10	2.30	2.50	2.80	3.10	3.50	3.90	4.50	5.60	6.90
MT5	b	0.40	0.44	0.48	0.52	0.58	0.64	0.70	0.76	0.84	0.94	1.06	1.20	1.34	1.48	1.64	1.80	1.96	2.12	2.30	2.50	2.70	3.00	3.30	3.70	4.10	4.70	5.80	7.10
MT6	a	0.26	0.32	0.38	0.46	0.52	0.60	0.70	0.80	0.94	1.10	1.28	1.48	1.72	1.92	2.20	2.40	2.60	2.90	3.20	3.50	3.90	4.30	4.80	5.30	5.90	6.90	8.50	10.60
MT6	b	0.46	0.52	0.58	0.66	0.72	0.80	0.90	1.00	1.14	1.30	1.48	1.68	1.92	2.20	2.40	2.60	2.80	3.10	3.40	3.70	4.10	4.50	5.00	5.50	6.10	7.10	8.70	10.80
MT7	a	0.38	0.46	0.56	0.66	0.76	0.86	0.98	1.12	1.32	1.54	1.80	2.10	2.40	2.70	3.00	3.30	3.70	4.10	4.50	4.90	5.40	6.00	6.70	7.40	8.20	9.60	11.90	14.80
MT7	b	0.58	0.66	0.76	0.86	0.96	1.06	1.18	1.32	1.52	1.74	2.00	2.30	2.60	2.90	3.20	3.50	3.90	4.30	4.70	5.10	5.60	6.20	6.90	7.60	8.40	9.80	12.10	15.00

未注公差的尺寸允许偏差

公差等级	公差种类	>0~3	>3~6	>6~10	>10~14	>14~18	>18~24	>24~30	>30~40	>40~50	>50~65	>65~80	>80~100	>100~120	>120~140	>140~160	>160~180	>180~200	>200~225	>225~250	>250~280	>280~315	>315~355	>355~400	>400~450	>450~500	>500~630	>630~800	>800~1000
MT5	a	±0.10	±0.12	±0.14	±0.16	±0.19	±0.22	±0.25	±0.28	±0.32	±0.37	±0.43	±0.50	±0.57	±0.64	±0.72	±0.80	±0.88	±0.96	±1.05	±1.15	±1.25	±1.40	±1.55	±1.75	±1.95	±2.25	±2.80	±3.45
MT5	b	±0.20	±0.22	±0.24	±0.26	±0.29	±0.32	±0.35	±0.38	±0.42	±0.47	±0.53	±0.60	±0.67	±0.74	±0.82	±0.90	±0.98	±1.06	±1.15	±1.25	±1.35	±1.50	±1.65	±1.85	±2.05	±2.35	±2.90	±3.55
MT6	a	±0.13	±0.16	±0.19	±0.23	±0.26	±0.30	±0.35	±0.40	±0.47	±0.55	±0.64	±0.74	±0.86	±1.00	±1.10	±1.20	±1.30	±1.45	±1.60	±1.75	±1.95	±2.15	±2.40	±2.65	±2.95	±3.45	±4.25	±5.30
MT6	b	±0.23	±0.26	±0.29	±0.33	±0.36	±0.40	±0.45	±0.50	±0.57	±0.65	±0.74	±0.84	±0.96	±1.10	±1.20	±1.30	±1.40	±1.55	±1.70	±1.85	±2.05	±2.25	±2.50	±2.75	±3.05	±3.55	±4.35	±5.40
MT7	a	±0.19	±0.23	±0.28	±0.33	±0.38	±0.43	±0.49	±0.55	±0.66	±0.77	±0.90	±1.05	±1.20	±1.35	±1.50	±1.65	±1.85	±2.05	±2.25	±2.45	±2.70	±3.00	±3.35	±3.70	±4.10	±4.80	±5.95	±7.40
MT7	b	±0.29	±0.33	±0.38	±0.43	±0.48	±0.53	±0.59	±0.65	±0.76	±0.87	±1.00	±1.15	±1.30	±1.45	±1.60	±1.75	±1.95	±2.15	±2.35	±2.55	±2.80	±3.10	±3.45	±3.80	±4.20	±4.90	±6.05	±7.50

注：1. a 为不受模具活动部分影响的尺寸公差值；b 为受模具活动部分影响的尺寸公差值。
2. MT1 级为精密级，只有采用严密的工艺控制措施和高精度的模具、设备、原料时才有可能选用。

表 5-4 常用材料模塑件尺寸公差等级的选用 （GB/T 14486—2008）

材料代号	模塑材料		公差等级		
			标注公差尺寸		未注公差尺寸
			高精度	一般精度	
ABS	（丙烯腈-丁二烯-苯乙烯）共聚物		MT2	MT3	MT5
CA	乙酸纤维素		MT3	MT4	MT6
EP	环氧树脂		MT2	MT3	MT5
PA	聚酰胺	无填料填充	MT3	MT4	MT6
		30%玻璃纤维填充	MT2	MT3	MT5
PBT	聚对苯二甲酸丁二酯	无填料填充	MT3	MT4	MT6
		30%玻璃纤维填充	MT2	MT3	MT5
PC	聚碳酸酯		MT2	MT3	MT5
PDAP	聚邻苯二甲酸二烯丙酯		MT2	MT3	MT5
PEEK	聚醚醚酮		MT2	MT3	MT5
PE-HD	高密度聚乙烯		MT4	MT5	MT7
PE-LD	低密度聚乙烯		MT5	MT6	MT7
PESU	聚醚砜		MT2	MT3	MT5
PET	聚对苯二甲酸乙二酯	无填料填充	MT3	MT4	MT6
		30%玻璃纤维填充	MT2	MT3	MT5
PF	苯酚-甲醛树脂	无机填料填充	MT2	MT3	MT5
		有机填料填充	MT3	MT4	MT6
PMMA	聚甲基丙烯酸甲酯		MT2	MT3	MT5
POM	聚甲醛	≤150mm	MT3	MT4	MT6
		>150mm	MT4	MT5	MT7
PP	聚丙烯	无填料填充	MT4	MT5	MT7
		30%无机填料填充	MT2	MT3	MT5
PPE	聚苯醚；聚亚苯醚		MT2	MT3	MT5
PPS	聚苯硫醚		MT2	MT3	MT5
PS	聚苯乙烯		MT2	MT3	MT5
PSU	聚砜		MT2	MT3	MT5
PUR-P	热塑性聚氨酯		MT4	MT5	MT7
PVC-P	聚氯乙烯（软）		MT5	MT6	MT7
PVC-U	聚氯乙烯（硬）		MT2	MT3	MT5
SAN	（丙烯腈-苯乙烯）共聚物		MT2	MT3	MT5
UF	脲-甲醛树脂	无机填料填充	MT2	MT3	MT5
		有机填料填充	MT3	MT4	MT6
UP	不饱和聚酯	30%玻璃纤维填充	MT2	MT3	MT5

三、脱模斜度

塑料冷却产生收缩，会导致塑件紧紧包在凸模或型芯上，或由于黏附作用，塑件紧贴在凹模型腔内。为了便于脱模，防止塑件表面在脱模时划伤、擦毛，在设计时塑件表面沿脱模方向应具有合理的脱模斜度，如图 5-30 所示。塑件脱模斜度的大小，与塑件壁厚和几何形状有关。硬质塑料比软质塑料脱模斜度大；形状较复杂或成形孔较多的塑件取较大的脱模斜度；塑件高度较大、孔较深，则取较小的脱模斜度；壁厚增加、内孔包紧型芯的力大，脱模斜度也应取大些。有时，为了在开模时让塑件留在凹模内或型芯上，而有意将该边斜度减小或将

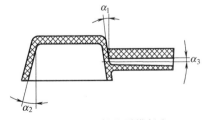

图 5-30 塑件的脱模斜度

斜边放大。

　　一般情况下,脱模斜度不包括在塑件公差范围内,否则在图样上应予说明。在塑件图上标注时,内孔以小端为基准,斜度由放大的方向取得;外形以大端为基准,斜度由缩小的方向取得。表 5-5 列出了若干塑件的脱模斜度,可供设计时参考。

表 5-5　塑件常用脱模斜度

制件材料		聚酰胺 (通用)	聚酰胺 (增强)	聚乙烯	聚甲基丙烯 酸甲酯	聚苯乙烯	聚碳酸酯	ABS 塑料
脱模 斜度	凹模 (型腔)	$20'\sim40'$	$20'\sim50'$	$20'\sim45'$	$35'\sim1°30'$	$35'\sim1°30'$	$35'\sim1°$	$40'\sim1°20'$
	凸模 (型芯)	$25'\sim40'$	$20'\sim40'$	$25'\sim45'$	$30'\sim1°$	$30'\sim1°$	$30'\sim50'$	$35'\sim1°$

四、壁厚

　　塑件应有一定的厚度才能满足使用时的强度和刚度要求,而且壁厚在脱模时还需承受脱模推力。壁厚应合理,壁太薄则熔料充模阻力大,易缺料;壁太厚塑件内部会产生气泡,外部易产生凹陷;壁厚不均匀将造成收缩不一致,导致塑件变形或翘曲,在可能的条件下应使壁厚尽量均匀一致。塑件的壁厚一般为 $1\sim4mm$,大型塑件壁厚可取 $8mm$。热固性塑件与热塑性件壁厚可参考表 5-6 和表 5-7。

表 5-6　热固性塑件的最小壁厚参考值 mm

压制深度	最小壁厚		
	胶木粉	电玉粉	玻璃纤维压塑粉
~40	$0.7\sim1.5$	0.9	1.5
$>40\sim80$	$2\sim2.5$	$1.3\sim1.5$	$2.5\sim3.5$
>80	$5\sim6.5$	$3\sim3.5$	$6\sim8$

表 5-7　热塑性塑件的推荐壁厚和最小壁厚参考值 mm

塑料名称	最小壁厚	小型塑件推荐壁厚	一般塑件推荐壁厚	大型塑件推荐壁厚
聚苯乙烯	0.75	1.25	1.6	$3.2\sim5.4$
改性聚苯乙烯	0.75	1.25	1.6	$3.2\sim5.4$
聚甲基丙烯酸甲酯	0.80	1.50	2.2	$4.0\sim6.5$
聚乙烯	0.80	1.25	1.6	$2.4\sim3.2$
聚氯乙烯(硬)	1.15	1.60	1.8	$3.2\sim5.8$
聚氯乙烯(软)	0.85	1.25	1.5	$2.4\sim3.2$
聚丙烯	0.85	1.45	1.8	$2.4\sim3.2$
聚甲醛	0.80	1.40	1.6	$3.2\sim5.4$
聚碳酸酯	0.95	1.80	2.3	$4.0\sim4.5$
聚酰胺	0.45	0.75	1.6	$2.4\sim3.2$
聚苯醚	1.20	1.75	2.5	$3.5\sim6.4$
氯化聚醚	0.85	1.35	1.8	$2.5\sim3.4$

五、加强筋与支承面

　　加强筋的主要作用是在不增加壁厚的情况下,加强塑件的强度和刚度,避免塑件变形翘曲。此外,合理布置加强筋还可以改善充模流动,减少内应力,避免气孔、缩孔和凹陷等缺陷。

　　加强筋的厚度应小于塑件壁厚,并与壁用圆弧过渡。加强筋的形状尺寸如图 5-31 所示。若塑件壁厚为 t,则加强筋高度 $L=(1\sim3)t$,筋条宽 $A=(1/4\sim1)t$,筋根过渡圆角 $R=$

$(1/8\sim1/4)t$，收缩角 $\alpha=2°\sim5°$，筋端部圆角 $r=t/8$，当 $t\leqslant2\text{mm}$，取 $A=t$。加强筋端部不应与塑件支承面平齐，而应缩进 0.5mm，如图 5-32 所示。如果一个制件上需要设置许多加强筋，除应注意加强筋之间的中心距必须大于制件壁厚的两倍以上之外，还要使各条加强筋的排列相互错开，以防止收缩不均匀引起制品破裂。此外，各条加强筋的厚度应尽量相同或相近，这样可以防止因熔体流动局部集中而引起缩孔和气泡。例如，图 5-33（a）中的加强筋因排列不合理，在加厚集中的地方容易出现缩孔和气泡，为此，可以用图 5-33（b）所示的排列形式。

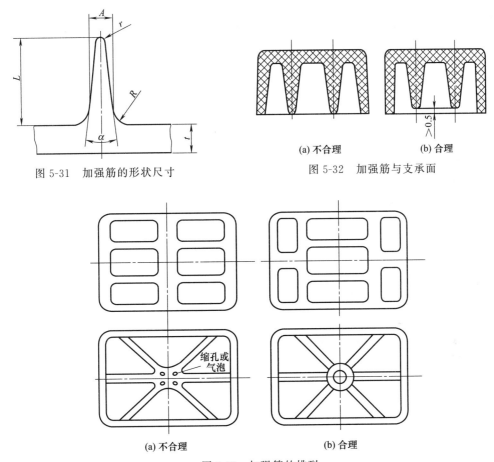

图 5-31 加强筋的形状尺寸

图 5-32 加强筋与支承面

图 5-33 加强筋的排列

设计塑件的支承面应充分保证其稳定性。不宜以塑件的整个底面作支承面，因为塑件稍有翘曲或变形就会使底面不平。通常采用凸缘或凸台作为支承面，如图 5-34 所示。

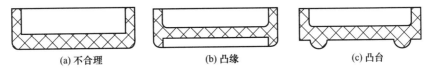

图 5-34 用凸缘或凸台作为支承面

六、圆角

对于塑件来说，除使用要求需要采用尖角之外，其余所有内外表面转弯处都应尽可能采用圆角过渡，以减少应力集中。图 5-35（a）所示是不合理的，图 5-35（b）改成圆角过渡，设计较合理。圆角半径的大小主要取决于塑件的壁厚，如图 5-36 所示，其尺寸可供设计时参考。图 5-37 表示内圆角、壁厚比与应力集中系数之间的关系，图中 R 为内圆角半径，t 为壁厚。由图可见，将 R/t 控制在 $1/4 \sim 3/4$ 的范围内较为合理。

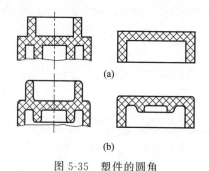

图 5-35 塑件的圆角

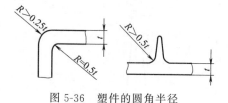

图 5-36 塑件的圆角半径

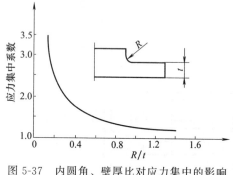

图 5-37 内圆角、壁厚比对应力集中的影响

七、孔的设计

塑件上常见的孔有通孔、盲孔、异形孔（形状复杂的孔）。原则上讲，这些孔均能用一定的型芯成形，但孔与孔之间、孔与壁之间应留有足够的距离。它们的关系如表 5-8 所示。孔与孔边缘之间的距离应大于孔径。塑料制件上的固定用孔和其他受力孔周围可设计凸边来加强，如图 5-38 所示。

表 5-8　孔间距、孔边距与孔径的关系
mm

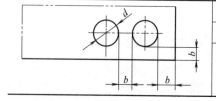

孔径 d	<1.5	1.5～3	3～6	6～10	10～18	18～30
孔间距、孔边距 b	1～1.5	1.5～2	2～3	3～4	4～5	5～7

备注：1. 热塑性塑料按热固性塑料的 75% 取值
2. 增强塑料宜取上限
3. 两孔径不一致时，则以小孔径查表

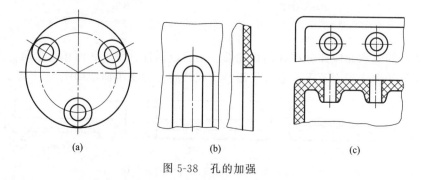

图 5-38 孔的加强

当塑件带有侧孔或侧凹时，成形模具就必须采用瓣合式结构或设置侧向分型与抽芯机构，从而使模具结构复杂化，因此，在不影响使用要求的情况下，塑件应尽量避免侧孔或侧凹结构。图 5-39 为带有侧孔或侧凹塑件的改进设计示例。对于较浅的内侧凹槽并带有圆角

的制件，若制件在脱模温度下具有足够的弹性，则可采用强制脱模的方法将制件脱出。

八、螺纹设计

塑件上的螺纹既可以直接用模具成形，也可以在成形后用机械加工获得，对于需要经常装拆和受力较大的螺纹，应采用金属螺纹嵌件。塑件上的螺纹，一般直径要求不小于 2mm，精度不超过 IT7 级，并选用螺距较大者。细牙螺纹尽量不采用直接成形，而是采用金属螺纹嵌件。为了增加塑件螺纹的强度，防止最外圈螺纹崩裂或变形，其始端和末端均不应突然开始和结束，应有一过渡段。如图 5-40 所示，过渡长度为 l，其数值按表 5-9 选取。塑料螺纹与金属螺纹的配合长度应不大于螺纹直径的 1.5 倍（一般配合长度为 8～10 牙）。

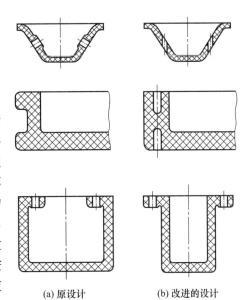

(a) 原设计　(b) 改进的设计

图 5-39　塑件有侧孔或侧凹的改进设计示例

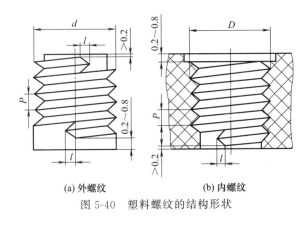

(a) 外螺纹　　　(b) 内螺纹

图 5-40　塑料螺纹的结构形状

表 5-9　塑料螺纹始末端的过渡长度

mm

螺纹直径	螺距 P		
	<0.5	0.5～1.0	>1.0
	始末端过渡长度 l		
≤10	1	2	3
>10～20	2	2	4
>20～34	2	4	6
>34～52	3	6	8
>52	3	8	10

九、嵌件设计

塑件内部镶嵌有金属、玻璃、木材、纤维、纸张、橡胶或已成形的塑件等称为嵌件。使用嵌件的目的在于提高塑件的强度，满足塑件某些特殊要求，如导电、导磁、耐磨和装配连接等。但嵌件的设置往往使模具结构复杂化，成形周期延长，制造成本增加，难于实现自动化生产。

对带有金属嵌件的塑件，一般都是先设计嵌件，然后再设计塑件。设计嵌件时由于金属与塑料冷却时的收缩值相差较大，致使周围的塑料存在很大的内应力，如果设计不当，则会造成塑件的开裂，所以应选用与塑料收缩率相近的金属作嵌件，或使嵌件周围的塑料层厚度大于许用值，表 5-10 列出了嵌件周围塑料层的许用厚度，供设计时参考。嵌件不应带有尖角，以减少应力集中。对于大嵌件进行预热，使其温度达到接近塑料温度。同时嵌件上尽量不要有穿通的孔（如螺纹孔），以免塑料挤入孔内。塑件中嵌件的形状应尽量满足成形要求，保证嵌件与塑料之间具有牢固的连接以防受力脱出。

表 5-10　金属嵌件周围塑料层的许用厚度　　　　　　　　　　mm

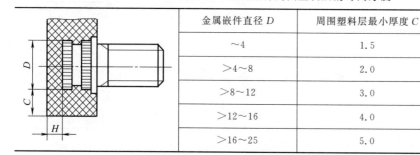

金属嵌件直径 D	周围塑料层最小厚度 C	顶部塑料层最小厚度 H
~4	1.5	0.8
>4~8	2.0	1.5
>8~12	3.0	2.0
>12~16	4.0	2.5
>16~25	5.0	3.0

为使嵌件镶嵌在塑件中，成形时可以将嵌件先放在模具中固定，然后注入塑料熔体加以成形。也可以把嵌件在塑料预压时先放在塑料中，然后模塑成形。不论用何种办法嵌入，都需要对嵌件进行可靠的定位，以保证尺寸精度。成形时为了使嵌件在塑料内牢固地固定而不被脱出，其嵌件表面可加工成沟槽、滚花，或制成各种特殊形状。

第五节　塑料成形的数值模拟

随着塑料工业的发展和进步，人们对注射制件的要求越来越高。如何缩短成形周期、降低生产成本、提高制件精度成为关注焦点。传统的模具设计主要依靠设计者的经验，且需要现场多次试模解决模具中的问题，显然不符合塑料工业的发展趋势。实践表明，缩短模具设计与制造时间、提高塑料制件精度与性能的有效途径是采用计算机辅助设计（CAD）、辅助工程（CAE）和辅助制造（CAM）。注射模 CAD/CAE/CAM 技术已从实验室研究阶段进入了实用化阶段，并在生产中取得了明显的经济效益。

一、注射模 CAD／CAE／CAM 的技术优势

注射模 CAD/CAM 的重点在于塑料制品的造型、模具结构设计、图形绘制和数控加工数据的生成。而注射模 CAE 将模具设计、分析、测试与制造贯穿于注塑件研制过程的各个环节，用以指导和预测模具在方案构思、设计和制造中的行为。

采用注射模 CAD/CAE/CAM 集成化技术后，制件一般不需要再进行原型试验，采用几何造型技术，制件的形状能精确、逼真地显示在计算机屏幕上，有限元分析程序可以对其力学性能进行预测。借助于计算机，自动绘图代替了人工绘图，自动检索代替了手册查阅，快速分析代替了手工计算，模具设计师能从烦琐的绘图和计算中解放出来，集中精力从事诸如方案构思和结构优化等创造性的工作，在模具投产之前，CAE 软件可以预测模具结构有关参数的正确性。例如，可以采用流动模拟软件来考察熔体在模腔内的流动过程，以此来改进浇注系统的设计，提高试模的一次成功率。可以用保压和冷却分析软件来考察熔体的凝固和模温的变化，以此来改进冷却系统，调整成形工艺参数，提高制件质量和生产效率，还可以采用应力分析软件来预测塑件出模后的变形和翘曲。模腔的几何数据能相互地转换为曲面的机床刀具加工轨迹，这样可省去木模制作工序，提高型腔和型芯表面的加工精度和效率。

由此可见，注射模 CAD/CAE/CAM 技术给用户提供了一套有效的辅助工具，使用户在模具制造之前能借助于计算机对制件、模具结构、加工、成本等进行反复修改和优化，直至获得最佳结果。CAD/CAE/CAM 技术能显著地缩短模具设计与制造时间，降低模具成本并

提高制件的质量。

二、注射模 CAD／CAE／CAM 的工作内容

目前，注射模 CAD/CAE/CAM 的工作内容主要如下。

① 塑料制件的几何造型。采用几何造型系统，如线框架造型、表面造型和实体造型，在计算机中生成塑料制件的几何模型，这是 CAD/CAE/CAM 工作的第一步。

② 型腔表面形状的生成。由于塑料制件的成形收缩，模具的磨损及加工精度的影响，注射制件的内、外表面并不就是模具的型芯、型腔表面，需要经过比较复杂的转换才能获得型腔和型芯表面。目前大多数注射模设计软件并未能解决这种转换，因此，制件的形状和型腔的形状要分别地输入，比较烦琐。如何由制件形状方便、准确地生成形腔和型芯表面形状仍是当前的研究课题。

③ 模具方案布置。采用计算机软件来引导模具设计者布置型腔的数目和位置，构思浇注系统、冷却系统及推出机构，为选择标准模架和设计动模、定模部装图做准备。

④ 标准模架的选择。一般而言，用作标准模架选择的设计软件应具有两个功能，一是能引导模具设计者输入本厂的标准模架，以建立自己的标准模架库；二是能方便地从已建好的专用标准模架库中选出在本次设计中所需的模架类型及全部模具标准件的图形及数据。

⑤ 部装图及总装图的生成。根据所选的标准模架及已完成的型腔布置，设计软件以交互方式引导模具设计者生成模具部装图和总装图。模具设计者在完成总装图时能利用光标在屏幕上拖动模具零件，以搭积木的方式装配模具总图，十分方便灵活。

⑥ 模具零件图的生成。设计软件能引导用户根据部装图、总装图以及相应的图形库、数据库来完成模具零件的设计、绘图和标注尺寸。

⑦ 注射工艺条件及塑料材料的优选。基于模具设计者的输入数据以及优化算法，程序能向模具设计者提供有关型腔填充时间、熔体成形温度、注射压力及最佳塑料材料的推荐值。有些软件还能运用专家系统来帮助模具工作者分析注射成形故障及制件成形缺陷。

⑧ 注射流动及保压过程模拟。一般常采用有限元方法来模拟熔体的充模和保压过程。其模拟结果能为模具工作者提供熔体在浇注系统和型腔中流动过程的状态图，提供不同时刻熔体及制件在型腔各处的温度、压力、剪切速率、切应力以及所需的最大锁模力等，其预测结果对改进模具浇注系统及调整注射成形工艺参数有着重要的指导意义。

⑨ 冷却过程分析。一般常采用边界元法来分析模壁的冷却过程，用有限差分法分析制件沿模壁垂直方向的一维热传导，用经验公式描述冷却水在冷却管道中的导热，并将三者有机地结合在一起分析非稳态的冷却过程。其预测结果有助于缩短模具冷却时间、改善制件在冷却过程中的温度分布不均匀性。

⑩ 力学分析。一般常采用有限元法来计算模具在注射成形过程中最大的变形和应力，以此来检验模具的刚度和强度能否保证模具正常工作。有些软件还能对制件在成形过程中可能发生的翘曲进行预测，以便模具工作者在模具制造之前及时采取补救措施。

⑪ 数控加工。如各种自动编程系统 CAD/CAE/CAM 软件，包括注射模中经常需要用的数控线切割指令生成，曲面的三轴、五轴数控铣削刀具轨迹生成及相应的后置处理程序等。

⑫ 数控加工仿真。为了检验数控加工软件的准确性，在计算机屏幕上模拟刀具在三维曲面上的实时加工并显示有关曲面的形状数据。

图 5-41 所示为注射模 CAD/CAE/CAM 集成系统应有的功能及其彼此之间的关系。图 5-42 是塑料多功能笔的制品。利用 CAD/CAE/CAM 技术可以获得其注塑模具整体结构的爆

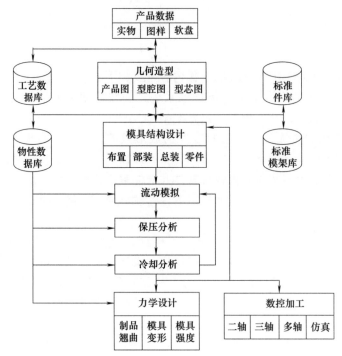

图 5-41　注射模 CAD/CAE/CAM 集成系统框图

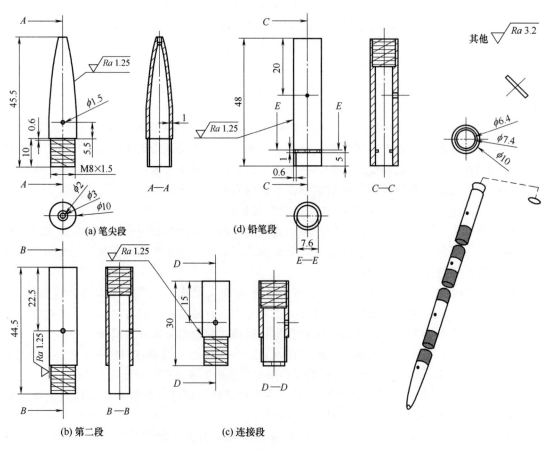

图 5-42　塑料多功能笔的制品

炸图（图 5-43），并能对塑料充模情况（图 5-44）及制品缺陷（例如翘曲，如图 5-45 所示）进行分析。

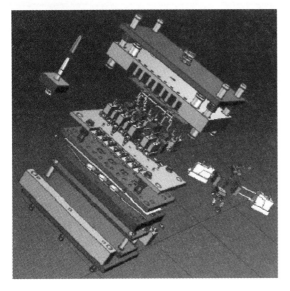

图 5-43 塑料多功能笔的注射模具整体结构爆炸图

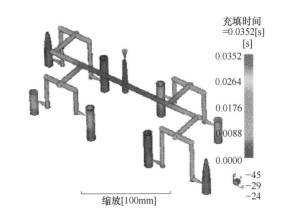

图 5-44 塑料充模情况分析

三、注射模 CAD／CAE／CAM 的现状及发展

自从 20 世纪 70 年代澳大利亚的 Moldflow 公司率先推出商品化的二维流动模拟软件以来，国际软件市场涌现出许多注射模 CAD/CAE/CAM 商品化软件，如美国 AC-Tech 公司的注射模 CAE 软件 C- MOLD 软件、德国 Aachen 大学 IKV 研究所的 CAD-MOULD 软件等。国外的一些计算机公司将注射模的 CAE 软件与 CAD/CAM 系统结合起来，陆续在国际市场上推出了注射模

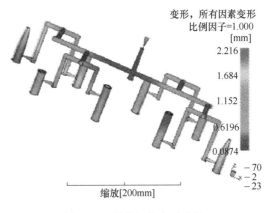

图 5-45 制件翘曲变形分析

CAD/CAE/CAM 软件包（或者称为注射模 CAD/CAE/CAM 工具包），受到了用户的欢迎，如美国 CV 公司的 CAD/CAM 软件 CADD5、美国麦道飞机公司的 CAD/CAM 软件 UGⅡ、美国 SDRC 公司的 CAD/CAM 软件Ⅰ-DEAS、法国 CISIGRAPH 公司的 CAD/CAM 软件 STRIM100、美国 DELTA-CAM 公司的 CAD/CAM 软件 DUCT5 等。我国的一些科研院所也积极地从事该领域的研究并取得了可喜的成绩，成功地开发了在微机上运行的注射模 CAD/CAE/CAM 系统。

注射模 CAD/CAE/CAM 技术仍在发展之中，主要研究方向为 CAD 软件的功能扩充与改进、CAD/CAE/CAM 集成化以及注射成形人工智能的开发，如美国、加拿大、德国、澳大利亚等国家正在研究联机分析处理注射成形过程的专家系统。这种专家系统能将实测的注射成形结果与计算机的模拟结果进行联机实时比较，通过有关的控制系统自动调整正在工作中的注射成形机，及时地得到优化的注射成形工艺参数，保证注射模在最佳的状态下工作。

复习思考题 ▶▶

5-1 什么是塑料？塑料中为什么要添加助剂？

5-2 热塑性塑料与热固性塑料在分子结构及热性能等方面有何差异？

5-3 塑料工业的组成包括哪几个方面？

5-4 单螺杆挤出机主要由哪几部分组成？螺杆主要技术参数有哪些？

5-5 挤出管材的定径方式主要有哪两种？各有何特点？

5-6 管材的冷却方式主要有哪两种？

5-7 挤出吹塑薄膜上吹、下吹、平吹各有何特点？

5-8 简述挤出板、片材的工艺流程。

5-9 挤出工艺在橡胶加工中有何作用？

5-10 注射成形时，塑料进入模腔内的流动情况可分为几个阶段？

5-11 模具温度对注射成形有何影响？选择模具温度的原则是什么？

5-12 注射压力的高低对熔体流动充模及制件质量有何影响？

5-13 浇注系统的作用是什么？基本结构如何？基本类型有哪几种？各有何特点？在设计浇注系统时，应满足什么要求？

5-14 热固性塑料的注射成形与热塑性塑料的注射成形有何区别？

5-15 什么是气辅注塑？有何优点？

5-16 注射成形在橡胶制品加工中有何应用？

5-17 常用吹塑成形方法有哪几种？各自有何特点？

5-18 简述压缩模塑成形的工艺流程。

5-19 压延成形辊筒的排列方式有哪几种？

5-20 橡胶压延工艺可分为哪几类？与塑料压延工艺有何不同？

5-21 什么叫真空成形、差压成形？

5-22 热成形基本工序有哪几步？

5-23 热成形设备中的压缩空气系统有何作用？

5-24 塑件的尺寸精度受哪些因素影响？

5-25 塑件上为何要设计拔模斜度？拔模斜度值的大小与哪些因素有关？

5-26 塑件的壁厚过薄过厚会使制件产生哪些缺陷？

5-27 塑件上的加强筋设计时应遵循哪些原则？

5-28 塑件转角处为何要圆弧过渡？

5-29 为什么要尽量避免塑件上具有侧孔或侧凹？

5-30 设计塑件的嵌件时需要注意哪些问题？

5-31 注射模 CAD/CAE/CAM 的工作内容是什么？试列举两种常见的 CAE 软件。

导入案例 ▶▶

中科院首次提出液态金属悬浮 3D 打印，并研发出全球首款商用液态金属混合 3D 打印设备，可在室温下快速制造具有任意复杂形状和结构的三维柔性金属可变形体，并用于组装立体可拉伸电子器件。相关研究成果作为封面文章发表在 Advanced Materials Technologies 上。在题为 Suspension 3D Printing of Liquid Metal into Self-healing Hydrogel 的论文中，研究组将性质介于固体与液体之间且具有自恢复特性的水凝胶引入作为透明支撑介质，创建并证实了液态金属悬浮 3D 打印成形方法，克服了液态金属墨水表面张力高、黏度低、易于流动、重力大等带来的技术挑战。在整个制造过程中，水凝胶可在屈服液化与快速凝固状态之间自由转换，对金属液滴的黏滞力极高，随着打印喷头与凝胶之间的相对运动，由喷头挤出的金属液滴会随即发生颈缩行为并与喷头分离，继而被支撑凝胶包裹、黏滞和固定。

通过金属微球沿规划路径的逐层堆积，可最终形成预期的三维结构；打印精度可由针头尺寸、打印速度、凝胶环境等予以调控。凝胶和液态金属均为柔性物质，由此构成的立体电子器件可实现拉伸及变形。该项研究突破了传统刚体结构成形模式与 3D 打印范畴，在不定形柔性电子器件、智能系统快速制造乃至可变形 4D 打印等方面具有重要价值。

新颖 3D 打印方法的建立与原创性硬件装备的研制工作，彰显了液态金属先进材料在快速制造柔性功能电子器件方面所蕴藏着的独特优势和普适价值，是对增材制造技术理念的重要革新与拓展。

资料来源：http：//www. cas. cn/syky/201711/t20171122 _ 4624025. shtml

第一节 ◯ 快速成形制造技术

一、快速成形制造技术

1. 快速成形制造技术的优势

快速成形制造技术（rapid prototyping manufacturing，RPM），是根据零件的三维模型数据，迅速而精确地制造出该零件。它是在 20 世纪 80 年代后期发展起来的，被认为是最近 30 年来制造领域的一次重大突破，是目前先进制造领域研究的热点之一。快速成形制造技术是集 CAD 技术、数控技术、激光加工、新材料科学、机械电子工程等多学科、多技术为一体的新技术。传统的零件制造过程往往需要车、钳、铣、磨等多种机加工设备和各种夹具、刀具、模具，制造成本高，周期长，对于一个比较复杂的零件，其加工周期甚至以月计，很难适应低成本、高效率的加工要求。快速成形制造技术能够适应这种要求，是现代制造技术的一次重大变革。

RPM 技术既可用于产品的概念设计、功能测试等方面，又可直接用于工件设计、模具设计和制造等领域，RPM 技术在汽车、电子、家电、医疗、航空航天、工艺品制作以及玩具等行业有着广泛的应用。在以下几个方面展现出优势。

① 产品设计评估与功能测验。可以提高设计质量，缩短试制周期，RPM 系统可在几小时或几天内将图纸或 CAD 模型转变成看得见、摸得着的实体模型。根据设计原型进行设计评估和功能验证，迅速地取得用户对设计的反馈信息。同时也有利于产品制造者加深对产品的理解，合理地确定生产方式、工艺流程和费用。与传统模型制造相比，快速成形方法不仅速度快、精度高，而且能够随时通过 CAD 进行修改与再验证，使设计更完善。

② 快速模具制造。以 RPM 生成的实体模型作为模芯或模套，结合精铸、粉末烧结或电极研磨等技术可以快速制造出产品所需要的功能模具，其制造周期一般为传统的数控切削方法的 $1/10\sim1/5$。模具的几何复杂程度越高，这种效益越显著。

③ 医学上的仿生制造。医学上的 CT 技术与 RPM 技术结合可复制人体骨骼结构或器官形状，整容、重大手术方案预演，以及进行假肢设计和制造。

④ 艺术品的制造。艺术品和建筑装饰品是根据设计者的灵感构思设计出来的，采用 RPM 可使艺术家的创作、制造一体化，为艺术家提供最佳的设计环境和成形条件。快速成形制造提出了一个崭新的设计、制造概念。它以相对低的成本、可修改性强、独到的工艺过程的特点，为提高产品的设计质量，降低成本，缩短设计、制造周期，使产品尽快地推向市场提供了方法，对于复杂形状的零件则更为有利。快速成形制造技术作为一种先进制造技术将在 21 世纪的制造业中占据重要的地位。

2. RPM 技术的应用范围

不断提高 RPM 技术的应用水平是推动 RP 技术发展的重要方面。目前，西安交通大学机械工程学院、快速制造国家工程研究中心、教育部快速成形工程研究中心快速成形技术已在工业造型、机械制造、航空航天、军事、建筑、影视、家电、轻工、医学、考古、文化艺术、雕刻、首饰等领域都得到了广泛应用。并且随着这一技术本身的发展，其应用领域将不断拓展。RPM 技术的实际应用主要集中在以下几个方面。

① 在新产品造型设计过程中的应用。快速成形技术为工业产品的设计开发人员建立了一种崭新的产品开发模式。运用 RPM 技术能够快速、直接、精确地将设计思想转化为具有一定功能的实物模型（样件），这不仅缩短了开发周期，而且降低了开发费用，也使企业在激烈的市场竞争中占有先机。

② 在机械制造领域的应用。由于 RPM 技术自身的特点，使得其在机械制造领域内获得广泛的应用，多用于单件、小批量金属零件的制造。有些特殊复杂制件，由于只需单件生产，或少于 50 件的小批量，一般均可用 RPM 技术直接进行成形，成本低，周期短。

③ 快速模具制造。传统的模具生产时间长，成本高。将快速成形技术与传统的模具制造技术相结合，可以大大缩短模具制造的开发周期，提高生产率，是解决模具设计与制造薄弱环节的有效途径。快速成形技术在模具制造方面的应用可分为直接制模和间接制模两种，直接制模是指采用 RPM 技术直接堆积制造出模具；间接制模是先制出快速成形零件，再由零件复制得到所需要的模具。

④ 在医学领域的应用。近年来，人们对 RPM 技术在医学领域的应用研究较多。以医学影像数据为基础，利用 RP 技术制作人体器官模型，对外科手术有极大的应用价值。

⑤ 在文化艺术领域的应用。在文化艺术领域，快速成形制造技术多用于艺术创作、文物复制、数字雕塑等。

⑥ 在航空航天技术领域的应用。在航空航天领域中，空气动力学地面模拟实验（即风洞实验）是设计性能先进的天地往返系统（即航天飞机）所必不可少的重要环节。该实验中所用的模型形状复杂、精度要求高，又具有流线型特性，采用 RP 技术，根据 CAD 模型，由 RP 设备自动完成实体模型，能够很好地保证模型质量。

⑦ 在家电行业的应用。目前，快速成形系统在国内的家电行业上得到了很大程度的普及与应用，使许多家电企业走在了国内前列。如广东的美的、华宝、科龙，江苏的春兰、小天鹅，青岛的海尔等，都先后采用快速成形系统来开发新产品，收到了很好的效果。快速成形技术的应用很广泛，可以相信，随着快速成形制造技术的不断成熟和完善，它将会在越来越多的领域得到推广和应用。

3. RPM 的发展方向

从目前 RPM 技术的研究和应用现状来看，快速成形技术的进一步研究和开发工作主要有以下几个方面。

① 开发性能好的快速成形材料，如成本低、易成形、变形小、强度高、耐久及无污染的成形材料。

② 提高 RP 系统的加工速度和并行制造的工艺方法。

③ 改善快速成形系统的可靠性，提高其生产率和制作大件能力，优化设备结构，尤其是提高成形件的精度、表面质量、力学和物理性能，为进一步进行模具加工和功能实验提供基础。

④ 开发快速成形的高性能 RPM 软件。提高数据处理速度和精度，研究开发利用 CAD 原始数据直接切片的方法，减少由 STL 格式转换和切片处理过程所产生的精度损失。

⑤ 开发新的成形能源。

⑥ 快速成形方法和工艺的改进和创新。直接金属成形技术将会成为今后研究与应用的又一个热点。

⑦ 进行快速成形技术与 CAD、CAE、RT、CAPP、CAM 以及高精度自动测量、逆向工程的集成研究。

⑧ 提高网络化服务的研究力度，实现远程控制。

4. RPM 技术面临的问题

目前 RPM 技术还面临着很多问题，问题大多来自技术本身的发展水平，其中最突出的表现在如下几个方面。

① 工艺问题。快速成形的基础是分层叠加原理，然而，用什么材料进行分层叠加，以及如何进行分层叠加却大有研究价值。因此，除了上述常见的分层叠加成形法之外，正在研究、开发一些新的分层叠加成形法，以便进一步改善制件的性能，提高成形精度和成形效率。

② 材料问题。成形材料研究一直都是一个热点问题，快速成形材料性能要满足：有利于快速精确地加工出成形零件；用于快速成形系统直接制造功能件的材料要接近零件最终用途对强度、刚度、耐潮、热稳定性等要求；有利于快速制模的后续处理。发展全新的 RP 材料，特别是复合材料，例如纳米材料、非均质材料、其他方法难以制作的材料等仍是努力的方向。

③ 精度问题。目前，快速成形件的精度一般处于 $\pm 0.1mm$ 的水平，高度（Z）方向的

精度更是如此。快速成形技术的基本原理决定了该工艺难以达到与传统机械加工所具有的表面质量和精度指标，把快速成形的基本成形思想与传统机械加工方法集成，优势互补，是改善快速成形精度的重要方法之一。

④ 能源问题。当前快速成形技术所采用的能源有光能、热能、化学能、机械能等。在能源密度、能源控制的精细性、成形加工质量等方面均需进一步提高。

二、3D打印技术

3D打印技术是一种重要的快速成形制造技术。3D打印（3D printing）借助三维数字模型设计，通过软件分层离散和数控成形系统，利用激光束、电子束等方法将金属粉末、陶瓷粉末、塑料、细胞组织等特殊材料进行逐层堆积黏结，最终叠加成形，制造出实体产品。在概念上，它同义于工业专业术语中的"增材制造"（additive manufacturing）。之所以称之为"增材制造"，是因为它区别于传统的机械加工方式——通过多种工具加工手段（切割、钻孔、蚀刻等）剔除原材料中多余的部分，得到需要的成形件，这种制造方式像是在数学中的"减法"运算；而"增材制造"逆其道行之，通过特定方式添加材料来制造产品，更像是在做"加法"。

3D打印通常是采用数字技术材料打印机来实现的。常在模具制造、工业设计等领域被用于制造模型，后逐渐用于一些产品的直接制造，已经有使用这种技术打印而成的零部件。该技术在珠宝、鞋类、工业设计、建筑、工程和施工、汽车、航空航天、牙科和医疗产业、教育、地理信息系统、土木工程、枪支以及其他领域都有所应用。3D打印技术的流程如图6-1所示。

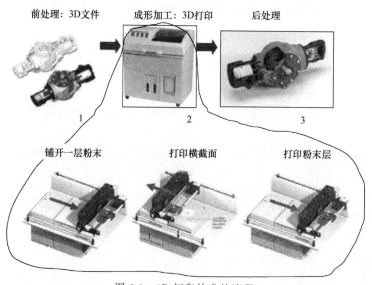

图 6-1　3D打印技术的流程

3D打印的作业流程一般可分为前处理（pre-processing）、成形加工（processing）和后处理（post-processing）三个阶段。在前处理阶段，使用计算机进行三维立体模型的设计（CAD modeling），并将3D模型转化为打印设备可以识别的 STL、OBJ、VRML、DXF、PLY 等文件格式。一般3D打印设备使用的计算机软件系统都具有逆向工程运算功能，软件以产品设计的相应参数自动生成制造程序。在成形加工阶段，打印设备根据预先设定好的程序进行层级制造，得到坯件。在后处理阶段，根据产品需要，进行抛光、浸渗等工艺处理后，得到最终产品。

3D 打印技术与传统制造技术之间的比较，见表 6-1。

表 6-1　3D 打印技术与传统制造技术之间的比较

传统制造	3D打印
大量制造，以量制价	小量生产，成本均一
规格化	定制化
减法制造，产品设计受模具限制	加法制造，能实现任何设计
手工制造	数字化制造
劳动力密集	脑力密集
跨国企业在人力便宜之处设工厂	跨国企业在各国市场所在地设工厂
设计和生产线距离遥远	设计即生产，随时回应市场需求

3D 打印技术的优缺点，见表 6-2。

表 6-2　3D 打印技术的优缺点

技术优点	技术局限和缺点
①复杂部件的加工速度提高，成本降低	①简单结构部件制造速度较慢
②功能性产品设计性能提高	②直接制造部件的大小受限
③产品设计环节速度加快	③制造精度相对较低
④一体化设计减少组装环节	④表面加工质量相对粗糙
⑤制造工具简化	⑤控制软件智能化水平有待提高
⑥能源节约程度提高	⑥使用材料范围和性能相对局限
⑦降低多产品共线的生产成本	⑦设备、材料成本较高

3D 打印技术是一系列快速原型成形技术的统称，其基本原理都是叠层制造，由快速原型机在 X-Y 平面内通过扫描形式形成工件的截面形状，而在 Z 坐标间断地作层面厚度的位移，最终形成三维制件。目前市场上的快速成形技术分为熔融沉积成形（fused deposition modelling，FDM）、光固化成形（stereo lithography appearance，SLA）、选择性激光烧结（selective laser sintering，SLS）、选择性激光熔化（selective laser melting，SLM）、三维粉末粘接成形技术（three-dimensional printing，3DP）和分层实体制造（laminated object manufacturing，LOM）等。根据成形原理特点，将 UV 紫外线成形技术、DLP 激光成形技术、发光二极管（LED）成形技术都归纳为光固化成形技术。

1. 熔融沉积成形（FDM）技术

（1）FDM 技术原理　熔融沉积成形技术又叫熔丝沉积，它是目前应用最广泛的一种 3D 打印工艺。图 6-2 为 FDM 技术的原理。FDM 加热头把热熔性材料（ABS 树脂、尼龙、蜡等）加热到临界状态，使其呈现半流体状态，然后加热头会在软件控制下沿 CAD 确定的二维几何轨迹运动，同时喷头将半流动状态的材料挤压出来，材料瞬时凝固形成有轮廓形状的薄层。薄层逐层累积，最终打印出设计好的三维物体。FDM 其每一层片的厚度由挤出丝的直径决定，通常是 0.25～0.50mm。

在打印机工作前，先要设定三维模型各层的间距、路径的宽度等数据信息，然后由切片

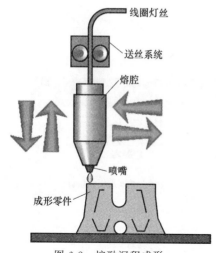

线圈灯丝

送丝系统

熔腔

喷嘴

成形零件

图 6-2　熔融沉积成形
（FDM）技术的原理

电动机对三维模型进行切片并生成打印移动路径。在计算机控制下，打印喷头根据水平分层数据作 X 轴和 Y 轴的平面运动，Z 轴方向的垂直移动则由打印平台的升降来完成。同时，丝材由送丝部件送至喷头，经过加热、熔化，材料从喷头挤出黏结到工作台面上，迅速冷却并凝固。这样打印出的材料迅速与前一个层面熔结在一起，当每一个层面完成后，工作台便下降一个层面的高度，打印机再继续进行下一层的打印，一直重复这样的步骤，直到完成整个物体的打印。FDM 工艺的关键是保持从喷嘴中喷出的、熔融状态下的原材料温度刚好在凝固点之上，通常控制在比凝固点高 1℃ 左右。如果温度太高，会导致打印物体的精度降低、模型变形等问题；如果温度太低，则容易导致喷头被堵住，导致打印失败。

（2）FDM 技术适用材料　目前市场上主要的 FDM 材料包括 ABS、PLA、PC、PP、合成橡胶等。

① ABS 是丙烯腈-丁二烯-苯乙烯的三元共聚物，A 代表丙烯腈，B 代表丁二烯，S 代表苯乙烯。ABS 具有强度高、韧性好、稳定性高的特点，是一种用途极广的工程塑料。

② PLA 材料。PLA（聚乳酸）又名玉米淀粉树脂，是一种新型的生物降解材料，使用可再生的植物资源（玉米）所提取出的淀粉原料制备而成。除了具有良好的生物降解能力，其光泽度、透明性、手感和耐热性也很不错，目前主要用于服装、工业和医疗卫生等领域。

③ PC 材料。PC 即聚碳酸酯，是一种 20 世纪 50 年代末期发展起来的无色高透明度的热塑性工程塑料，具有耐冲击、韧性高、耐热性好且透光性好的特点。PC 材料的热变形温度为 138℃，颜色比较单一，只有白色，但其强度比 ABS 材料高出 60% 左右。目前，美国通用公司是聚碳酸酯全球最大的生产企业。

④ PP 材料。PP 即聚丙烯，是由丙烯聚合而制得的一种热塑性树脂，其无毒、无味，强度、刚度、硬度、耐热性均优于低压聚乙烯，可在 100℃ 左右使用，具有良好的介电性能和高频绝缘性且不受湿度影响。缺点是不耐磨、易老化。适于制作一般机械零件、耐腐蚀零件和绝缘零件。常见的酸、碱等有机溶剂对它几乎不起作用，可用于食具。

⑤ 合成橡胶材料。统一将用化学方法人工合成的橡胶称为合成橡胶，能够有效弥补天然橡胶产量不足的问题，合成橡胶一般在性能上不如天然橡胶全面，但它具有高弹性、绝缘性、气密性、耐高温等优势，因而广泛应用于工农业、国防、交通及日常生活中。

（3）FDM 技术应用范围　FDM 应用领域包括概念建模、功能性原型制作、制造加工、最终用途零件制造、修整等方面，涉及汽车、医疗、建筑、娱乐、电子、教育等领域。

① 概念建模。传统建筑领域的可视化做法是使用木材或者泡沫制作模型。而 3D 打印能够有效降低设计成本和开发时间，建筑师可以通过实体的建筑模型对设计进行改良，大大增加了效率和合理性。如图 6-3 所示。

② 功能性原型制作。利用 FDM 技术获得的原型本身具有耐高温、耐化学腐蚀等性能，在产品设计初期就能够通过原型进行各种性能测试，以改进最终的产品设计参数，见图 6-4。

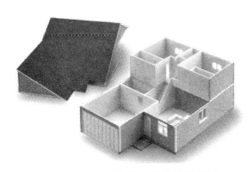

图 6-3　FDM 技术打印的建筑模型　　　　图 6-4　利用 FDM 技术制作的功能性原型零件

③ 制造加工。由于 FDM 技术可以采用高性能的生产级别材料，所以可以用来制造标准工具（图 6-5），并可进行小批量生产，通过小批量生产可以使用与最终产品相同的流程和材料来制作原型。

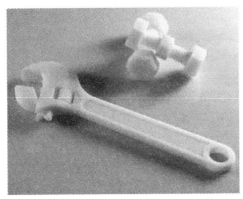

图 6-5　利用 FDM 技术制作的标准工具

④ 最终用途零件。FDM 技术可以直接制造最终用途零件（图 6-6），其精度可以媲美注塑成形零件。不过因为受材料和工艺限制，打印物品的受力强度低，主要用于民用消费级市场，在工业市场上最终用途零件的应用还不广泛。

（4）FDM 技术优势　FDM 的优点是材料利用率高，材料成本低，可选材料种类多，工艺简洁；成形材料范围较广，ABS、PLA、PC、PP 等热塑性材料均可作为 FDM 技术的成形材料；环境污染较小，在整个打印过程中不涉及高温、高压，没有

图 6-6　利用 FDM 技术制作的镜架

有毒物质排放；设备、材料体积较小，便于搬运，适合于办公室、家庭等环境；原料利用率高，没有废弃的成形材料，支撑材料可以回收。

（5）FDM 技术缺点

① 精度低，复杂构件不易制造，悬臂件需加支撑。

② 表面质量差。主要表现在温度对于 FDM 成形效果影响非常大，而桌面级 FDM 3D 打印机通常都缺乏恒温设备，另外在出料部分缺少控制部件，致使难以精确地控制出料形态和成形效果。这些原因导致 FDM 的桌面级 3D 打印机的成品精度通常为 0.1～0.3mm。每层的边缘容

易出现由于分层沉积而产生的"台阶效应"，导致很难达到所见即所得的 3D 打印效果。

③ 强度低，受工艺和材料限制，打印物品的性能强度低，尤其是沿 Z 轴方向的材料强度比较弱，达不到工业标准。

④ 打印时间长。需按横截面形状逐步打印，成形过程中受到一定的限制，制作时间长，不适于制造大型物件。

⑤ 需要支撑材料。在成形过程中需要加入支撑材料，在打印完成后要进行剥离。随着技术的进步，市面上已经有水溶性支撑材料，该缺点正在被逐步克服。

总之，FDM 工艺适合于产品的概念建模及形状和功能测试，中等复杂程度的中小原型，不适合制造大型零件。

2. 光固化成形（stereo lithography appearance，SLA）

（1）SLA 技术原理　光固化技术是最早发展起来的快速成形技术，也是目前研究最深入、技术最成熟、应用最广泛的快速成形技术之一。该技术主要使用光敏树脂为材料，通过紫外光或者其他光源照射，选择性地让需要成形的液态光敏树脂发生聚合反应变硬，逐层固化，最终得到完整的产品，其加工示意图如图 6-7 所示。

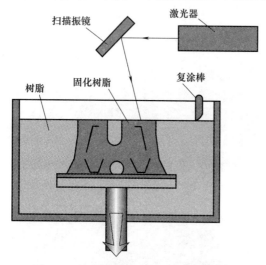

图 6-7　光固化成形（SLA）加工示意图

SLA 工艺过程是：①通过 CAD 设计出三维实体模型，利用离散程序将模型进行切片处理，设计扫描路径，产生的数据将精确控制激光扫描器和升降台的运动；②激光光束通过数控装置控制的扫描器，按设计的扫描路径照射到液态光敏树脂表面，使表面特定区域内的一层树脂固化后，当一层加工完毕后，就生成零件的一个截面；③升降台下降一定距离，固化层上覆盖另一层液态树脂，再进行第二层扫描，第二固化层牢固地黏结在前一固化层上，这样一层层叠加而成三维工件原型；④将原型从树脂中取出后，进行最终固化，再经打光、电镀、喷漆或着色处理即得到要求的产品。

光固化成形根据光源不同又可以分为：①UV 紫外线成形技术；②DLP 激光成形技术；③发光二极管（LED）。

SLA 技术主要用于制造多种模具、模型等；还可以在原料中通过加入其他成分，用 SLA 原型模代替熔模精密铸造中的蜡模。SLA 技术成形速度较快，精度较高，但由于树脂固化过程中产生收缩，不可避免地会产生应力或引起形变。因此开发收缩小、固化快、强度高的光敏材料是其发展趋势。

（2）SLA 技术优势　SLA 技术的优点包括以下五个方面：①光固化成形法是最早出现的快速原型制造工艺，成熟度高，经过时间的检验；②由 CAD 数字模型直接制成原型，加工速度快，产品生产周期短，无需切削工具与模具；③可以加工结构外形复杂或使用传统手段难以成形的原型和模具；④使 CAD 数字模型直观化，降低错误修复的成本；⑤为实验提供试样，可以对计算机仿真计算的结果进行验证与校核；⑥可联机操作，可远程控制，利于生产的自动化。

（3）SLA 技术缺点　SLA 技术的缺点包括以下五个方面：①SLA 系统造价高昂，使用和维护成本过高；②SLA 系统是要对液体进行操作的精密设备，对工作环境要求苛刻；③成形件多为树脂类，强度、刚度、耐热性有限，不利于长时间保存；④预处理软件与驱动软件运算量大，与加工效果关联性太高；⑤软件系统操作复杂，入门困难，使用的文件格式不为广大设计人员熟悉。

3. 选择性激光烧结（selective laser sintering，SLS）

（1）SLS 技术原理 SLS 技术是一种使用高功率激光（如二氧化碳激光）的添加制造技术，它将很小的材料粒子融合成团块，形成所需要的三维形状。高功率激光根据三维数据（如制作的 CAD 文件或扫描数据）所生成的切面数据，选择性地融化粉末层表面的粉末材料，然后每扫描一个粉末层，工作平台就下降一个层的厚度，一个新的材料层又被施加在上面，然后烧结形成粘接，接着不断重复铺粉、烧结的过程，直至完成整个模型成形。选择性激光烧法（SLS）制备过程如图 6-8 所示。

有些 SLS 机（如直接金属粉末激光烧结机）使用的是单一组分的粉末，但大多数 SLS 机使用的是双组分的粉末，通常是涂层粉末或粉末混合物。在使用单组分的粉末时，激光只熔化粒子的外表面（表面熔化）。在成形的过程中因为是把粉末烧结，所以工作中会有很多的粉状物体污染办公空间，一般设备要有单独的办公室放置。另外成形后的产品是一个实体，一般不能直接装配进行性能验证。另外产品存储时间过长后会因为内应力释放而变形。对容易发生变形的地方设计支撑，表面质量一般。生产效率较高，运营成本较高，设备费用较贵。能耗通常在 8000W 以上。

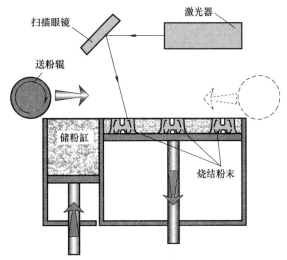

图 6-8 选择性激光烧结（SLS）制备过程示意

（2）SLS 技术成形工艺 用 SLS 技术制造金属零件的方法主要有以下几种。

① 熔模铸造法：首先采用 SLS 技术成形高聚物（聚碳酸酯、聚苯乙烯等）原型零件，然后利用高聚物的热降解性，采用铸造技术成形金属零件。

② 砂型铸造法：首先利用覆膜砂成形零件型腔和砂芯（即直接制造砂型），然后浇铸出金属零件。

③ 选择性激光间接烧结原型件法：高分子与金属的混合粉末或高分子包覆金属粉末经 SLS 成形，经脱脂、高温烧结、浸渍等工艺成形金属零件。

④ 选择性激光直接烧结金属原型件法：首先将低熔点金属与高熔点金属粉末混合，其中低熔点金属粉末在成形过程中主要起黏结剂作用；然后利用 SLS 技术成形金属零件；最后对零件后处理，包括浸渍低熔点金属、高温烧结、热等静压。

（3）SLS 技术适用材料 SLS 技术使用的材料范围比较广，并且用材广泛，原则上所有受热后能相互粘接的粉末材料或表面覆有热固性黏结剂的粉末都能作为 SLS 材料。目前，这些材料主要包括聚合物材料（如尼龙或聚苯乙烯）、金属材料（如钢、钛、合金的混合物）、复合材料和绿砂等。处理过程可以是完全熔化、部分熔融或液相烧结。根据材料的不同，该技术可实现高达 100% 的材料致密度，制造的产品性能堪比传统制造工艺。在许多情况下，部件被包围在粉末层中，因此生产率非常高。与 SLA 技术、FDM 技术等添加制造技术不同，SLS 技术不要求支撑结构。由于 SLS 技术能够很容易地直接通过 CAD 数据制作出非常复杂的几何图形，因此其已在世界各地得到广泛应用。

4. 选择性激光熔化（selective laser melting, SLM）

（1）选择性激光熔化原理及设备　SLM 是金属粉末的快速成形技术，用它能直接成形出接近完全致密度、力学性能良好的金属零件。SLM 技术克服了选择性激光烧结技术制造金属零件工艺过程复杂的困扰。SLM 技术是金属 3D 打印领域的重要部分，其采用精细聚焦光斑快速熔化预置粉末材料（300～500 目），几乎可以直接获得任意形状以及具有完全冶金结合的功能零件，致密度可达到近乎 100%，尺寸精度达 10～50μm，表面粗糙度达 5～30μm，是一种极具发展前景的快速成形技术，而且其应用范围已拓展到航空航天、医疗、汽车、模具等领域。

SLM 技术设备一般由光路单元、机械单元、控制单元、工艺软件和保护气密封单元几个部分组成。光路单元主要包括光纤激光器、扩束镜、反射镜、扫描振镜和聚焦透镜等。激光器是 SLM 技术设备中最核心的组成部分，直接决定了整个设备的成形质量。近年来几乎所有的 SLM 技术设备都采用光纤激光器，因光纤激光器具有转换效率高、性能可靠、寿命长、光束模式接近基模等优点。由于激光束质量很好，激光束能被聚集成极细微的光束，并且其输出波长短，因而光纤激光器在精密金属零件的激光选区熔化快速成形中有着极为明显的优势。扩束镜是对光束质量调整必不可少的光学部件，光路中采用扩束镜是为了扩大光束直径，减小光束发散角，减小能量损耗。扫描振镜由电机驱动，通过计算机进行控制，可以使激光光斑精确定位在加工面的任一位置。为了克服扫描振镜单元的畸变，须用专用平场扫描透镜，使得聚焦光斑在扫描范围内得到一致的聚焦特性。

SLM 技术的基本原理是先在计算机上利用 ProE、UG、CATIA 等三维造型软件设计出零件的三维实体模型，然后通过切片软件对该三维模型进行切片分层，得到各截面的轮廓数据，由轮廓数据生成填充扫描路径，设备将按照这些填充扫描线，控制激光束选区熔化各层的金属粉末材料，逐步堆叠成三维金属零件。

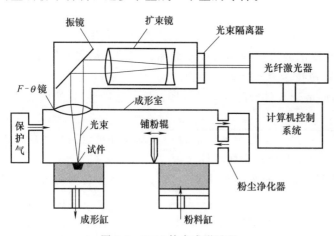

图 6-9　SLM 技术成形过程

在设备中的具体成形过程如图 6-9 所示：激光束开始扫描前，铺粉装置先把金属粉末平推到成形缸的基板上，激光束再按当前层的填充轮廓线选区熔化基板上的粉末，加工出当前层，然后成形缸下降一个层厚的距离，粉料缸上升一定厚度的距离，铺粉装置再在已加工好的当前层上铺好金属粉末。设备调入下一层轮廓的数据进行加工，如此层层加工，直到整个零件加工完毕。整个加工过程在通有惰性气体保护的加工室中进行，以避免金属在高温下与其他气体发生反应。

世界范围内已经有多家成熟的 SLM 技术设备制造商，有德国 SLM Solutions 公司、Concept Laser 公司、EOS 公司、ReaLizer 公司、美国 3D Systems 公司、英国 Renishaw PLC 公司等。上述厂家都开发出了不同型号的机型，如图 6-10 所示，包括不同种类的合金材料、不同的零件成形范围和针对不同领域的定制机型等，以适应市场的个性化需求。

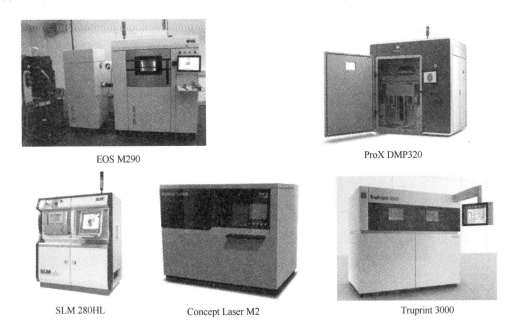

图 6-10　SLM 金属增材制造设备

德国 SLM 设备及典型产品如图 6-11 所示。该 SLM 产品应用区域选择激光熔化技术，成形材料为普通粉末金属，过程中金属粉末被完全熔化，因此成形后工件密度高，强度优越。粉末金属原材料可在本地购买以节省成本。成形材料：铝合金/不锈钢/钴铬合金/钛合金/纯钛/多种金属。最大成形尺寸（mm）：$500 \times 280 \times 325$。

图 6-11　德国 SLM 设备及典型产品

（2）SLM 技术适用粉末　适合 SLM 技术的金属粉末比较广泛。如果自行设计适合 SLM 成形的材料成分并制备粉末，其造价比较高，不经济。因此，目前用于 SLM 技术研究的粉末主要来源于商用粉末。可以研究它们的成形性，从而提出该技术选用粉末的标准。用于 SLM 成形的粉末可以分为混合粉末、预合金粉末、单质金属粉末 3 类。

① 混合粉末。混合粉末由一定成分的粉末经混合均匀而成。设计混合粉末时要考虑激光光斑大小对粉末颗粒粒度的要求。鲁中良等研制了 Fe-Ni-C 混合粉末，其组成成分为：w（Fe）＝

91.5%、w（Ni）=8.0%、w（C）=0.5%。Fe、Ni 粉末为−300 目，C 粉末为−200 目。应用该混合粉末的 SLM 成形件致密度较低，存在大量的孔隙。对混合粉末的 SLM 成形研究表明，混合粉末的成形件致密度有待提高，其力学性能受致密度、成分均匀度的影响。

② 预合金粉末。根据预合金主要成分的不同，预合金粉末可以分为铁基、镍基、钛基、钴基、铝基、铜基、钨基等。铁基合金粉末包括工具钢 M2、工具钢 H13、不锈钢 316L、Inox 904L、314s-HC、铁合金（Fe-15Cr-1.5B），其 SLM 成形结果表明：低碳钢比高碳钢的成形性好，成形件的相对致密度仍不能完全达到 100%。镍基合金粉末包括 Ni625、NiTi 合金、Waspaloy 合金、镍基预合金 [w(Ni)=83.6%、w(Cr)=9.4%、w(B)=1.8%、w(Si)=2.8%、w(Fe)=2.0%、w(C)=0.4%]，其成形结果表明：成形件的相对致密度可达 99.7%。钛合金粉末主要有 TiAl6V4 合金，其 SLM 成形结果表明：成形件相对致密度可达 95%。钴合金粉末主要有钴铬合金，其 SLM 成形结果表明：成形件相对致密度可达 96%。铝合金粉末主要有 Al6061 合金，其 SLM 成形结果表明：成形件的相对致密度可达 91%。铜合金粉末包括 Cu/Sn 合金、铜基合金（84.5Cu-8Sn-6.5P-1Ni）、预合金 Cu-P，其 SLM 成形结果表明：成形件的相对致密度可达 95%。钨合金粉末主要有钨铜合金，其 SLM 成形结果表明：成形件的相对致密度仍然达不到 100%。

③ 单质金属粉末。单质金属粉末主要有钛粉，其 SLM 成形结果表明：钛粉的成形性较好，成形件的相对致密度可达 98%。

综上所述，SLM 技术所用粉末主要为单质金属粉末和预合金粉末。单质金属粉末和预合金粉末的成形件的成分分布、综合力学性能较好。所以成形工艺研究主要针对预合金、单质金属粉末的工艺优化，以提高成形件的致密度。

（3）SLM 成形工艺主要参数对成形性的影响　SLM 成形工艺主要参数对粉末成形轨迹和致密度的影响规律如下。

① 工艺参数对成形轨迹的影响。在 SLM 成形过程中，成形轨迹特征受工艺参数的影响。成形轨迹主要包括激光束对粉末的单点、单道扫描，单层、多道扫描成形的轨迹，通过对成形轨迹的评价来研究工艺参数对成形轨迹的影响规律。

② 工艺参数对致密度的影响。金属零件致密度是影响其力学性能的一个主要因素。金属粉末 SLM 成形件致密度是一个关键技术指标，受激光波长、激光功率密度和粉末成分的影响。在 CO_2 激光（波长为 10640nm）作用下成形件致密度较低，这与金属粉末对激光的较低吸收率、激光功率密度有关；而 YAG 激光（波长为 1064nm）作用下的成形件致密度较高，是因为其激光功率密度高，金属粉末对激光的吸收率高。此外，粉末化学成分是影响其润湿性的主要因素，所以低碳成分的铁基合金粉末的润湿性好，其 SLM 成形件的致密度高。

在 SLM 成形过程中，为了提高粉末的成形性，就必须提高液态金属的润湿性。在成形过程中，若液态金属成球，则说明液态金属的润湿性不好。液态金属对固体金属的润湿性受工艺参数的影响，因此可优化工艺参数来提高特定粉末的润湿能力。研究结果表明，液态金属在缺少与氧化物发生化学反应的情况下是不能润湿固体氧化膜的，因此在成形过程中要防止氧化，虽然添加合金元素 P 可提高润湿性，但是元素 P 会影响成形件的力学性能。

（4）SLM 成形件性能　成形件性能主要包括残余应力、残余应变、显微组织和力学性能。

① 残余应力、残余应变。金属粉末在 SLM 成形过程中，会因温度梯度产生热应变和残余应力，进而影响成形过程。研究结果表明：翘曲、裂纹、热应力、表面粗糙、显微组织等问题主要是因成形过程中激光作用下的快热快冷（淬火）所致。为此，提出了双激光（CO_2、Nd-YAG）扫描系统方案。

② 显微组织。工艺参数会影响 SLM 成形件的显微组织。如果激光扫描速度快，那么冷却速度也会较快，使显微组织更细，有利于提高 SLM 成形件的力学性能。

③ 力学性能。SLM 成形件的力学性能主要包括强度、硬度、精度和表面粗糙度等。SLM 成形件的弯曲强度受激光工作模式的影响，在脉冲及其反冲作用力工作模式下的 SLM 成形件，其最大抗弯强度为 630MPa，未经任何处理的成形件表面粗糙度达 $10\sim30\mu m$。因 SLM 成形件的相对致密度未达到 100%，所以抗弯强度等力学性能会受到一定的影响。图 6-12 所示为用 SLM 技术加工的金属零件。

（5）SLM 技术的数值模拟、应用及发展趋势

① 选择性激光熔化成形过程的数值模拟。SLM 成形过程是一个激光束熔化粉末、相变和凝固冶金结合的过程。在 SLM 成形过程中，粉末在极短（毫秒级）的时间内熔化，温度梯度大，通过试验方法测量其温度动态过程比较困难；而通过有限元法模拟分析并揭示其成形过程，能够为制订合理的工艺参数、减少试验次数、成形高质量零件提供重要的理论指导。

② 选择性激光熔化成形技术的应用。选择性熔化成形技术可以直接成形金属零件，主要有生物医用零件、散热器零件、超轻结构零件、微型器件等。因此，SLM 技术在成形薄壁零件、超轻结构零件方面的研究及应用较多。

图 6-12 用 SLM 技术加工的金属零件

③ 选择性激光熔化成形技术的发展趋势。目前我国正在大力发展飞机制造业，选择性激光熔化技术在飞机零件制造上具有不可比拟的优势，不仅可以快速地生产出小批量飞机零件，而且在产品开发阶段可大大缩短样件加工时间，节省大量开发费用。

（6）SLM 技术的优点。

① 能将 CAD 模型直接制成终端金属产品，只需要简单的后处理或表面处理工艺。

② 适合各种复杂形状的工件，尤其适合内部有复杂异型结构（如空腔、三维网格）、用传统机械加工方法无法制造的复杂工件。

③ 能得到具有非平衡态过饱和固溶体及均匀细小金相组织的实体，致密度几乎能达到 100%，SLM 零件力学性能与锻造工艺所得力学性能相当。

④ 使用具有高功率密度的激光器，以光斑很小的激光束加工金属，使得加工出来的金属零件具有很高的尺寸精度（达 0.1mm）以及很好的表面粗糙度值（$Ra=30\sim50\mu m$）。

⑤ 由于激光光斑直径很小，因此能以较低的功率熔化高熔点金属，使得用单一成分的金属粉末来制造零件成为可能，而且可供选用的金属粉末种类也大大拓展了。

⑥ 能采用钛粉、镍基高温合金粉加工解决在航空航天中应用广泛的、组织均匀的高温合金复杂零件加工难的问题；还能解决生物医学上组分连续变化的梯度功能材料的加工问题。

由于 SLM 技术具有以上优点，所以它具有广阔的应用前景和广泛的应用范围，如机械领域的工具及模具（微制造零件、微器件、工具插件、模具等）、生物医疗领域的生物植入零件或替代零件（齿、脊椎骨等）、电子领域的散热器、航空航天领域的超轻结构件以及梯度功能复合材料零件等。特别是在航空航天领域，应用较多的是典型的多品种小批量生产过程，尤其是在其研发阶段，SLM 技术具有不可比拟的优势。有些复杂的工件，采用机加工不但浪费时间，而且严重浪费材料，一些复杂结构甚至无法制造；铸造能解决复杂结构的

制造问题并提高材料利用率，但钛和镍等特殊材料的铸造工艺非常复杂，制件性能难以控制；锻造可有效提高制件性能，但需要昂贵的精密模具和大型的专用装备，制造成本很高。而采用 SLM 方法则可以很方便、快捷地制造出这些复杂工件，在产品开发阶段可以大大缩短样件的加工生产时间，节省大量的开发费用。我国正在全力推进大飞机的研发工作，SLM 技术将可以在其中发挥巨大的作用。

SLM 技术代表了快速制造领域的发展方向，运用该技术能直接成形高复杂结构、高尺寸精度、高表面质量的致密金属零件，减少制造金属零件的工艺过程，为产品的设计、生产提供更加快捷的途径，进而加快产品的市场响应速度，更新产品的设计理念和生产周期。SLM 技术在未来将会得到更好、更快的发展。但是，由于巨大的市场价值与商业机密，目前 SLM 技术的发展与推广还存在一些问题。主要是 SLM 设备十分昂贵，工作效率低；并且由于大工作台范围内的预热温度场难以控制，工艺软件不完善，制件翘曲变形大，因而无法直接制作大尺寸零件，目前还只能制作一些尺寸较小的工件。只有解决以上问题，研发出可靠性和技术指标达到国际先进水平、价格低廉、具有自主知识产权的 SLM 设备、成形材料和配套的工艺路线等，才能在我国推广这项技术。

5. 三维粉末黏结（three-dimensional printing，3DP）

（1）3DP 技术原理　3DP 技术由美国麻省理工学院开发成功，原料使用粉末材料，如陶瓷粉末、金属粉末、塑料粉末等。3DP 技术工作原理是，先铺一层粉末，然后使用喷嘴将黏合剂喷在需要成形的区域，让材料粉末黏结，形成零件截面，然后不断重复铺粉、喷涂、黏结的过程，层层叠加，获得最终打印出来的零件。这种技术和平面打印非常相似，连打印头都是直接用平面打印机的。与选择性激光烧结 SLS 类似，这个技术的原料也是粉末状的，典型的 3DP 打印机有两个箱体。

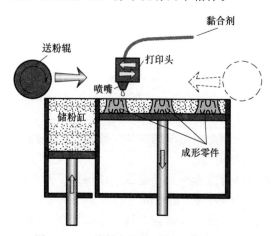

图 6-13　三维粉末黏结（3DP）加工示意

如图 6-13 所示，左边为储粉缸，右边为成形缸。打印时，左边会上升一层（一般为 0.1mm），右边会下降一层，滚粉辊把粉末从储粉缸带到成形缸，铺上厚度为 0.1mm 的粉末。打印机头根据电脑数据把液体打印到粉末上（平面打印机的 Y 轴是纸在动，而 3DP 的 Y 轴是打印头在动）。液体要么是黏合剂要么是水（用于激活粉末中粉状黏合剂）。

（2）3DP 技术特点　3DP 技术的优势在于成形速度快、无需支撑结构，而且能够输出彩色打印产品，这是目前其他技术都比较难以实现的。但是 3DP 技术也有不足，首先粉末黏结的直接成品强度并不高，只能作为测试原型，其次由于粉末黏结的工作原理，成品表面不如 SLA 光洁，精细度也有劣势，所以一般为了生产拥有足够强度的产品，还需要一系列的后续处理工序。此外，由于制造相关材料粉末的技术比较复杂，成本较高，所以目前 3DP 技术主要应用在专业领域。

（3）3DP 工艺技术应用领域　适合成形小件，可用于打印概念模型、彩色模型、教学模型和铸造用的石膏原型，还可用于加工颅骨模型，方便医生进行病情分析和手术预演。

6. 分层实体制造（laminated object manufacturing，LOM）

（1）LOM 技术原理　LOM 技术是由美国加利福尼亚州托兰斯的 Helisys 公司（现为

Cubic Technologies 公司）研发的。该公司在 1991 年就推出了第一台商业化的 LOM 系统。在该系统中，涂层纸、塑料或金属层压板的各个层先后粘在一起，并用刀子或激光切割机切割成形。

LOM 系统的主要部件是送料机构、加热辊和激光器。送料机构用于将片材推送到构建平台上，加热辊施加压力将片材黏结到下一层上，再由激光器切割每个片层部件的轮廓。其工作过程可分为层叠、黏结和切割 3 个步骤。如图 6-14 所示，激光切割形成层的轮廓，层切割完成后，该平台下降一段距离，该距离等于片材的厚度，另一片材被推送到先前黏结层的顶部，平台略微上升，加热辊施加压力黏结新的层，激光切割该层轮廓，重复这一过程，直到部件制造完成。各层切割完成后，多余的材料仍然放置，以支撑部件的构建。

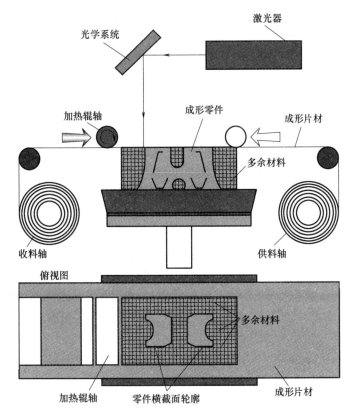

图 6-14 分层实体制造（LOM）过程示意

（2）LOM 技术适用材料 LOM 技术所要求的材料类型为固体片材，如聚氯乙烯、纸、复合材料（黑色金属、有色金属、陶瓷）等。

（3）LOM 技术优势 LOM 技术的优点是：①由于只需要使激光束沿着物体的轮廓进行切割，无需扫描整个断面，所以这是一个高速的快速原型工艺，常用于加工内部结构简单的大形零件；②无需设计和构建支撑结构。

（4）LOM 技术缺点 LOM 技术的缺点是：①需要专门实验室环境，维护费用高昂；②可实际应用的原材料种类较少，尽管可选用若干原材料，例如纸、塑料、陶土以及合成材料；③纸制零件很容易吸潮，必须立即进行后处理、上漆；④难以构建精细形状的零件，即仅限于结构简单的零件；⑤由于难以（虽然并非不可能）去除里面的废料，该工艺不宜构建内部结构复杂的零件；⑥当加工室的温度过高时常有火灾发生。因此，工作过程中需要专职人员值守。

7. 电子束熔炼（electron beam melting，EBM）技术

EBM 技术是一种用于制造金属零件的快速制造方法，由瑞典 Arcam 集团研制。该技术通过高真空中的电子束来熔化金属粉末层，从而制造产品。EBM 机从三维 CAD 模型中读取数据，并将粉末材料放到连续层上，利用一个计算机控制的电子束使这些层熔化在一起而建立部件。整个过程是在真空环境中进行的，因而避免了活性材料熔融时出现氧化等现象。EBM 机一般需要在 $700 \sim 1000 ℃$ 的高温下操作，打印的层厚范围为 $0.05 \sim 0.2 mm$。图 6-15 为电子束熔炼技术（EBM）过程示意及代表产品。

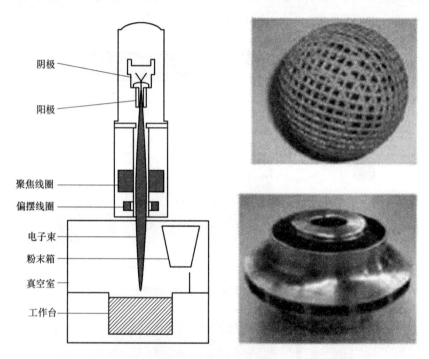

图 6-15　电子束熔炼技术（EBM）过程示意及代表产品

利用该技术制造的产品非常致密，没有空隙且很结实。目前 EBM 技术使用的材料是钛合金，因此其非常适于在医疗植入、航空航天等对产品性能有较高要求的领域。

8. 直接金属激光烧结（direct metal laser sintering，DMLS）

DMLS 是一种使用金属材料的 3D 打印技术，由德国 EOS 公司开发。该技术可根据实体的三维模型创建 STL 文件并发送给相应的软件。技术人员使用实体的三维模型可以正确地定位构件部分的几何图形，并为其添加适当的支撑结构。一旦完成这种"构建文件"，并下载到 DMLS 机，便可以开始"三维复制品"的构建了。这项技术采用金属粉末，并通过使用局部聚焦激光束使其"焊接"。各部分的构建是通过一层一层地添加形成的，各层的厚度通常为 $20 \mu m$。DMLS 机采用 200 W 高功率的镱光纤激光器，在其构建区，有 1 个材料分配平台、1 个构建平台，以及 1 个用于在构建平台上移动粉末的涂覆刀片。DMLS 机生产的零件精度高，细节分辨率好，有良好的表面质量和优异的力学性能。从理论上讲，几乎任何金属合金都可用于 DMLS 机打印，但目前该技术使用的材料主要有 17-4 和 15-5 不锈钢、马氏体钢、钴铬、镍 625 和镍 718、钛合金 Ti6Al4V。

9. 各种 3D 打印技术总结

各种 3D 打印都有其独特的优缺点和适用的材料体系，并且各自在其应有领域大显身手。表 6-3 主要总结了目前各种 3D 打印的类型。

表 6-3　各种 3D 打印的类型

类型	技术	基本材料
挤压成形	熔融沉积成形（FDM）	ABS 工程塑料、石蜡
烧结/黏结成形	直接金属激光烧结（DMLS）	几乎任何金属合金
	电子束熔炼（EBM）	钛合金
	选择性热烧结（SHS）	热塑性粉末
	选择性激光烧结（SLS）	热塑性塑料、金属粉、陶瓷粉末
	三维粉末黏结（3DP）	石膏
光聚合成形	光固化成形（SLA）	光敏聚合物
	聚合体喷射（PI）	光敏聚合物
	数字光处理（DLP）	液体树脂
层压成形	分层实体制造（LOM）	纸、金属箔、塑料薄膜

三、3D 打印技术的发展前景与应用

1. 3D 打印的发展前景

（1）影响传统制造企业的生产方式。基于这一技术的应用，微观企业应对市场多元化需求和不确定性的柔性生产能力将会进一步提高。在经历了以福特为代表的标准化制造和以丰田为代表的精益生产之后，制造企业在未来可能会步入自由格式生产的阶段。在制造业整体有望经历一次从量化生产到量化定制的转变。可以在成本几乎不变的条件下，实现任意几何结构的变化形式。因此，就部件的几何结构而言，3D 打印技术将每个模块内部可能的变化无限增多了，从而提高了产品的多样化程度。而最具革命的意义在于：在一些制造领域，3D 打印技术，无需使用模块组件的制造思路，通过一次成形即可以直接实现最终产品的多样化。从而颠覆精益生产，走向自由格式制造的生产阶段。

（2）有望创造以"个体创意＋社区共建＋云制造"为代表的新的商业模式。由于 3D 打印对于制造流程的简化和数字化程度的提升，生产过程中的技术加工部分基本实现了后台化处理。这样一来，制造技术在应用层面的门槛被降低，从而使非专业人员同样可以实现产品的设计制造，激发更多的个性化设计。同时，借助网络社区平台的信息共享和交易功能，将个体创意转化为可以创造盈利的实际产品，打开了专业制造向个人制造转化的大门。市场需求的快速变化，个性化需求扩张，使得单一产品的生命周期越来越短。这些因素的存在需要产品生产必须紧跟市场变化进行调整和应对。

（3）3D 打印提高了产品创新速度，降低了创新成本。由于 3D 打印设备较高的通用化水平和数字化程度，只需修改设计，改变制造程序，而无需额外添加设备就可以实现新设计的产品或者零部件的制造。此外，从创新设计到推向市场，时间价值无疑是一个十分重要的因素，3D 打印技术以数字化制造、快速成形的工艺特点，可以大量节省研发者制造的时间，加速设计创新实现的速度。

2. 3D打印技术的应用

3D打印技术已广泛应用在许多领域，包括建筑、工业设计、珠宝设计、土木工程等。已知最早的例子出现在20世纪80年代中期的美国德州大学奥斯汀分校。在那里选择性激光烧结技术被开发出来。但那时的设备既笨重又昂贵。随后3D打印在麻省理工学院得到进一步发展，毕业生们尝试将非传统的物质应用于喷墨打印机，由此创造出了当今的3D打印技术。3D打印技术自2004年出现在首期《地平线报告》中以后，已用低成本生产出航空零件，帮助建筑师创建出建筑模型，帮助医疗专业人士制造出用于器官移植的身体部位等。3D打印机的应用对象可以是任何行业，只要这些行业需要模型和原型。3D打印机需求量较大的行业包括政府、航天和国防、医疗设备、高科技、教育业以及制造业。在过去几年间，消费领域对3D技术进行了大量的探索尝试。未来，3D打印技术要想替代传统制造方式，还有很长的路要走。但在中国，就如同在美国、欧洲一样，这项技术已经在改变产品的研发和制造方式。随着投入门槛的降低，3D打印必将孕育中国新一代制造业者群体。3D打印的应用见图6-16。

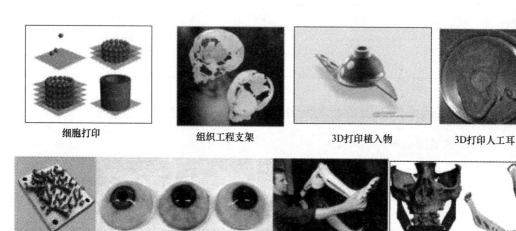

细胞打印　　　　组织工程支架　　　　3D打印植入物　　　　3D打印人工耳

牙科(烤瓷牙)　　3D打印的医用假体眼球　　　3D打印假肢　　　　医疗模型

图6-16　3D打印的应用

3D打印技术在模具行业中的应用，主要分为以下三个方面。

① 直接制作手板。上述几种3D打印工艺都能制作手板，只是制作出来的手板的精度、强度和表面质量有区别，这也是目前3D打印技术最常见的应用方式。

② 间接制造模具。即利用3D打印的原型件，通过不同的工艺方法翻制模具，如硅橡胶模具、石膏模具、环氧树脂模具、砂型模具等。

③ 直接制造模具。即利用SLS、DMLS、LM等3D打印工艺直接制造软质模具或硬质模具。

因此，利用3D打印技术可以制造具有特殊结构的模具，如随形冷却模具，这是传统制造方法难以实现的，也是3D打印技术在模具行业应用中的一大亮点。随形冷却模具具有诸多优势，可以提高模具的冷却效率，使得制品冷却趋于均匀化，提高产品质量和生产效率。

3. 3D打印技术制造模具的流程

传统的模具制造过程是在接单后还需对接单项目进行评审，评审过关后制订生产进度表，然后进行3D软件修正、模流分析、分型线及进料点确定，最后反馈给客户定稿，客户满意后才能确定制造用的零件图，才可以准备加工流程。其加工流程如图 6-17 所示。从图 6-17 可见，采用传统的模具制造过程加工出一个合格的模具所需要的人力、物力较多，生产周期较长。

利用 3D 打印技术直接制造模具的流程可分为成形前准备、SLM 成形和成形后处理三个阶段。成形前准备包括模具模型的 3D 建模、STL 格式转化、添加支撑结构、确定工

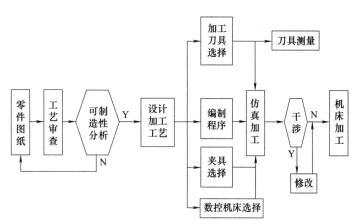

图 6-17 传统的模具制造过程

艺参数、进行分层切片等数据处理；SLM 成形阶段属于自动化加工，人工干预较少，只需对 SLM 设备的工作状况进行监控，保证设备的正常运行即可；成形后处理包括取件、清粉、喷砂、表面打磨、抛光以及其他加工等。下面具体讲述利用 SLM 工艺制造模具的过程。

（1）成形前处理

① 模型设计。模型设计是模具制造的第一步，直接决定了模具的外形特征，例如随形冷却注塑模具，设计时不仅需要考虑冷却的效果，还需要考虑加工工艺的限制及采用的模具组合方式等因素。冷却的效果要兼顾冷却效率和冷却的质量两个方面，需要优化冷却通道的排布和结构特征、冷却通道的设计原则和方法等。加工工艺限制主要是针对 SLM 工艺的成形特性，在设计时对某些特征的处理，以保证模具在成形制造时不会导致特征丢失，例如微小特征、悬空结构等。随形冷却注塑模具比较经济和实用的模具组合方式是镶嵌式。

② 添加支撑。添加支撑的目的主要有两方面，一是为了将成形工件固定在基板上，这是由于在模具成形的过程中，由于铺粉时需要将粉料均匀紧密地平铺在基板上，铺粉时存在一定的剪切力，若成形零件在基板上未固定或固定不足，轻微的移位会导致加工完成的工件错层，严重时工件有可能卡住铺粉装置，损坏设备。因此，需要足够的支撑将成形工件固定。二是为了防止特定结构打印时的特征丢失，这主要是针对倾角较大的结构。添加支撑是成形前处理的重要工作，对工件的成形质量有着重要影响。不同加工设备的支撑有所区别，主要分为两类，一类是交错的网状结构，主要应用于底面平直部分较大的工件支撑；另一类是片状的支撑，应用于圆柱面等非平直曲面的支撑。最小的支撑高度，即最低成形面到基板平面的距离，过高则造成工件的总成形高度过大，所需的铺粉粉料用量变大；过低则会造成取件困难，综合考虑，一般选择 3～5mm。

③ 确定工艺参数。工艺参数直接决定了成形工件的质量。工艺参数包括铺粉厚度、激光扫描速度、扫描方式、工件摆放的空间位置等。

（2）成形后处理

① 取件。3D 打印成形完毕后，打印工件淹没在粉料里，取件时先将熔结产生的废料清除，防止废料污染粉料；然后将工作台上升，在加工仓内进行初步的清粉，使用毛刷将未烧结的、依附在工件表面的粉料清扫入粉料回收缸，以备循环使用，最后将工件和基板一并取出。

② 去除支撑。取件后，需将工件与基板分离，通常采用线切割、锯等方式。线切割分离时间较长，多用于支撑较多、支撑连接处具有薄壁特征的工件分离，因为该分离方式较为柔和，不会造成工件变形。当工件较小、支撑较少，或支撑连接处为实心结构时，为节省分离时间，也可以采用凿子直接将工件取下。

③ 清粉。清粉主要针对模具的冷却通道部分，可以采用毛刷直接清粉，也可以使用吸尘器或吹风机等辅助设备去除滞留在冷却管道内部的粉料。冷却通道的结构对清粉难度有一定的影响，例如直径、通道曲率半径等。

④ 喷砂。喷砂是采用压缩空气为动力，以形成高速喷射束将喷料（铜矿砂、石英砂、金刚砂、铁砂、海南砂等）高速喷射到需要处理的工件表面，使工件的外表或形状发生变化，获得一定的性能。对于SLM工艺成形的工件，喷砂主要有以下两个目的。

a. 喷砂能清理粘连在工件表面的粉料，提高工件的光洁度和精度。工件表面在成形时会粘连少量未完全烧结的粉料，连接强度虽然较低但清粉时难以去除，因此采用喷砂处理。

b. 消除热应力，提高工件的力学性能。粉料在烧结的过程中，热应力积累，成形的工件内应力大，为防止使用过程产生变形或开裂，采用喷砂处理将其消除。

目前，国内3D打印技术在模具中的应用研究，大多基于各研究单位自身在3D打印技术研究的基础上进行，如华中科技大学、华南理工大学等，并取得了一定的进展。华中科技大学材料成形与模具技术国家重点实验室，主要研究激光与材料的相互作用机理，建立3D打印过程中零部件性能与精度的控制方法，形成材料、工艺、装备一体化的成套技术体系，解决大型复杂高性能零部件的快速整体成形制造。其选择性激光熔化技术（SLM）可成形任意复杂结构和接近100%致密度的金属零件或模具，材料利用率超过90%，已在航空航天、汽车、精密铸造等领域得到了应用。2005年，华中科技大学鲁中良等基于国内对注塑模、直线冷却水道设计的研究成果及国外对注塑模随形冷却水道的建立规则，提出了基于注塑模与注塑件均匀冷却的设计方法。根据该设计方法制造出电池盒注塑模，相对于直线冷却水道而言，采用带有随形冷却水道的注塑模成形电池盒注塑件，其成形周期减少约20%，变形减少约10%。2007年，华中科技大学史玉升等提出了基于离散/聚集模型的随形冷却水道的设计方法，建立了截面为圆形、椭圆形、半椭圆形、U形的冷却水道的传热模型，并使用SLS成功制造了香盒模具，模具如图6-18所示，其冷却水道设计思路如图6-19所示。

图 6-18　香盒随形冷却注塑模具

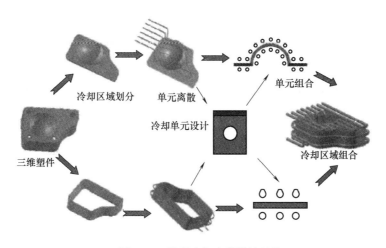

图 6-19　随形冷却水道设计思路

第二节 ⊃ 粉末成形技术

一、概述

粉末冶金是制取金属或用金属粉末（或金属粉末与非金属粉末的混合物）作为原料，经过成形和烧结，制造金属材料、复合材料以及各种类型制品的工艺技术。广义的粉末冶金制品业涵括了铁石刀具、硬质合金、磁性材料以及粉末冶金制品等。狭义的粉末冶金制品业仅指粉末冶金制品，包括粉末冶金零件（占绝大部分）、含油轴承和金属射出成形制品等。粉末冶金产品的应用范围十分广泛，从普通机械制造到精密仪器；从五金工具到大型机械；从电子工业到电机制造；从民用工业到军事工业；从一般技术到尖端高技术，均能见到粉末冶金工艺的身影。图 6-20 为粉末冶金制品。

图 6-20　粉末冶金制品

1. 粉末冶金工艺特点

（1）制品的致密度可控，如多孔材料、高密度材料等。

（2）晶粒细小、显微组织均匀、无成分偏析。

（3）近形成形，原材料利用率＞95％。

（4）少、无切削，切削加工仅40％～50％。

（5）材料组元可控，利于制备复合材料。

（6）制备难熔金属、陶瓷材料与核材料。

2. 粉末冶金工艺基本流程

（1）制粉。将原料制成粉末的过程，常用的制粉方法有氧化物还原法和机械法。制成的粉末颗粒形状见图6-21。

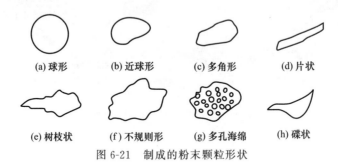

| (a) 球形 | (b) 近球形 | (c) 多角形 | (d) 片状 |

| (e) 树枝状 | (f) 不规则形 | (g) 多孔海绵 | (h) 碟状 |

图6-21　制成的粉末颗粒形状

（2）混料。将各种所需的粉末按一定的比例混合，并使其均匀化制成坯粉的过程。混料的形式见图6-22。

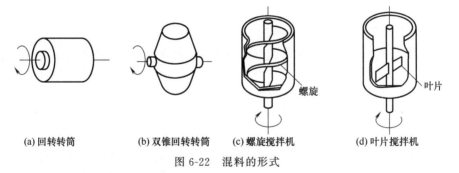

(a) 回转转筒　　　(b) 双锥回转转筒　　(c) 螺旋搅拌机　　(d) 叶片搅拌机

图6-22　混料的形式

（3）成形。将混合均匀的混料，装入压模重压制成具有一定形状、尺寸和密度的型坯的过程。成形的方法基本上分为加压成形和无压成形。加压成形中应用最多的是模压成形。见图6-23。

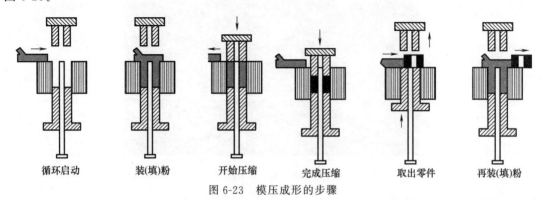

循环启动　　　装(填)粉　　　开始压缩　　　完成压缩　　　取出零件　　　再装(填)粉

图6-23　模压成形的步骤

（4）烧结。烧结是粉末冶金工艺中的关键性工序。成形后的压坯通过烧结使其得到所要求的最终物理力学性能。烧结又分为单元系烧结和多元系烧结。除普通烧结外，还有松装烧结、熔浸法、热压法等特殊的烧结工艺。

（5）后处理。烧结后的处理，可以根据产品要求的不同，采取多种方式。如精整、浸油、机加工、热处理及电镀。此外，近年来一些新工艺如轧制、锻造也应用于粉末冶金材料烧结后的加工，取得较理想的效果。

二、粉末锻造成形

粉末锻造通常是指将粉末烧结的预成形坯经加热后，在闭式模中锻造成零件的成形工艺方法，其工艺流程见图 6-24。它是将传统粉末冶金和精密锻造结合起来的一种新工艺，并兼两者的优点，可以制取密度接近材料理论密度的粉末锻件，克服了普通粉末冶金零件密度低的缺点，使粉末锻件的某些物理和力学性能达到甚至超过普通锻件的水平，同时，又保持了普通粉末冶金少屑、无屑工艺的优点。通过合理设计预成形坯和实行少、无飞边锻造，具有成形精确、材料利用率高、锻造能量消耗少等特点。

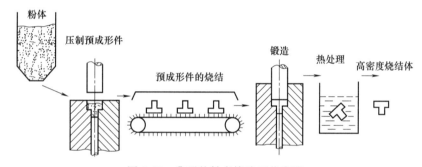

图 6-24 典型的粉末锻造工艺流程

1. 粉末锻造的特点

粉末锻造的毛坯为烧结体或挤压坯，或经热等静压的毛坯。与采用普通钢坯锻造相比，粉末锻造的优点如下。

① 材料利用率高。锻压是采用闭合模锻，锻件没有飞边，无材料耗损，最终机械加工余量小，从粉末原材料到成品零件，总的材料利用率可达 90% 以上。

② 成形性能高。可以锻造一般认为不可锻造的金属或合金，如难变形的高温铸造合金通过粉末锻造制成形状复杂的制品，容易获得形状复杂的锻件。

③ 锻件精密度高。粉末锻造预制坯采用少无氧化保护加热，锻后精度和粗糙度可达到精密模锻和精铸的水平。可采用最佳预制坯形状，以便最终成形形状复杂的锻件。

④ 力学性能高。由于粉末颗粒都是由微量液体金属快速冷凝而成，而且金属液滴的成分与母合金几乎完全相同，偏析就被限制在粉末颗粒的尺寸之内。因此可克服普通金属材料中的铸造偏析及晶粒粗大不均等缺陷，使材质均匀无各向异性。

⑤ 成本低，生产率高，粉末锻件的原材料费用及锻造费用和一般模锻差不多，但和一般模锻件相比，尺寸精度高、表面粗糙度低，可少加工或不加工，从而节省大量工时。对形状复杂批量大的小零件，如齿轮、花键轴套、连杆等难加工件，节约效果尤其明显。由于金属粉末合金化容易，因此有可能根据产品的服役条件和性能要求，设计和制备原材料，从而改变传统的锻压加工都是"来料加工"模式，有利于实现产品、工艺、材料的一体化。传统工艺与粉末锻造比较见表 6-4。

表 6-4　传统工艺与粉末锻造比较

普通模锻和机械加工	下料→加热(1150℃)→多道制坯辊锻→压力机上预锻和终锻→切边→大、小头冲孔→热校正→冷精压→机械加工。该种方法存在质量偏差大、精度低(尺寸精度靠机械加工保证)、材料利用率低及成本高等缺点
粉末锻造	预合金钢粉配料及混料→预成形坯压制→烧结成锻坯→致密化闭式模锻→热处理→喷丸强化 工艺流程短、生产工序少，但每道工序的要求较高

2. 金属粉末的选择

粉末锻造工艺应用于制造力学性能高于传统粉末冶金制品的结构零件。因此广泛选择预合金雾化钢粉作为预成形坯的原料。最普通的成分是含 Ni 和 Mo 两合金元素，例如，含 Ni0.4％和 Mo0.6％或含 Ni2％和 Mo0.5％。这种成分的优点是含少量氧化倾向的合金元素，特别是美国 4600（Ni2％，Mo0.5％）只含有 Mn0.2％～0.3％和含量小于 0.1％的 Cr，氧化倾向小，但价格较贵并缺乏足够的淬透性，因此不适于要求高强度和高韧性等综合性能好的零件。为了提高粉末锻件的淬透性，一般采取在含 Ni0.4％和 Mo0.6％的预合金雾化钢粉和石墨的混合粉中加入铜。加入 2.1％以下的铜，经压制、烧结锻造后，锻件比无铜时具有更高的淬透性。粉末锻造用原材料粉末的制取方法主要有还原法、雾化法，这些方法被广泛用于大批量生产。适应性最强的方法是雾化法，因为它易于制取合金粉末，而且能很好地控制粉末性能。其他如机械粉碎法和电解法基本上用于小批量生产特殊材料粉末。近年来，快速冷凝技术及机械合金化技术被用来制取一些具有特异性能、用常规方法难以制备的合金粉末，并逐渐在粉末锻造领域应用。粉末锻造之所以有如此大的发展，是由于现在可以生产新的、高质量的、低成本的粉末。

3. 后续处理和加工

锻造时由于保压时间短，坯料内部孔隙虽被锻合，但其中有一部分还未能充分扩散结合，可经过退火、再次烧结或热等静压处理，以便充分扩散结合。粉末锻件可同普通锻件一样进行各种热处理。粉末锻件为保证装配精度，有时还须进行少量的机械加工。

图 6-25　粉末锻造的齿轮

粉末锻造多用于各种钢粉制件，目前所用的钢种有几十种，从普通碳钢到多种低合金钢，以至不锈钢、耐热钢、超高强度钢等高合金钢和高速工具钢，图 6-25 为用钢粉末锻造的齿轮。有色金属粉末锻造不如钢粉末锻造那样应用广泛和成熟。特别是在汽车制造业，粉末锻造技术有着充分的展现。

以汽车连杆为例，汽车连杆在整辆汽车的运行中起着传动的作用，运用粉末锻造技术锻造后经热处理，材料获得较好的综合力学性能，数据表明抗拉强度达 1090MPa，冲击韧性为 38J/cm^2。同时，经过粉末锻造的连杆可以获得更高的密度，可以避免高负荷运动下的断裂，又由于密度的提高可以在制造中更加精准地掌握连杆的尺寸精度，使器械的契合度更加完美。正因为粉末锻造的连杆优势很多，它们经常用于锻造发动机内部的连杆机构，来承受高强度的冲击和负荷。国外的一些知名汽车厂商就运用粉末锻造技术进行汽车零部件的生产。德国宝马汽车公司于 1992 年在 V8 发动机上采用粉末锻造连杆，使连杆的长度由 125mm 缩短到 115mm，而重量降低 20％，明显改进了平衡性，并降低了生产成本。又比如，美国通用汽车公司（GM）在1995年，在北极星 V8 型 4.6L 发动机大量运用了粉末连杆及铝合金凸转轮，其技术及经济效果显著。

三、粉末挤压成形

粉末挤压成形，是依靠冲头的压力，将挤压模中的金属粉末通过与其制品横截面尺寸和形状相同的挤压模而挤成致密棒材或零件的粉末成形方法。该技术是一种以粉末为原料，用常规挤压工艺制取型材的一项复合技术，这项技术将粉末冶金与挤压相结合，为制造用其他工艺难以或不能生产的复合材料型材提供了一条新途径。

图 6-26 为粉末挤压成形示意。在挤压过程中，挤压模中的金属粉末除受到冲头的正压力外，还受到模壁的侧压力和摩擦力的作用。随着冲头的向下移动，挤压模中的粉末被逐渐压实，最后通过挤压模挤出。

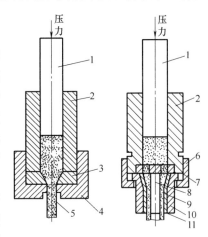

图 6-26　粉末挤压成形示意

1—冲头；2—模套；3,9—挤压模；
4—母模；5—棒材；6—固定螺母；
7—芯杆座；8—芯杆；10—套座；11—管材

1. 粉末挤压设备及方案的选择

设备挤压机有立式和卧式两种，传动方式有液粉末挤压成形。挤压机的重要部件之一是挤压模，其锥角的大小对成形压力有明显影响，变化范围为 40°～90°。棒材和管材的挤压机结构基本相同，但管材挤压机还包括一个芯杆结构。铁、铜、镍、铝、银、钛粉末和不锈钢等合金粉末，可以挤压成有孔的与致密的棒材和管材，其长度可达 1000m，性能分布均匀，且生产率高。这种方法更适用于不易成形的难熔金属及其化合物以及硬质合金和金属陶瓷粉末的成形。

挤压可在常温（冷挤）和高温（热挤）下进行，一般有两种挤压方案：一种是挤压多孔毛坯；另一种是直接挤压粉末，但成形前粉末内须加入一定量的黏结剂。通常采用的黏结剂有石蜡、淀粉糨糊、酚醛树脂和聚乙烯醇等，加入量为 6%～10%。挤压速度为 2～10mm/s。粉末挤压通常是在加热状态下进行的，在较高温度下挤压某些金属时，如铝粉在 400～600℃、铜粉在 800～900℃、镍粉在 1100～1200℃ 等，粉末内可加入增塑剂。对化学性能比较活泼的金属如铍、锆和钛等的粉末，挤压须在保护气氛中进行或采用金属包套，所制取的铍、钍、锆以及以其为基的各种成分粉末棒材和其他型材在核动力工程中得到广泛的应用。金属粉末热挤压是将粉末热压与热机械加工相结合，制取全密实粉末冶金制品的一项技术。

金属粉末挤压有以下两种。

（1）黏结剂辅助挤压，即将粉末与黏结剂和其他流变变性剂相混合，制成挤压料进行挤压，其生产过程和金属粉末注射成形（MIM）相似。

（2）金属粉末热挤压。金属粉末热挤压有以下三种基本方法。

① 将粉末装于热挤压筒中，将粉末直接从挤压模中挤出。这种工艺已经用于挤压某些镁合金粉末，或者称之为镁合金球粒，其颗粒尺寸相当大，在 45～70μm 范围内。在没有保护气氛的条件下，将装有粉末的挤压筒加热，将粉末加热到规定的温度进行挤压，在 15～30s 内就能上升到所需温度。挤压前，必须将挤压头装入挤压筒中。

② 将粉末先进行冷压，而后热压。工业上用这种方法热挤压铝合金粉末坯料。冷等静压的钼粉压坯，不用装包套，将其加热到挤压温度就可挤压。

③ 将金属粉末装于金属包套中，加热后带包套一起挤压。一般说来，装包套工序也是用热等静压与热锻热固结粉末的一部分。用这种方法可处理有毒的、有放射性的、易燃的或易为空气污染的粉末。在粉末热挤压中，可将金属粉末装于包套中，或用适度的压力将粉末冷压于金属包套中。使用充填模可防止包套鼓胀。对用振动可达到高振实密度的球形粉末，不需要预压。将带有抽气管的端面板置于粉末之上，并焊接在包套上，在室温或高温下抽出包套中的气体，然后将抽气管封死，之后再将包套与粉末进行挤压加热。为防止挤压时发生错动，要将包套端部做成锥形，并将其装入一带锥形口的挤压模中。为防止因包套中的粉末充填得不很密实发生褶皱，可采用插入式压头。这种压头的头部挤入包套内，在有效地进行挤压之前先将粉末压实。在挤压温度下，包套材料应尽量具有与被挤压粉末相同的刚性，并且不与粉末发生反应。挤压后，应该很容易用浸蚀或机械剥离等方法将包套清除掉。通常用铜和低碳钢作为包套材料。

金属粉末挤压大多采用将粉末装于包套中进行，因此，可将其看作是充填-坯料挤压的一种特殊情况。充填-坯料系指，挤压的坯料或工件内不只包含一种材料。就装包套的粉末来看，至少有两种组分——粉末与包套。对充填-坯料挤压而言，最重要的一点是，各种组分的材料在冶金上要能相容。精心审查它们的力学与物理性能，可避免产生下列严重缺陷：①形成共晶相；②在挤压温度下，热机械性状显著失配；③包套与工件材料间过度相互扩散；④极难除掉包覆在挤压产品上的包套材料。

在加工充填粉末的坯料，且对坯料加压时，包套与粉末体发生相对变形。倘若包套内的充填材料对加压的抗力比包套的抗弯强度低，则在压缩包套时，包套可能会皱褶。皱褶造成的重叠将以缺陷的形式存在于挤压的棒材中。为避免产生皱褶，粉末体的密度与包套的壁厚必须平衡。解决这个问题的一个办法是：可采用插入式压头，使其头部挤入包套内，在有效地进行挤压之前，先将粉末体压实。否则先将粉末坯料进行预压，或者使用球形粉末，充填时使之振动或摇动，以增高粉末的充填密度。鉴于密实在很大程度上是在加压阶段完成的，可将装粉末包套的挤压认为是一种具有芯-壳关系的两种材料的同时缩小。为避免塑性流动严重不稳定和壳（包套材料）或芯（密实的粉末工件）可能产生断裂，壳与芯两种材料的相对变形抗力必须均衡。

2. 粉末挤压技术的特点

在挤压技术中金属粉末挤压占有特殊位置，这是因为：①能够将用铸造或加工难以或不能处理的材料，用挤压成形为型材；②用粉末挤压可细化显微组织和使偏聚最小化，从而可改善材料的性能与特性；③通过挤压粉末混合物，可使一种物质弥散于另外一种物质中；④粉末通过挤压能形成锻轧材料结构，不需要进行烧结或其他热处理；⑤和挤压铸造的坯料相比，挤压粉末用的压力较小，而且温度与压头速度的范围较宽大。

3. 粉末挤压工艺的应用范围

金属粉末挤压工艺早期的开发工作集中在研究改进材料的高温特性和开发封装与处理有毒材料的方法。现在，金属粉末挤压最重要的应用都涉及装包套材料的挤压。应用主要涉及宇航与工具市场，其中材料有工具钢、高温合金、钛、铜及铝。对由这些材料制造的产品的共同要求是，结构完善与使用性能高。这些特性只能用适当的粉末加工与可控的挤压工艺来得到。金属粉末热挤压是粉末冶金与挤压相结合形成的一种特种金属加工工艺，是生产特种材料，诸如铍材、弥散强化材料的主要手段。充分利用这种工艺的优势，不但能制造出用其他方法难加工的材料，而且由于其制造工艺过程较短，工序较少，只包括熔炼—粉末生产—挤压压坯，还能节约大量能源与提高材料利用率。

四、粉末注射成形技术

金属粉末注射成形技术（metal powder injection molding technology，简称MIM）是将现代塑料注射成形技术引入粉末冶金领域而形成的一门新型粉末冶金近净形成形技术。美国加州Parmatech公司于1973年发明MIM技术，20世纪80年代初欧洲许多国家以及日本也都投入极大精力开始研究该技术，并得到迅速推广。特别是80年代中期，这项技术实现产业化以来更加获得突飞猛进的发展，每年都以惊人的速度递增。到目前为止，美国、西欧、日本等十多个国家和地区有一百多家公司从事该工艺技术的产品开发、研制与销售工作。日本在竞争上十分积极，并且表现突出，许多大型公司均参与MIM工业的推广，这些公司包括有太平洋金属、三菱制钢、川崎制铁、神户制钢、住友矿山、精工-爱普生、大同特殊钢等。目前日本有四十多家专业从事MIM产业的公司，其MIM工业产品的销售总值早已超过欧洲并直追美国。MIM技术已成为新型制造业中最为活跃的前沿技术领域，被誉为世界冶金行业的开拓性技术，代表着粉末冶金技术发展的主流方向。

1. MIM技术特点

金属粉末注射成形技术是集塑料成形工艺学、高分子化学、粉末冶金工艺学和金属材料学等多学科渗透与交叉的产物，利用模具可注射成形坯件并通过烧结快速制造高密度、高精度、三维复杂形状的结构零件，能够快速准确地将设计思想物化为具有一定结构、功能特性的制品，并可直接批量生产出零件，是制造技术行业一次新的变革。该工艺技术不仅具有常规粉末冶金工艺工序少、无切削或少切削、经济效益高等优点，而且克服了传统粉末冶金工艺制品材质不均匀、力学性能低、不易成形薄壁、复杂结构的缺点，特别适合于大批量生产小型、复杂以及具有特殊要求的金属零件。MIM技术的基本工艺过程是：首先将固体粉末与有机黏结剂均匀混合，经制粒后在加热塑化状态下（约150℃）用注射成形机注入模腔内固化成形，然后用化学或热分解的方法将成形坯中的黏结剂脱除，最后经烧结致密化得到最终产品。与传统工艺相比，具有精度高、组织均匀、性能优异、生产成本低等特点，其产品广泛应用于电子信息工程、生物医疗器械、办公设备、汽车、机械、五金、体育器械、钟表业、兵器及航空航天等工业领域。因此，国际上普遍认为该技术的发展将会导致零部件成形与加工技术的一场革命，被誉为"当今最热门的零部件成形技术"和"21世纪的成形技术"。

2. MIM技术工艺流程

MIM工艺结合了注塑成形设计的灵活性和精密金属的高强度和整体性，来实现极度复杂几何部件的低成本解决方案。MIM工艺分为四个独特的加工步骤（混合、成形、脱脂和烧结）来实现零部件的生产，针对产品特性决定是否需要进行表面处理。图6-27为粉末注射成形技术的工艺流程。

（1）混合。精细金属粉末和热塑性塑料、石蜡黏结剂按照精确比例进行混合。混合过程在一个专门的混合设备中进行，加热到一定的温度使黏结剂熔化。大部分情况使用机械进行混合，直到金属粉末颗粒均匀地涂上黏结剂，冷却后形成颗粒状（称为原料），这些颗粒能够被注入模具的模腔。有机黏结剂

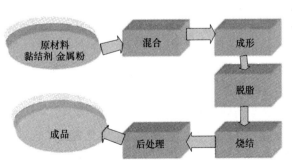

图6-27　粉末注射成形技术的工艺流程

作用是黏结金属粉末颗粒，使混合料在注射机料筒中加热具有流变性和润滑性，也就是说带动粉末流动的载体。对有机黏结剂要求：用量少，用较少的黏结剂能使混合料产生较好的流变性；不反应，在去除黏结剂的过程中与金属粉末不起任何化学反应；易去除，在制品内不残留碳。把金属粉末与有机黏结剂均匀掺混在一起，使各种原料成为注射成形用混合料。混合料的均匀程度直接影响其流动性，因而影响注射成形工艺参数，以至最终材料的密度及其他性能。注射成形工艺过程与塑料注射成形工艺过程在原理上是一致的，其设备条件也基本相同。在注射成形过程中，混合料在注射机料筒内被加热成具有流变性的塑性物料，并在适当的注射压力下注入模具中，成形出毛坯。注射成形的毛坯微观上应均匀一致，从而使制品在烧结过程中均匀收缩。

（2）成形。注射成形的设备和技术与注塑成形是相似的。颗粒状的原料被送入机器加热，并在高压下注入模腔。模具可以设计为多腔，以提高生产率。模腔尺寸设计要考虑金属部件烧结过程中产生的收缩。每种材料的收缩变化是精确的、已知的。

（3）脱脂。脱脂是将成形部件中黏结剂去除的过程。这个过程通常分几个步骤完成。绝大部分的黏结剂是在烧结前去除的，残留的部分能够支撑部件进入烧结炉。脱脂可以通过多种方法完成，最常用的是溶剂萃取法。脱脂后的部件具有半渗透性，残留的黏结剂在烧结时很容易被挥发。

（4）烧结。经过脱脂的部件被放进高温、高压控制的熔炉中。该部件在气体的保护下被缓慢加热，以去除残留的黏合剂。黏结剂被完全清除后，该部件就会被加热到很高的温度，颗粒之间的空隙由于颗粒的融合而消失。该部件定向收缩到其设计尺寸并转变为一个致密的固体。对于大多数的材料，典型的烧结密度理论上大于 97％。高烧结密度使得产品性能与锻造材料相似。

（5）表面处理。根据具体需求，有些部件烧结后可能需要进行表面处理。热处理可以提高金属物理性能。电镀、涂装可以应用于高密度材料。提供焊接或冷却处理技术。

3. MIM 技术适用材料

MIM 能处理很多材料，包括铁合金、超级合金、钛合金、铜合金、耐火金属、硬质合金、陶瓷和金属基复合材料。虽然有色合金铝和铜在技术上是可行的，但是通常由其他更经济的方式进行处理，如压铸或机加工。

4. MIM 技术的优势

①直接成形几何形状复杂的零部件（大小通常为 0.1～200g）；②产品尺寸精度高，表面光洁，一次性可达 $Ra3.2\mu m$；③产品内部致密性好，致密度高，可达 95％～99％；④内部组织均匀，对合金来讲，无成分偏析现象；⑤生产效率高，在大批量生产情况下，生产成本大幅降低；⑥材质适用范围广，包括难熔、难铸和难加工材料。

MIM 技术的特点如下。

（1）可像塑料零件一样来设计。金属零件可由注射成形获得，因此金属零件可以像塑料零件一样来设计。塑胶注射有已超过百年的技术优势，现今更有模具仿真软件分析的优势，塑胶注射可快速复制零件。

（2）金属粉末注射成形是一个整合制造技术。现代化生产与管理优势结合——减少零件数量与材质可替换；带动上游粉末制造业的出路——粉末分级供应；带动本体产业内需——标准化的喂料与设备；带动下游产业的成长——整合技术以及产业链生命。

5. MIM 技术工艺准则

零件形状复杂、尺寸较小以及产量大，这些都是 MIM 工艺的强项。那么，如何判定一个产品是否应该选择 MIM 工艺，也就是选择 MIM 工艺的准则是什么呢？

（1）总需求量：模具费和研发费用对于低需求量的产品，分摊下来后是难以承受的。因此，当产品的年需求量达到或超过 2 万件时，可以考虑选择 MIM 工艺。

（2）材料：MIM 工艺是一种近净成形技术，对于由钛、不锈钢及镍合金之类难易切削的材料设计的零件，MIM 最有吸引力。

（3）质量、切削量：对于在切削加工和磨削加工中材料损耗非常多、加工非常耗时的零件，MIM 在降低生产成本上极有优势。

（4）使用性能：基于 MIM 产品的高密度，如果使用性能有需求，则 MIM 的高密度形成的性能有竞争力。

（5）产品复杂性：MIM 工艺最适合制造几何形状复杂的、在切削加工中需要变换很多次加工工位的多轴零件、多基准零件。

（6）组合：为了节省库存与组装费用，可将多个零件固结为一个零件。

（7）公差（精度要求）：MIM 烧结件的公差大概为 ±0.3%，如果产品要求的公差很严格，MIM 烧结件就需要二次加工，如 CNC、数控车等，MIM 的成本也趋向于增高，需要评估比较。

（8）新型组合材料：MIM 可制造出传统工艺难以制造的新型组合材料，例如叠片的或两种材料结构的或耐磨耗用的混合的金属-陶瓷材料。MIM 可利用多种材料，但有几种是主要的。若材料难以切削加工，诸如工具钢、钛、镍合金或不锈钢，对于 MIM 最终成形来说，是最有利的，MIM 工艺可以一次性成形复杂的几何形状特征。

6. MIM 工艺的特点

MIM 使用的原料粉末粒径为 $2\sim15\mu m$，而传统粉末冶金的原料粉末粒径大多为 $50\sim100\mu m$。MIM 工艺的成品密度高，原因是使用微细粉末。MIM 工艺具有传统粉末冶金工艺的优点，而形状上自由度高是传统粉末冶金所不能达到的。传统粉末冶金限于模具的强度和填充密度，形状大多为二维圆柱形。

传统的精密铸造脱燥工艺为一种制作复杂形状产品极有效的技术，近年使用陶心辅助可以完成狭缝、深孔穴的成品，但是碍于陶心的强度，以及铸液的流动性的限制，该工艺仍有某些技术上的困难。一般而言，此工艺制造大、中型零件较为合适，小型而复杂形状的零件则以 MIM 工艺较为合适。

精密铸造工艺，虽然在近年来其产品的精度和复杂度均提高，但仍比不上脱蜡工艺和 MIM 工艺，粉末锻造是一项重要的发展，已适用于连杆的量产制造。但是一般而言，锻造工艺中热处理的成本和模具的寿命还是有问题，仍待进一步解决。

传统机械加工法近年来靠自动化而提升其加工能力，在效果和精度上有极大的进步，但是基本的程序仍脱不开逐步加工（车、刨、铣、磨、钻孔、抛光等）来完成零件形状的方式。机械加工方法的加工精度远优于其他加工方法，但是因为材料的有效利用率低，且其形状的完成受限于设备与刀具，有些零件无法用机械加工完成。相反，MIM 可以有效利用材料，对于小型、高难度形状的精密零件的制造，MIM 工艺较机械加工而言，其成本较低且效率高，具有很强的竞争力。

MIM 技术并非与传统加工方法竞争，而是弥补传统加工方法在技术上的不足或无法制作的缺陷。MIM 技术可以在传统加工方法制作的零件领域上发挥其特长。MIM 工艺在零部件制造方面所具有的技术优势可成形高度复杂结构的结构零件。

注射成形工艺技术利用注射机注射成形产品毛坯，保证物料充分充满模具型腔，也就保证了零件高复杂结构的实现。以往在传统加工技术中先做成个别元件再组合成组件的方式，在使用 MIM 技术时可以考虑整合成完整的单一零件，大大减少步骤、简化加工程序。MIM 和其他金属加工法比较制品尺寸精度高，不必进行二次加工或只需少量精加工。注射成形工艺可直接成形薄壁、复杂结构件，制品形状已接近最终产品要求，零件尺寸公差一般保持在 ±（0.1～0.3）。特别对于降低难以进行机械加工的硬质合金的加工成本，减少贵重金属所加工损失尤其具有重要意义。

制品微观组织均匀、密度高、性能好。在压制过程中由于模壁与粉末以及粉末与粉末之间的摩擦力，使得压制压力分布非常不均匀，也就导致了压制毛坯在微观组织上的不均匀，这样就会造成压制粉末冶金件在烧结过程中收缩不均匀，因此不得不降低烧结温度以减少这种效应，从而使制品孔隙度大、材料致密性差、密度低，严重影响制品的力学性能。反之注射成形工艺是一种流体成形工艺，黏结剂的存在保障了粉末的均匀排布从而可消除毛坯微观组织上的不均匀，进而使烧结制品密度可达到其材料的理论密度。一般情况下压制产品的密度最高只能达到理论密度的 85%。制品高的致密性可使强度增加、韧性加强，延展性、导电导热性得到改善、磁性能提高。效率高，易于实现大批量和规模化生产。

MIM 技术使用的金属模具，其寿命和工程塑料注射成形模具相当。由于使用金属模具，MIM 适合于零件的大量生产。由于利用注射机成形产品毛坯，极大地提高了生产效率，降低了生产成本，而且注射成形产品的一致性、重复性好，从而为大批量和规模化工业生产提供了保证。

MIM 技术适用的材料范围宽，应用领域广阔（铁基，低合金，高速钢，不锈钢，硬质合金）。可用于注射成形的材料非常广泛，原则上任何可高温烧结的粉末材料均可由 MIM 工艺制造成零件，包括了传统制造工艺中的难加工材料和高熔点材料。此外，MIM 也可以根据用户的要求进行材料配方研究，制造任意组合的合金材料，将复合材料成形为零件。注射成形制品的应用领域已遍及国民经济各领域，具有广阔的市场前景。

MIM 工艺与其他加工工艺的对比见表 6-5。

表 6-5 MIM 工艺与其他加工工艺的比较

比较项目	金属注射成形	粉末冶金	精密铸造	机加工	冲压
零件密度	98%	86%	98%	100%	100%
零件拉伸强度	高	低	高	高	高
零件表面光洁度	高	中	中	高	高
零件微小化能力	高	中	低	中	高
零件薄壁能力	高	中	中	低	高
零件复杂程度	高	低	中	高	低
零件设计宽容度	高	中	中	中	低
批量生产能力	高	高	中	中-高	高
适应材质范围	高	高	中-高	高	中
供货能力	高	高	中	低	高

7. MIM 技术的应用领域

MIM 技术的应用领域如下。

① 计算机及其辅助设施：如打印机零件、磁芯、撞针轴销、驱动零件。

② 工具：如钻头、刀头、喷嘴、枪钻、螺旋铣刀、冲头、套筒、扳手、电工工具等。

③ 家用器具：如表壳、表链、电动牙刷、剪刀、风扇、高尔夫球头、珠宝链环、圆珠笔卡箍、刃具刀头等零部件。

④ 医疗器械用零件：如牙矫形架、剪刀、镊子。

⑤ 军用零件：导弹尾翼、枪支零件、弹头、药型罩、引信用零件。

⑥ 电器用零件：电子封装，微型电动机、电子零件、传感器件。

⑦ 机械用零件：如松棉机、纺织机、卷边机、办公机械等。

⑧ 汽车船舶用零件：如离合器内环、拔叉套、分配器套、气门导管、同步毂、安全气囊件等。

（1）钛及钛合金金属粉末注射成形技术。图 6-28 为钛及钛合金金属粉末注射成形应用实例。钛及钛合金兼具低密度、高比强度、优异的生物相容性和良好的耐腐蚀性，在航空航天、生物医疗、化工、汽车等领域有极大的应用潜力。钛及钛合金金属粉末注射成形技术能够实现中小型复杂形状钛产品的大批量、低成本制备，对于推动钛及钛合金产品的生产及应用具有重要意义。

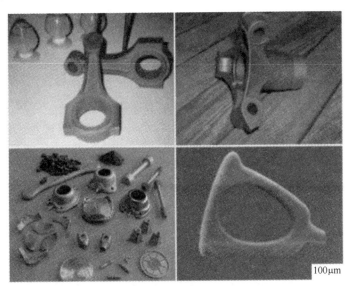

图 6-28　钛及钛合金金属粉末注射成形应用实例

虽然目前钛及钛合金注射成形研究已经取得了一些进展，但是在实际产业化生产过程中，高品质粉末原料价格较高，新型优质钛合金体系向注射成形的转化应用不足，产品化学成分控制难度较大等一系列问题仍待解决。

（2）MIM 技术在医疗产品上的应用。医疗产品一般要求具有良好的使用性和足够长的使用寿命，并且在结构和形状设计上要有灵活的设计性。20 世纪 80 年代初期 MIM 技术首次在医疗产品中得到应用，至今已经成为 MIM 市场增长最快的领域。Karlsruha 研究中心已将 MIM 技术成功应用于医学器械微小零件的生产，例如分光计、滴定板等，产品的结构尺寸达到了微米级，最小壁厚为 $50\mu m$。图 6-29 为德国 IFAM 公司利用 MIM 技术生产的用于外科手术使用的缝合锚，它的尺寸只有火柴头大小。

（3）MIM 技术在全球汽车上有广泛的应用，主要用于生产燃油系统零部件，比如喷射器喷嘴，见图 6-30。

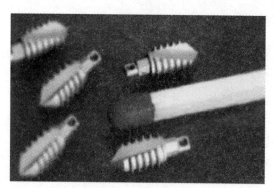

图 6-29 缝合锚

图 6-30 喷射器喷嘴

（4）MIM 在电子行业中应用实例，见图 6-31。电子仪器产业是 MIM 零件的主要应用领域，在亚洲约占 MIM 零件销售额的 50%。电子器件的微型化需要生产成本较低的、性能较好的、更小的零件，这正是 MIM 零件的优势所在。MIM 在中国的发展受益于电子行业（如手机产业等）的带动，从 2009 年开始整个行业扶摇直上；尤其到 2011 年中后，更因为受苹果与三星电子两家的商品竞争，在手机装置中大量采用 MIM 零件，是过去从未见到的热潮。表 6-6 为 2015 国内智能手机中采用的 MIM 零件。

图 6-31 电子行业中应用的各种 MIM 产品

表 6-6 2015 国内智能手机中采用的 MIM 零件

品牌	出货量/百万	2015 年国内智能高阶手机采用 MIM 零件				
		手机零件名称以及单价/元				
		卡托	大镜头圈	LED 圈	按键	I/O 装饰圈
华为	30	4				
OPPO	30	4	2			
步步高	20	4				
小米	5	4	2	1	5	
小米红米	30	4	2		3	
魅族	5	4				

续表

2015 年国内智能高阶手机采用 MIM 零件					
品牌	出货量/百万	手机零件名称以及单价/元				
		卡托	大镜头圈	LED 圈	按键	I/O 装饰圈
中兴	10	4				
联想	30	4	2	1	3	
酷派	30	4	2	1	3	
华硕	5	4				1
HTC	30	6	2			

20 世纪 90 年代，最广为熟知的 MIM 应用是 BP 机震动电动机的钨合金振子。2000 年以后，不锈钢系列开始广泛应用，如光纤接头、消费电子类的 hinge 系列、手机按键、sim 卡托槽等。如图 6-32 所示。

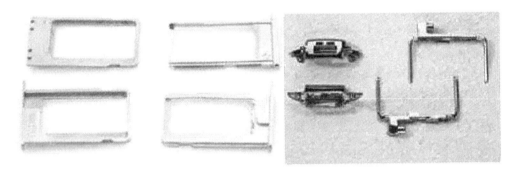

图 6-32 手机中 MIM 产品（卡托及铰链）

复习思考题 ▶▶

6-1 试阐述说明快速成形的基本原理。

6-2 试举例说明典型的快速成形方法主要有哪几种，并阐述各自特点。

6-3 试简要说明熔融沉积快速成形工艺的工艺过程。

6-4 试说明光固化成形（SLA）、分层实体制造（LOM）、选择性激光烧结（SLS）三种快速原型制造工艺方法的工作原理。

6-5 试简要说明影响光固化成形（SLA）精度的因素有哪些。

6-6 试阐述选择性激光熔化（SLM）工艺制备金属产品的成形过程。

6-7 试阐述三维粉末黏结工艺（3DP）的基本原理，并简述该工艺的特点。

6-8 试简要分析影响分层实体制造（LOM）精度的因素。

6-9 试简要分析与传统制造技术相比，3D 打印技术具有哪些优势。

6-10 试简要分析未来先进制造技术发展的总趋势，以及先进制造技术的生产和发展主要依赖于哪几个方面。

6-11 试简要分析粉末冶金的工艺特点。

6-12 试简要分析普通模锻和机械加工与粉末锻造的区别。

6-13 试简要分析金属粉末锻造的工艺要点。

6-14 试简要分析为何粉末压制制品在压制后，要经过烧结后才能达到所需要的强度和密度。

6-15　试简要分析金属粉末挤压在挤压工艺中的独特优势。

6-16　试简要分析金属注射产品的优势体现在哪些方面。

6-17　试简要分析金属粉末注射成形（MIM）产品可能出现的缺陷，试提出解决方案。

6-18　试简述金属粉末注射成形的工艺流程。

6-19　试简要分析注射成形和粉末成形烧结后制件的区别。

6-20　试举例分析金属粉末注射成形在实际生产中的应用。

参 考 文 献

[1]　田锡唐. 焊接结构 [M]. 南京：东南大学出版社，1982.

[2]　苏芳庭. 金属工艺学 [M]. 北京：高等教育出版社，1990.

[3]　施江澜，赵占西. 材料成形技术基础 [M]. 3版. 北京：机械工业出版社，2014.

[4]　曲卫涛. 铸造工艺学 [M]. 西安：西北工业大学出版社，1994.

[5]　钱增新，陈全明. 金属工艺学 [M]. 北京：高等教育出版社，1987.

[6]　欧国荣，倪礼忠. 复合材料工艺与设备 [M]. 上海：华东化工学院出版社，1991.

[7]　吕炎. 锻造工艺学 [M]. 北京：机械工业出版社，1995.

[8]　林法禹. 特种锻压工艺 [M]. 北京：机械工业出版社，1991.

[9]　陆文华. 铸造合金及其熔炼 [M]. 北京：机械工业出版社，1996.

[10]　李志刚. 模具 CAD/CAM [M]. 北京：机械工业出版社，1998.

[11]　李硕本. 冲压工艺学 [M]. 北京：机械工业出版社，1982.

[12]　李庆春. 铸件形成理论基础 [M]. 北京：机械工业出版社，1982.

[13]　李培武. 塑性成形设备 [M]. 北京：机械工业出版社，1995.

[14]　李魁盛. 铸造工艺设计基础 [M]. 北京：机械工业出版社，1981.

[15]　李德群. 塑料成型工艺及模具设计 [M]. 北京：机械工业出版社，1994.

[16]　姜焕忠. 电弧焊及电渣焊 [M]. 北京：机械工业出版社，1988.

[17]　霍玉云. 橡胶制品设计与制造 [M]. 北京：化学工业出版社，1984.

[18]　胡亚民. 材料成形技术基础 [M]. 重庆：重庆大学出版社，2000.

[19]　胡亚民. 模具型腔的挤压成形 [M]. 北京：兵器工业出版社，1999.

[20]　胡彭生. 型砂 [M]. 上海：上海科学技术出版社，1994.

[21]　胡汉起. 金属凝固原理 [M]. 北京：机械工业出版社，1991.

[22]　何少平. 热加工工艺基础 [M]. 北京：中国铁道出版社，1998.

[23]　何红媛. 材料成形技术基础 [M]. 南京：东南大学出版社，2000.

[24]　韩凤麟. 粉末冶金机械零件 [M]. 北京：机械工业出版社，1987.

[25]　国家自然科学基金委员会. 高分子材料科学 [M]. 北京：科学出版社，1994.

[26]　宫克强. 特种铸造 [M]. 北京：机械工业出版社，1982.

[27]　傅积和，孙玉林. 焊接数据资料手册 [M]. 北京：机械工业出版社，1997.

[28]　丁浩. 塑料加工基础 [M]. 上海：上海科学技术出版社，1981.

[29]　邓文英. 金属工艺学 [M]. 3版. 北京：高等教育出版社，1990.

[30]　党根茂，骆志斌. 模具设计与制造 [M]. 西安：西安电子科技大学出版社，1995.

[31]　程天一. 快速凝固技术与新型合金 [M]. 北京：宇航出版社，1990.

[32]　程培源. 模具寿命与材料 [M]. 北京：机械工业出版社，1999.

[33]　陈嘉真. 塑性成形工艺及模具设计 [M]. 北京：机械工业出版社，1995.

[34]　曾乐. 现代焊接技术手册 [M]. 上海：上海科学技术出版社，1993.

[35]　周祖福. 复合材料学 [M]. 武汉：武汉工业大学出版社，1995.

[36]　周振丰，张文钺. 焊接冶金与金属焊接性 [M]. 北京：机械工业出版社，1992.

[37]　赵正光. 焊接方法与技术 [M]. 江苏：科学技术出版社，1983.

[38]　赵玉庭，姚希鲁. 复合材料基体与界面 [M]. 上海：华东化工学院出版社，1991.

[39]　赵文轸. 金属材料表面新技术 [M]. 西安：西安交通大学出版社，1992.

[40]　张万昌. 热加工工艺基础 [M]. 北京：高等教育出版社，1991.

[41]　张猛，胡亚民. 回转塑性成形工艺及模具设计 [M]. 武汉：武汉工业大学出版社，1994.

[42]　张海，赵素合. 橡胶及塑料加工工艺 [M]. 北京：化学工业出版社，1997.

[43]　张承甫. 凝固理论与凝固技术 [M]. 武汉：华中工业学院出版社，1985.

[44]　肖景荣，李尚健. 塑性成形模拟理论 [M]. 武汉：华中理工大学出版社，1994.

[45]　肖景荣. 模具计算机辅助设计与制造 [M]. 北京：国防工业出版社，1990.

[46]　肖纪美. 材料的应用与发展 [M]. 北京：宇航出版社，1988.

［47］ 夏文干. 橡胶接手册 ［M］. 北京：国防工业出版社，1989.

［48］ 王占学. 塑性加工金属学 ［M］. 北京：冶金工业出版社，1991.

［49］ 王允禧. 锻造与冲压工艺学 ［M］. 北京：冶金工业出版社，1994.

［50］ 王文翰. 焊接技术手册 ［M］. 郑州：河南科学技术出版社，1999.

［51］ 王俊昌，王荣深. 工程材料及机械制造基础Ⅱ：热加工工艺基础 ［M］. 北京：机械工业出版社，1998.

［52］ 吴德海，任家烈，陈森灿. 近代材料加工原理 ［M］. 北京：清华大学出版社，1997.

［53］ 王贵恒. 高分子材料成型加工原理 ［M］. 北京：化学工业出版社，1982.

［54］ 汪大年. 金属塑性成形原理 ［M］. 北京：机械工业出版社，1982.

［55］ 师昌绪. 跨世纪材料科学技术的若干热点问题 ［J］. 自然科学进展，1999（1）.

［56］ 赵建华. 材料科技与人类文明. ［M］. 武汉：华中科技大学出版社，2011.

［57］ 施开良. 化学与材料—人类文明进步的阶梯 ［M］. 2版. 长沙：湖南教育出版社，2012.